南海深水潜山勘探作业评价技术与应用

徐长贵 郭书生 黄志洁 著

石油工业出版社

内 容 提 要

本书基于岩石物理、地质及油藏工程等知识，利用岩心、常规测井、成像测井、录井、分布式光纤测温等资料，较好解决了南海琼东南盆地深水潜山储层的岩性识别与卡层、纵向分带、裂缝有效性判别、储层参数计算、流体性质识别以及分层产量贡献率确定等难题，形成了南海深水潜山勘探作业技术体系。本书涉及专业知识面较广，同时侧重于应用需求，具有较好的实用指导价值。

本书可作为科研院所工作人员、研究生及从事潜山储层评价方向研究人员的指导书，还可供勘探开发现场技术人员参考。

图书在版编目（CIP）数据

南海深水潜山勘探作业评价技术与应用／徐长贵，郭书生，黄志洁著． -- 北京：石油工业出版社，2024. 9． -- ISBN 978－7－5183－7018－4

Ⅰ．P618.130.8

中国国家版本馆 CIP 数据核字第 2024RQ1722 号

出版发行：石油工业出版社

（北京市朝阳区安华里二区 1 号楼　100011）

网　　址：www.petropub.com

编辑部：（010）64256990

图书营销中心：（010）64253633

经　　销：全国新华书店

排　　版：三河市聚拓图文制作有限公司

印　　刷：北京中石油彩色印刷有限责任公司

2024 年 9 月第 1 版　2024 年 9 月第 1 次印刷
787 毫米×1092 毫米　　开本：1/16　　印张：14.5
字数：357 千字

定价：150.00 元
（如发现印装质量问题，我社图书营销中心负责调换）
版权所有，翻印必究

前言

随着全球油气需求量的不断加大,传统的以沉积岩作为主要勘探开发目标的理论逐渐被打破。潜山由于遭受多种地质应力的长期风化、剥蚀,常形成破碎带、溶蚀带,具备良好的油气储集空间,可形成油气聚集高产的有利场所。在世界范围内众多不同类型的油气藏勘探过程中,潜山油气藏的勘探越来越受到重视。世界上最早发现的潜山油气藏为1909年美国俄亥俄州中部辛辛那提隆起的潜山油气藏,其含油层为上寒武统铜岭白云岩,裂缝溶洞发育,连通性好,油井初期日产油20t左右。1953年委内瑞拉在马拉开波盆地拉帕斯构造带上钻遇330m潜山储层,储层为三叠—侏罗系变质岩,潜山内部裂缝发育,获得了高产变质岩潜山油气藏。1956年阿尔及利亚在撒哈拉沙漠东北部的哈西迈萨乌德背斜上钻探发现了寒武系砂岩潜山油气藏,含油面积100km^2,油层有效厚度120m,单井日产油954m^3。越南南部大陆架从20世纪70年代开始进行地质、地球物理和钻探工作,1988年发现了潜山油田,如白虎(White Tiger)油田。该油田储层为晚侏罗—早白垩世花岗岩和花岗闪长岩,潜山顶部遭受强烈的风化作用,其储集空间由裂缝、溶洞和孔隙组成,日产油超过2000m^3。

国内最早发现的潜山油气田是1959年在酒泉盆地发现的玉门鸭儿峡潜山油气田,该潜山储层为志留系中部泉脑沟组的千枚岩、板岩及变质砂岩,油层为下白垩统黑色页岩,在多期构造运动和长期风化作用下,顶部风化壳十分发育,储集空间为风化作用和构造作用形成的风化缝隙和构造裂缝,油气沿不整合面运移形成鸭儿峡潜山风化壳型油气藏。1975年在渤海湾盆地冀中坳陷部署的任4探井在中元古界蓟县系雾迷山组白云岩中获得高产工业油气流,从而发现了任丘碳酸盐岩潜山油藏。任丘油田的发现为国内潜山勘探提供了新的思路,使得地质学家普遍认为潜山油气藏是位于潜山顶部被不整合面所覆盖的块状油藏,从而将勘探的重点放在了潜山顶,以"占山头,打高点"为特点,陆续发现了曹妃甸1-6前寒武系变质花岗岩潜山块状油藏、苏桥奥陶系碳酸盐岩潜山油气藏、千米桥古生界碳酸盐岩潜山油气藏、渤海湾盆地海域蓬莱9-1中生界花岗岩潜山油田、柴达木盆地东坪地区中生界花岗岩潜山气田、珠江口盆地惠州凹陷中生界花岗岩潜山油气藏。2016年在渤海海域渤中19-6构造区发现的太古界变质岩潜山油气藏,潜山埋深为4000~5500m,顶部受风化作用影响发育大量的溶蚀孔隙,但受深埋作用使变质岩潜山顶部风化壳相对致密,而受到持续构造作用发育大规模裂缝发育带和动力破碎带的潜山内幕,是变质岩优质储层形成的关键,并在该储层中获得高产油气流。如今,国内潜山勘探走向了多元化,突破了潜山顶部找油的认识,开始寻找和勘探潜山内幕油气藏,并且从寻找大型的、明显的潜山油气藏扩展到寻找中小型、隐蔽的潜山油气藏。

南海琼东南盆地深水区是天然气勘探的重点区域,2018年在琼东南盆地深水区松南低凸起 Y8-1 构造中生界潜山和崖城组中发现优质天然气藏，后续 Y8-3-A 井钻探成功，首次在琼东南盆地深水区中生界潜山目的层获得百万立方米优质天然气流，展现出前古近系基底潜山的勘探潜力。琼东南盆地松南低凸起基底为三叠系花岗岩，上部被古近系碎屑岩覆盖。花岗岩潜山自冷却成岩后，经历了中生代和早新生代的隆起抬升，受到较强的风化剥蚀作用，使花岗岩储层的后期改造比较严重，造成了储层岩性和储集空间类型难以识别、储层垂向分带难以划分、储层参数及产出能力难以精确评价等困难。为有效解决深水潜山勘探作业技术与应用难题，基于岩石物理、地质及油藏工程等知识，利用岩心、常规测井、成像测井、录井、分布式光纤测温等资料，分析了琼东南盆地深水潜山的成山、成储、成藏特征，建立了琼东南盆地深水潜山储层的岩性识别与卡层、纵向分带、裂缝有效性评价判别、储层参数评价计算、流体性质识别以及分层产量贡献率确定等方法，形成了南海深水潜山勘探作业技术体系，以期为类似潜山储层的勘探开发提供技术支持与决策依据。

在本书的编写过程中，中海石油（中国）有限公司及海南分公司、湛江分公司勘探作业领域的专家、同事给予了大量支持和帮助，在此深表感谢。

随着石油行业科学技术的发展与进步，针对南海深水潜山储层的勘探与研究将不断加深，研究人员对深水潜山储层的认识也会随之变化。鉴于著者知识水平与研究领域的局限，书中难免存在不当之处，敬请同行、专家及读者批评指正。

著者
2024 年 5 月于北京

目录

第1章 国内外深水潜山勘探作业技术概况 ··· 1

1.1 潜山储层定义 ··· 1
1.2 潜山油气勘探现状 ··· 1
1.3 南海深水潜山勘探作业难点 ··· 3

第2章 南海深水潜山成山、成储、成藏特征 ··· 8

2.1 潜山地质概况 ··· 8
2.2 南海深水潜山成山特征 ··· 8
2.3 南海深水潜山成储特征 ··· 12
2.4 南海深水潜山成藏特征 ··· 31

第3章 南海深水潜山勘探地质作业方案 ··· 39

3.1 潜山录井作业方案设计 ··· 39
3.2 潜山测井项目适应性分析 ··· 40
3.3 潜山测井序列及测井方案设计 ··· 45
3.4 潜山测井资料质量控制及采集参数优选 ··· 48
3.5 潜山储层电缆取样作业方案设计 ··· 52
3.6 潜山储层井壁取心作业方案设计 ··· 55
3.7 深水潜山优快测试方案 ··· 58

第4章 南海深水潜山储层岩性与垂向分带录井快速识别技术 ··· 63

4.1 岩性录井快速识别技术 ··· 63
4.2 垂向分带录井识别技术 ··· 74

第5章 南海深水潜山有效储层钻录井快速识别技术 ··· 98

5.1 机械比能比值法 ··· 98
5.2 垂向功与切向功交会法 ··· 100
5.3 潜山储层物性定性判别原则 ··· 102
5.4 Y区潜山储层识别 ··· 103

5.5 机械比能比值与储层孔隙度关系 ……………………………………………………… 109

第6章 南海深水潜山储层裂缝测井识别及有效性分析 ………………………………… 112

6.1 电成像测井裂缝识别及储层有效性分析 ………………………………………… 113
6.2 阵列声波测井裂缝识别及储层有效性分析 ……………………………………… 117
6.3 常规测井裂缝识别及储层有效性分析 …………………………………………… 133
6.4 多因子分级次裂缝有效性综合分析 ……………………………………………… 133
6.5 潜山裂缝型储层有效性评价方法小结 …………………………………………… 138

第7章 南海深水潜山裂缝—孔隙型储层参数定量计算 ………………………………… 140

7.1 孔隙度计算模型 …………………………………………………………………… 140
7.2 渗透率计算模型 …………………………………………………………………… 148
7.3 饱和度计算模型 …………………………………………………………………… 153
7.4 潜山裂缝—孔隙型储层参数定量评价方法小结 ………………………………… 161

第8章 南海深水潜山储层流体丰度及流体性质识别 …………………………………… 163

8.1 常规录井流体性质评价方法 ……………………………………………………… 163
8.2 基于潜山垂向分带的流体性质评价方法 ………………………………………… 167
8.3 潜山储层流体丰度及流体性质识别方法遴选 …………………………………… 173
8.4 测录井结合识别流体性质 ………………………………………………………… 174

第9章 南海深水潜山裸眼测试技术 ……………………………………………………… 180

9.1 测试地质背景 ……………………………………………………………………… 180
9.2 深水潜山裸眼测试工艺 …………………………………………………………… 182
9.3 光纤测温反演产出剖面理论 ……………………………………………………… 194
9.4 深水潜山裸眼测试技术及其应用 ………………………………………………… 208

第10章 结束语 …………………………………………………………………………… 217

参考文献 ……………………………………………………………………………………… 220

第1章 国内外深水潜山勘探作业技术概况

1.1 潜山储层定义

潜山（buried hill）一词，较早见于 Sidney Powers 的论文《潜山及其在石油地质学中的重要性》（美国经济地质学，1922 年第 17 卷）。Powers 通过对美国宾夕法尼亚州区域内一定数量的探井进行研究，发现在不整合面之下存在着更古老、更陡倾且具有油气地质意义的花岗岩山，定义为"潜山"。其后，地质学家 Levorsen 也使用了这一术语，在其《石油地质学》（1954）一书中将"潜山"的定义扩展为盆地接受沉积前就已形成的基岩古地貌山，后来被新地层覆盖埋藏而变成了潜伏山。在华北石油勘探开发设计研究院 1982 年出版的《潜山油气藏》中，将潜山的定义进行了扩大，认为凡是被不整合埋藏在年轻盖层之下，属于盆地基底的基岩突起，包括后期由于基岩块体翘倾所形成的基岩突起，都称为潜山；根据潜山形成的时期分为两类，一类是沉积覆盖前就已经存在的古地貌特征的"古潜山"，另一类是沉积覆盖前不存在或仅仅微弱存在，主要在沉积覆盖后或接受沉积同时，发生新的褶皱、断裂等变形构造活动产生的"后成潜山"。

潜山的形成必须满足三个条件：其上要有年轻地层覆盖，否则就失去了潜山的意义，但年轻地层又不属潜山之列；必须是由较老地层组成的古残丘（古凸起、古地形高地等），否则也就失去了潜山的含义；潜山顶面为不整合面，因为它是古地貌高地经长期风化剥蚀的结果，浓缩了潜山形成的全过程。

1.2 潜山油气勘探现状

1909 年，勘探家们在美国辛辛那堤隆起东翼的摩罗县偶钻基岩时见油气显示，由此成为历史上最早发现基岩油气藏的时刻。1916 年，美国地质学家在堪萨斯州埃尔多拉多油田中钻探到不整合面下的深部花岗岩背斜潜山，并发现油气显示。1918 年，美国学者先后在 Panhandle-Hugoton Field 内钻探到了基底花岗质砂岩和二叠系石灰岩潜山气藏。而最早有目的性地钻探潜山油气藏并获得成功的是委内瑞拉马拉开波盆地 La Paz 油田。1922 年，地质学家在马拉开波盆地拉帕斯构造带上先后发现了古近—新近系、白垩系油层，根据储存在白垩系石灰岩次生孔隙与裂缝中的石油储量推测，位于白垩系石灰岩下的基岩裂缝发育，可能存在油气。1928 年，在美国勘探发现的俄克拉荷马城油田含油面积约 56km^2，累计产出原

油 $1.5×10^8$ t，打井 1800 余口。该古潜山油田共有大小气藏 30 余个，属于美国的大油田。位于北海的布伦特油田的潜山油气藏储层是三叠系砂岩，石油储量约 $2.8×10^8 m^3$。而最早勘探基岩油气藏是在 1953 年，委内瑞拉勘探人员在马拉开波盆地拉帕斯构造带上钻探到古潜山，储层为三叠—侏罗系变质岩，潜山内部裂缝发育，获得了高产变质岩潜山油气藏。1966 年在利比亚苏尔特盆地拉克卜隆起顶部钻遇前寒武系花岗岩基岩潜山，基岩潜山之上是底部碎屑岩，往上渐变为拉克卜碳酸盐岩，主要储层分布于花岗岩古隆起顶部的裂缝带，生油层为上白垩统页岩。该潜山油气藏产能较高，单井日产量高达 $1.0×10^3 \sim 2.0×10^3$ t。20 世纪 70 年代，在越南大陆架上开始了大量的地质、地球物理和钻探工作，1986 年在 Cuu Long 盆地内发现了白虎油田。该油田储层为晚侏罗—早白垩世花岗岩和花岗闪长岩，潜山顶部遭受强烈的风化作用，其储集空间由裂缝、溶洞和孔隙组成，源岩为早渐新世泥质岩，油气沿不整合界面进入形成潜山油气藏，日产油超过 $2000 m^3$。1988 年，地质学家又在 Cuu Long 盆地内发现了同为花岗岩和花岗闪长岩基底潜山的大熊油田。

国内第一个潜山油气田是 1959 年在酒西盆地发现的玉门鸭儿峡潜山油田。该潜山储层为志留系中部泉脑沟组的千枚岩、板岩及变质砂岩，油层为下白垩统黑色页岩，潜山在多期构造运动的作用和长期风化作用下，顶部风化壳十分发育，储集空间为风化作用和构造作用形成的风化缝隙和构造裂缝，油气沿不整合面运移形成鸭儿峡潜山风化壳型油气藏。后来，勘探人员在我国各大盆地中相继发现一些潜山构造，但都未获得较好的油气储量。

1975 年，勘探人员在渤海盆地冀中坳陷部署的任 4 探井在中元古界蓟县系迷雾山组白云岩中获得高产工业油气流，任丘潜山油藏属于震旦系碳酸盐岩潜山高产油田，它的发现正式开创了我国潜山油气勘探的新局面。任丘潜山是分布在潜山顶部，由不整合覆盖的块状油藏。该潜山迷雾山组白云岩油藏高度达 870m，不整合面之上被新生界所覆盖，储集空间为次生溶蚀孔洞。因此，任丘油田的发现为国内潜山勘探提供了新的思路，使得地质学家普遍认为潜山油气藏是位于潜山顶部被不整合所覆盖的块状油藏，从而将勘探的重点放在了潜山顶，以"占山头，打高点"为特点陆续发现了曹妃甸 1-6 前寒武系变质花岗岩潜山块状油藏、苏桥奥陶系碳酸盐岩潜山油气藏、千米桥古生界碳酸盐岩潜山油气藏、JZ25-1S 太古界大型混合花岗岩潜山油气藏、渤海湾盆地海域蓬莱 9-1 中生界花岗岩潜山油田、柴达木盆地东坪地区太古界花岗岩潜山油气藏、珠江口盆地惠州凹陷中生界花岗岩潜山油气藏。在我国内西部，勘探人员在塔里木盆地雅克拉构造上的古生界潜山油气藏获得工业性油气流，随后在轮台构造前震旦系古潜山，阿克库木构造、阿克库勒构造奥陶系潜山的勘探中也有收获。20 世纪 90 年代初期，塔中 1 井奥陶—寒武系潜山勘探获高产油气流，标志我国西部存在潜山油气藏的高产区。

2005 年在辽河坳陷兴隆台潜山部署的兴古 7 井中，揭露太古界变质岩厚度 1640m，并在潜山内部获得高产油气流，揭示了变质岩内幕多层系富油的特点，发现了太古界变质岩潜山内幕油藏。2008 年在霸县凹陷文安斜坡中部署的文古 3 井在距离潜山顶 100 多米处的 4416m 钻遇寒武系府君山组白云岩，并获得日产油 302.64t，开启了霸县凹陷潜山内幕型油气藏勘探新领域。2016 年在渤海海域渤中 19-6 构造区发现的太古界变质岩潜山油气藏，潜山埋深为 $4000\sim5500m$，顶部受风化作用影响发育大量的溶蚀孔隙，但受深埋作用使变质岩潜山顶部风化壳相对致密，而受到持续构造作用生成大规模裂缝发育带和动力破碎带的潜山内幕，是变质岩优质储层形成的关键，在该储层中已获得高产油气流。

总体来看，潜山油气藏在我国东西部地区均有分布。目前国内潜山中探明的储量在已探明的油气储量中占有相当比例。例如，在渤海湾盆地，61个古潜山油气藏的探明储量占盆地总储量的10.4%。其中，属于辽河坳陷的8个古潜山油气藏的探明储量占该坳陷总储量的20.3%，属于黄骅坳陷的8个古潜山油气藏的探明储量占该坳陷总储量的2.9%，属于济阳坳陷的20个古潜山油气藏的探明储量占该坳陷总储量的14.8%，属于冀中坳陷的21个古潜山油气藏的探明储量占该坳陷总储量的59.7%，属于渤海海域的4个古潜山油气藏的探明储量占渤海海域总储量的2.3%。一些古潜山油田的油气储量非常可观，例如，渤海湾盆地冀中坳陷的任丘油田含油面积80km^2，探明石油地质储量4×10^8t，最高年产量达1352×10^4t，是著名的高产大油田。位于北大港构造带东北斜坡的千米桥潜山属于大港油田，已完钻的3口预探井数据显示该潜山风化壳储层发育良好，系统试井资料表明该潜山为储量规模近亿吨级的高产富集油气藏。

1.3 南海深水潜山勘探作业难点

在南海，一般将水深大于500m作为深水作业分界点，将水深大于1500m作为超深水作业分界点。独特的深海作业环境与复杂的地质条件决定了深水潜山勘探作业的复杂性，因此，深水作业具有高技术、高成本、高风险等特点，其难点主要体现在资料采集、储层评价与测试作业三个方面。

1.3.1 资料采集难点

1.3.1.1 作业安全风险高

南海深水潜山储层地层压力系统复杂，压力预测难度大且压力窗口窄，作业期间井控安全面临井涌、井漏、井塌等突出问题，风险远高于单一的深水井或潜山井。

1. 岩性复杂，地层压力预测难度大

潜山火成岩、变质岩等特殊岩性地层形成、保存环境的特殊性，使其地层压力预测难度大。目前对于砂岩、泥岩等地层的压力预测技术已较为成熟，但传统的地层压力预测方法是基于地层压实理论建立的方法，对于岩浆岩、变质岩、碳酸盐岩等特殊岩性地层并不适用，其预测精度不高，大大增加了钻井的安全风险。提高钻井液密度可以提高或控制某井段的稳定性，但对于潜山地层钻井液密度稍高可能压漏地层，稍低可能发生溢流、井喷事故，作业安全风险极高。如何提高这些特殊岩性储层中地层压力预测的准确性，是未来需要解决的重点难点问题。

2. 地层压力窗口窄，发生井涌、井漏风险高

深海海域地层上覆海水厚度大，海水密度较岩石密度低，导致深海地层的上覆岩层压力较浅海或陆地井同深度地层要低，钻井作业时地层压力窗口（地层破裂压力与地层孔隙压力差）较窄，给钻井作业带来极大的工程施工挑战。特别是潜山储层地层压力系统复杂，面临井涌、井漏、井塌等井控风险更高。深水潜山地层压漏后，地层很难愈合，导致压力作业窗口更小。

3. 潜山界面卡取难度大，容易发生漏失

与上覆沉积地层相比，潜山地层压力系数往往偏低，潜山地层裂缝发育，常规钻井液进入潜山裂缝性地层，容易引起地层漏失。因此，需准确地卡取潜山界面，下套管封隔不同的压力系统，在保护潜山储层的同时防止钻井事故的发生。

实际钻进过程中，潜山地层界面与钻前地震资料预测的深度往往存在较大误差，潜山界面发育位置存在较大的不确定性。潜山顶部往往由于长期暴露遭受风化剥蚀作用，且不同部位风化剥蚀程度不同，区域横向上潜山界面发育特征差异明显，潜山界面卡取存在较大的难度。现场 PDC 钻头的广泛应用，使得录井过程中的岩屑变得细小、混杂，难以识别，给卡准潜山界面带来更大的挑战。

1.3.1.2 测录井资料录取难度大

1. 对深度跟踪影响大

深水钻井由于受所处的自然环境及钻井船特点影响，录井参数测量难度增加且精度下降。半潜式钻井平台受深海海域大自然环境的影响，纵向上大幅度的抬升、沉降导致绝对井深无法准确测量，这就大大影响了所有以井深为基础参数的地质信息测量（如钻井取心的准确获取），以及以井深为标尺的工程参数测量。钻井平台横向上紊乱摇摆不停，导致无法准确测量钻井液池的钻井液体积，钻井液循环流动时出口处钻井液流量也是忽大忽小，难以实时准确监测其细微变化，从而影响对井涌、井漏等井下事故的预判。

2. 对气测录井影响大

深海海域处于低温自然环境，随着水深的增加，海底温度降低，深水海底温度一般在 2～4℃，超深水海域温度可能仅有 1～2℃。由于海水的低温以及使用大长度隔水导管，钻井液在隔水导管内循环返出时温度大幅度下降，导致钻井液密度、温度、黏度等性能发生较大变化，黏度和切力会大幅上升，甚至会出现显著的凝胶现象。这就使得录井对钻井液中气体脱气困难且效率低下，严重影响到油气的发现与评价。

3. 对岩屑录井影响大

深海钻井平台使用比较粗、长的隔水导管，隔水导管环空较钻杆大，固定的循环排量极大地延长了钻井液上返时间，因此必须在隔水导管底部使用增压泵来增加钻井液在隔水导管中的排量，但这破坏了岩屑样品的稳定返出状态，导致岩屑新老样品混杂，代表性差，且潜山地层岩屑颗粒小，岩屑定名难度大幅增加。

4. 对测井作业影响大

潜山储层地质情况较复杂，其岩性复杂多变，储集空间表现为双孔介质特征，在纵向、横向展布差异性强，在测井作业过程中电缆遇卡概率大，阻卡次数较多。在潜山储层裂缝发育段，井眼易出现不同程度的扩径，导致测井作业难度增加，资料可靠度降低。

1.3.2 储层评价难点

潜山储层的综合评价是一个世界级的大难题，很多专家和学者针对不同类型的火成岩潜山储层，研究思路基本上都是建立在对该区地质特征认识基础上，利用多种资料，以岩心分析的标准，结合理论模型和统计分析，形成一套综合的判别方法。前人已经应用常规测井并结合电阻率成像测井、核磁共振测井、声波扫描成像测井、元素测井等多种新技术对火成岩储层进行定性与定量评价，在理论分析与实际应用中取得了巨大的成果。但由于地质条件的复杂性和测井环境的不确定性，基岩潜山储层测井综合评价中仍存在许多关键性的技术问题，有待于在理论和实践上的进一步研究。南海潜山储层评价难点可总结为五点：

（1）岩性识别困难，各区域潜山储层岩性复杂多变。目前主要围绕测井交会图版法、元素测井、元素录井、声电成像等测录井技术进行研究。但上述方法仍存在不足，如岩性识别区域图版区域性强；元素测井最终形成的矿物需要实验资料支撑；一些先进的测、录井技术（X衍射、元素录井等）未得到充分的利用，尤其是测、录井相结合的技术未能系统纳入研究与应用。

（2）流体性质识别困难。缝洞型储层电阻率受骨架矿物类型、裂缝形态及钻井液侵入影响大，加之储层的致密会降低孔隙流体对测井响应的贡献，导致测井曲线上油气水响应特征的差异并不明显。同时由于裂缝、孔洞的发育以及钻进过程中钻井液漏失的影响，导致录井岩屑和气测不能完全反映储层流体特征。目前流体识别最可靠的手段是DST测试直接验证，虽然国内也建立了部分流体识别图版，但是识别精度低，区域性强；而基于地层测试取样手段获取流体性质也存在成功率低、成本高等问题。南海深水潜山储层井况复杂，时效性要求高，测试作业较少。

（3）储层参数准确计算难。由于潜山储层孔、洞、缝等多种储集类型的综合叠加效应，储层参数的准确计算比较困难。尤其火山岩储层岩石类型多样，岩性及造岩矿物复杂，不同岩性的骨架参数变化较大。同时火山岩储层的孔隙度一般较小，而7%以下孔隙度的精确计算及储层有效性评价一直是测井评价的难点。

（4）储层有效性判别难。由于潜山储层的成因，导致纵向、横向的非均质性强烈，导致利用多井资料对比难度大，从而对储层纵横向的发育展布难以有效刻画，难以通过邻井综合分析为作业前期方案设计提供准确的指导。目前常用声电成像识别宏观缝洞、岩心/岩屑薄片识别微观缝洞，利用声电成像理论或经验公式计算缝洞相关参数（如面孔率、裂缝宽度等），利用声波、双侧向电阻率进行定性评价缝洞有效性。声波评价裂缝储层有效性效果不够直观，在裂缝发育的优势储层难以取到完整岩心，双侧向数值模拟技术基本处于定性或半定量评价阶段，对于信息更丰富的阵列侧向电阻率测井技术，经文献调研国内未见开展研究。测录井资料采集的信息基本来自于井筒周围范围内的响应，探测的径向信息有限，仅从采集信息难以对非均质性强烈的储层进行完整、全面的表征评价。

（5）储层测井相划分难。目前，关于沉积岩和碳酸盐岩测井相划分方面的研究成果丰富，关于火山岩测井相方面的研究极其少见。由于潜山地层的非均质性强烈，导致测井相划分、多井对比分析工作具有较大的不确定性，而火山岩岩性、岩相与沉积岩和碳酸盐岩相比更加复杂，给火山岩测井相划分带来很大难度。

1.3.3 测试作业难点

深水测试作业一般在动态定位的浮式钻井平台上进行，由于深水气田开发成本高，要求单井产量高，因此测试阶段要求的放喷产量也很高，测试过程中一旦发生井喷或油气泄漏，都可能导致爆炸、火灾等重大安全事故。对于深水潜山地层测试，更是综合了深水与潜山裸眼测试的难点，具体体现在：

（1）深海气候环境复杂，要求测试管柱能够快速解脱与回接。深水测试作业受台风和风浪流的影响更大，深水环境的风浪流会引起钻井船的移位，导致隔水管发生变形和涡激振动，因此对其疲劳强度设计提出了更高的要求。环境载荷超出隔水管作业极限载荷时，需要断开隔水管系统和水下防喷器的连接。悬挂隔水管的动态压缩也可能造成局部失稳，增大隔水管的弯曲应力和碰撞月池的可能性。强烈的海洋风暴对钻井平台具有灾难性的破坏作用，因此深水钻井对海洋风暴的预测及钻井平台快速撤离危险海域提出了更严格的要求，在特殊情况下要求测试系统能够快速关井并实现上部管柱的快速退出，同时具有快速回接功能。

（2）平台空间有限，要求高性能模块化设备。海上钻井平台空间狭小，设备和人员密集，自然条件恶劣，测试过程中一旦发生井喷或引入平台的油气流发生泄漏，都可能导致爆炸、火灾、中毒和环境污染等重大事故。因此，深水测试对风险控制有极高的要求，为了实现整个测试过程的安全可控，在平台测试系统、井下测试管串和联顶管柱上安装了一系列功能各异的电、液控装置。在紧急情况下应具有多种应急预案和手段控制油气流动，确保测试设备、人员及油气井的安全。

（3）低温海水环境，水合物生成是深水测试流动保障关键难题。水合物生成与管壁沉积将缩小流体流动通道，增大井筒沿程压降，影响测试结果的准确性，使测试过程失去意义；井筒水合物清除无疑会增大成本，导致测试中止及测试时间延长；在水合物沉积较快且发现较晚时，很容易出现测试管柱被完全堵塞的情况，此时管柱内极易形成憋压，诱发地层压漏或管柱破裂等事故，大幅增加测试成本，甚至导致测试失败。1998年，在Shetlands群岛西部英国大陆架附近的一口深水气井测试过程中，作业水深为838m，在泥线以上隔水管内的测试管柱中出现244m长的水合物段塞，导致了测试中止，最终通过连续油管注入乙二醇和海水解堵才得以恢复测试作业。2011年，在墨西哥一口作业水深1725m的超深水气井测试中，由于清喷过程产水量高于预期，导致管柱内出现水合物堵塞，在否定了多种解堵措施后，最终通过井下管壁打孔和循环高抑制剂浓度的高温盐水使水合物塞分解而得到缓解，增加了大量测试时间和巨大测试成本。

（4）产量大、易出砂，对井下管柱、工具、地面设备要求高。对于高产气井必须考虑如何将油管、地面管线中高压流动的气体流速控制在冲蚀流速以下，以减少或避免冲蚀的发生。高产测试过程中，由于流体的冲击作用以及产量的波动导致油管柱剧烈振动，可能引起管柱连接螺纹松扣或发生疲劳断裂。高产油气井关井井口压力高，放喷、排液、测试时流速高，节流压差大，会在井口及各节流控制阀、分离器及流量计处结冰，由此会引起井口、分离器、放喷测试管线压力升高。因此地面设备在高产条件下工作必须控制有效、灵活，各连接部分密封良好并能安全承受高压冲击和振动，测试过程中测试管柱、地面设备与流程管线具备 $200 \times 10^4 m^3/d$ 的天然气放喷能力。

（5）可能引发深水地质灾害。深水地质灾害包括海底表层疏松、浅层流动等引起的灾害，其中浅层流动危害是重要的危害之一。海底浅层流包括浅层气流和浅层水流。浅层水流冲刷可能造成水下井口、防喷器组和导管塌陷。而浅层气流危害也非常大：一是破坏水下井口装置的稳定性，上窜气体冲刷水下井口装置的基座可能造成井口的松动和失稳；二是上窜气体在海水中产生大量气泡降低了平台周围海水密度，可能导致平台或钻井船失去应有的浮力而造成沉船事故；三是上窜气体可能造成火灾和爆炸事故。

（6）成本控制。深水测试作业费用昂贵，在测试时间较长时费用高达亿元级别。因此，需要在确保作业安全的基础上，做到既满足气藏资料录取要求，又尽量节省测试时间和费用。基于此，深水气田测试与常规气田测试流程设计会有所不同，比如常规气田测试在开关井程序设计及流量设计中不必考虑天然气水合物的防治问题，在开关井时间及流体取样设计方面也没有特别迫切的需求。除测试流程设计外，在资料采集、测试设计的各个环节，都会将成本作为一项重要指标，对各项工作进行优化，确保综合成本可控。

（7）裸眼测试难度大。深水潜山储层一般采用裸眼测试，井身结构复杂，有效封隔上部已钻储层难度大。此外潜山储层有两大特点：一是非均质性极强，二是潜山内幕变化复杂。这两个特点决定了采用常规测试方法对确定主要产出段分层贡献量存在很大的困难。

第2章
南海深水潜山成山、成储、成藏特征*

2.1 潜山地质概况

琼东南盆地是在南海北部准被动大陆边缘伸展构造背景上发育的新生代大型含油气盆地，具有"多凹多隆"的构造格局，其中深水区面积约为 $5.3\times10^4 km^2$，主要包括乐东凹陷、陵水凹陷、北礁凹陷、松南—宝岛凹陷、长昌凹陷、陵南低凸起及松南低凸起（图2.1）。中生代以来，受欧亚板块、印支板块和太平洋板块等周缘板块运动影响，盆内基底形成广泛分布的火成岩，以北东向展布的燕山期花岗岩为主，在松南低凸起和陵南低凸起东部发育印支期花岗岩，局部发育安山岩、凝灰岩及流纹岩等。进入新生代后，经历了始新世断陷（T_{100}—T_{80}）、渐新世坳断（T_{80}—T_{60}）、早中新世断坳（T_{60}—T_{50}）和中中新世—现今坳陷（T_{50}—现今）等4幕构造演化阶段，发育了湖相—海陆过渡相—海相地层，自下而上可划分为始新统、渐新统（包括崖城组、陵水组）、中新统（包括三亚组、梅山组、黄流组）、上新统莺歌海组和更新统乐东组（图2.1）。研究表明，琼东南盆地以生气为主，崖城组为主要的气源岩。Y8区位于松南低凸起（图2.1），该低凸起被"多凹环抱"，潜山圈闭成群成带发育，是发育大中型气田的有利区带之一。

2.2 南海深水潜山成山特征

从图2.2构造演化剖面中可以看出，Y8-3-A潜山属于单断层控制的断块潜山，该潜山埋藏时期为三亚组，稳定于莺歌海组，属于持续活动性潜山。陵水组沉积前2号断层和11号断层就已经存在，并且明显控制着崖城组沉积；同时在松南凹陷斜坡带上发育一系列小断层。陵水组沉积期间，两条边界断层强烈活动，导致其派生一系列同向和反向断层，且在斜坡上的小断层继续活动。三亚组沉积时，边界断层活动显著减弱，同时在斜坡上的断层仅有部分在活动，地层在凹陷中变厚，在松南低凸起上逐渐减薄。梅山组沉积时，活动断层的数量继续减少；至黄流组沉积期，依然延续梅山组沉积的构造特征。莺歌海组沉积时，边界断层也停止活动，从浅水区沉积物向深水区地层逐渐增厚。

---

* 本章中的"综合柱状图""综合解释图""测井解释图""处理成果图""解释成果图""响应特征图""计算结果图""识别柱状图"等均是利用地质专业软件生成的图形文件，其表头文字仅作描述用，通常不标注单位。除非个别用错的术语、符号作了修正，其余保持原样。

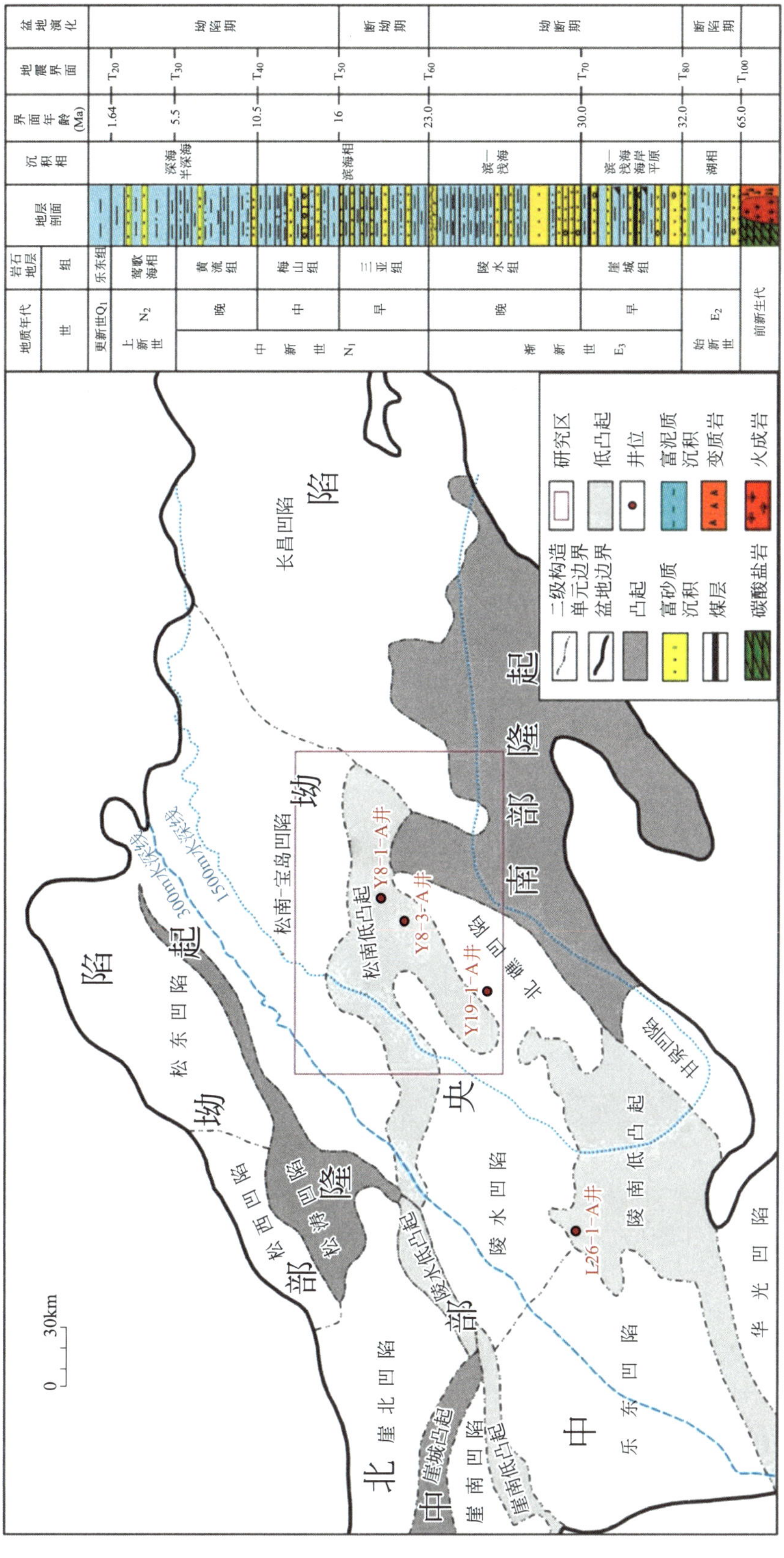

图 2.1 琼东南盆地构造区划及地层综合柱状图

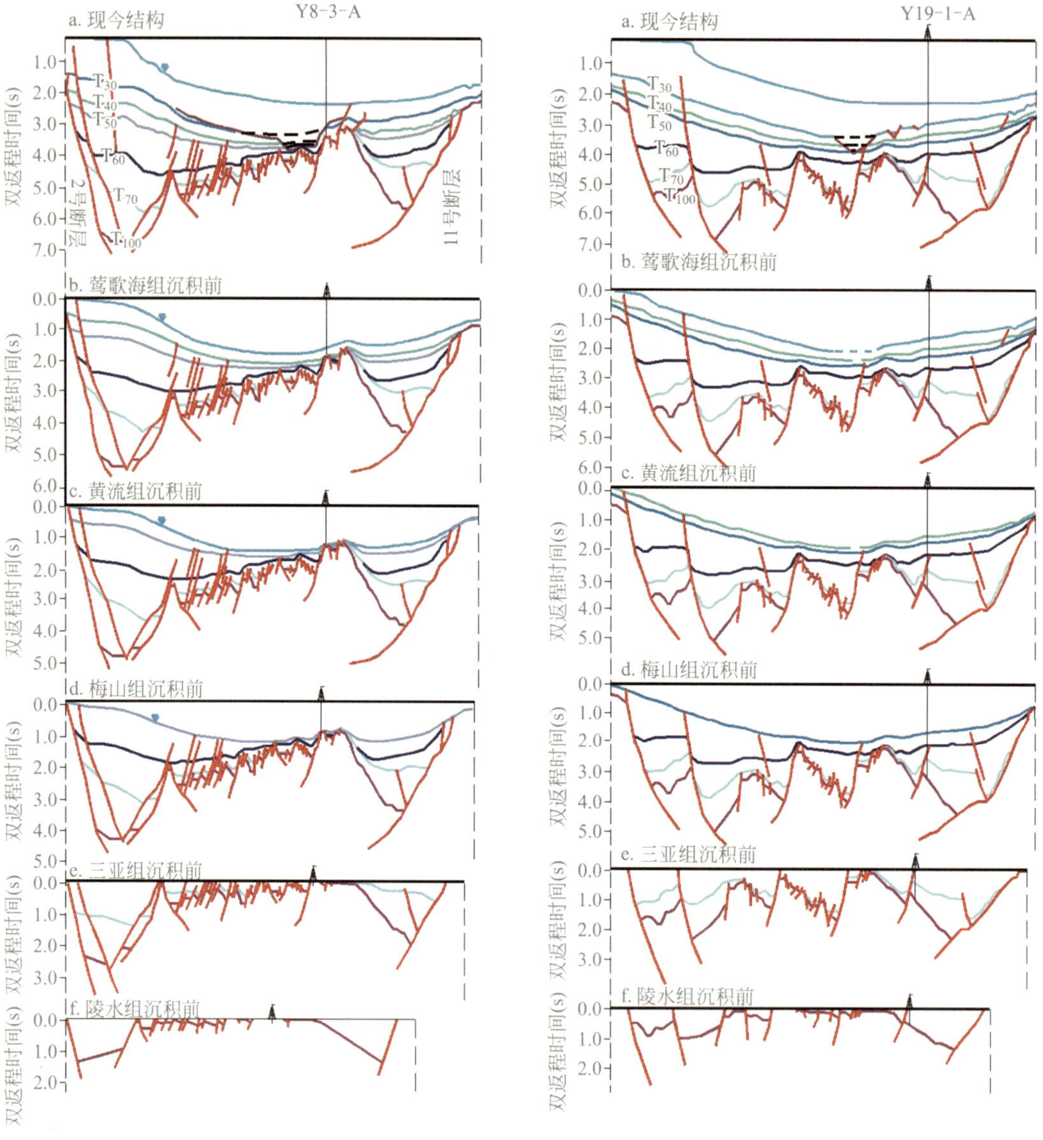

图 2.2 琼东南盆地松南低凸起构造演化剖面

Y19-1-A 潜山属于单断层控制的断块潜山，该潜山埋藏时期为陵水组，稳定于梅山组，属于早形成/早埋藏/中稳定的潜山。崖城组沉积期间，研究区发育了一系列对倾断层，其中 2 号断层和 11 号断层活动强度最大，从而形成了对倾的盆地格局。陵水组沉积期间，先期形成的断层继续活动，但在斜坡上发育一系列早衰的小断层。三亚组沉积期间，断层活动数量迅速减少，仅仅为控凹断层和控制潜山带的断层活动。在梅山组和黄流组沉积期间，仅剩下边界主断层活动，此时的地层厚度基本一致。莺歌海组沉积时，其特征与 Y8-3-A 剖面类似，边界断层也停止活动，从浅水区沉积物向深水区地层逐渐增厚。整体上，断陷期为东西双断的盆地结构，热沉降期为西坳东坡的盆地结构。

L26-1-A 潜山类型属于双断层控制的断块潜山带（图 2.3），埋藏时期为三亚组，稳

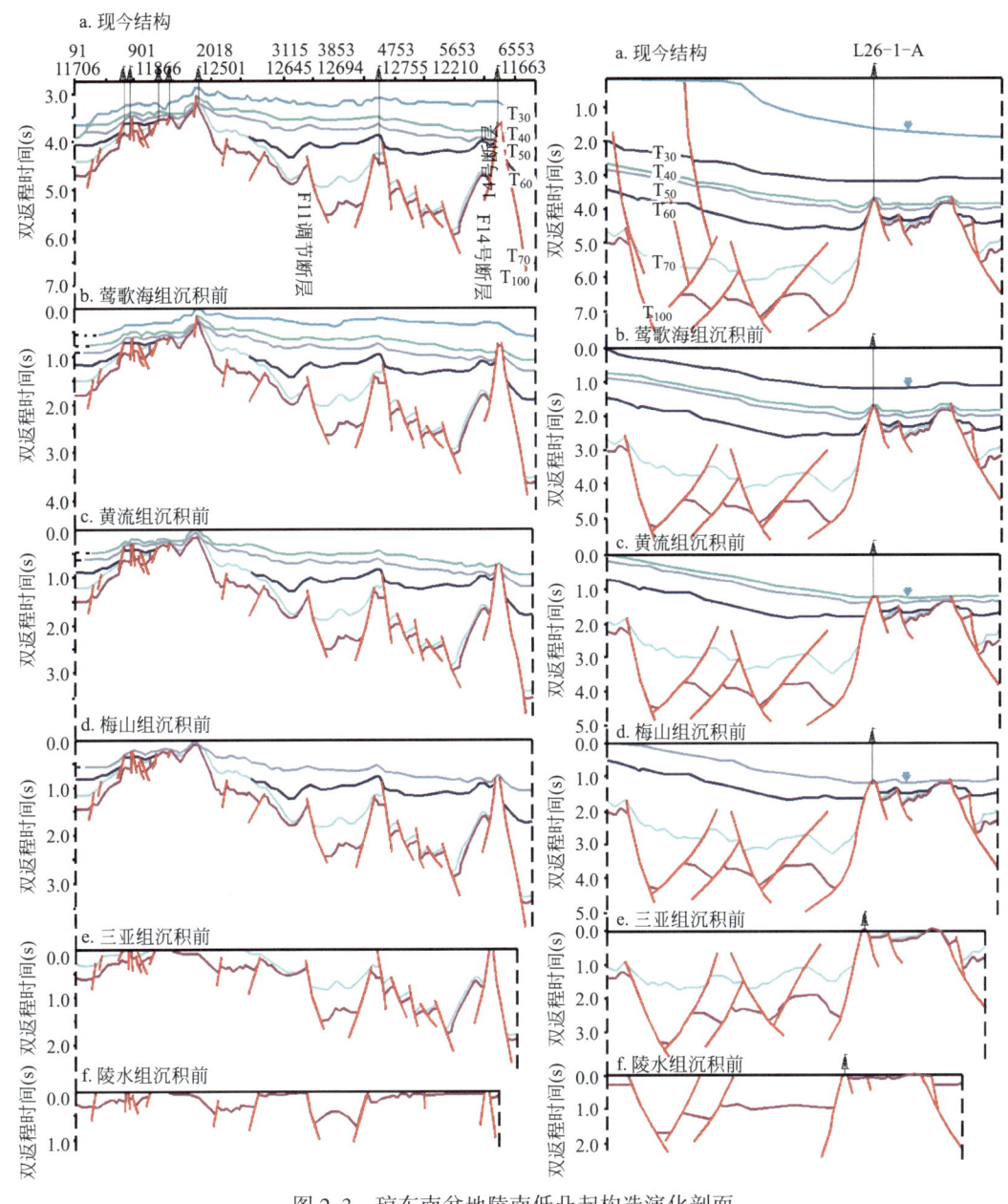

图 2.3 琼东南盆地陵南低凸起构造演化剖面

左图井名从左向右依次为 Y8-1-A、Y8-1-B、Y8-3-A、Y8-3-B、Y13-1-B、L18-1-A、L26-1-A

定于莺歌海组。该 L26-1-A 测线构造演化剖面与上述两条演化剖面反映了完全不同的发育历史，分析剖面中各时期的构造格局，可以看到，崖城组沉积期间，在陵水凹陷发育了对倾控凹断层，而在陵南低凸起的东侧发育了东掉断层，此时低凸起开始形成，且在低凸起相对高部位缺失了该时期的地层。陵水组沉积期间，控制陵水凹陷的 2 号断层停止活动，而 14 号断层则继续活动，与其背倾的 F14 断层也强烈活动，使得陵南低凸起继续遭受剥蚀。三亚组和梅山组沉积期间，仅有 14 号断层强烈活动，F14 断层活动也显著减弱，使得 L26-1-A 潜山始终处于剥蚀状态。黄流组开始，14 号断层活动也开始减弱，部分沉积物覆盖在潜山顶部。莺歌海组沉积时，其地层底部基本再无明显起伏变化。

该构造演化剖面可以清楚地反映出陵南低凸起潜山、陵水凹陷斜坡带潜山和松南低凸起潜山形成及演化过程的差异性。崖城组沉积期间，陵南低凸起潜山和松南低凸起潜山均由于断层的强烈活动而遭受剥蚀，相比较而言，陵水凹陷斜坡带上的反向断层活动相对较弱，地层直接覆盖在潜山之上。陵水组地层沉积期，松南低凸起上开始有部分潜山被地层覆盖，而陵水凹陷斜坡带潜山继续深埋，陵南低凸起则继续遭受剥蚀，这种状态一直持续到黄流组沉积末期。莺歌海组沉积后，未再发生大规模的构造运动，断层全部停止活动，整个潜山构造带处于构造稳定期（图 2.3）。

2.3 南海深水潜山成储特征

2.3.1 单井花岗岩潜山储层特征

花岗岩潜山风化壳储层是优质油气储层，并且发现了大型超大型的油气田，如也门的 Kharir 油气田、我国渤海蓬莱 9-1 油田等。目前松南低凸起上已钻遇潜山的井仅 5 口，并且均已发现了气流。按油气储集的空间，可分为孔隙型、裂缝型及缝洞型三种类型。孔隙型储层主要发育在砂化带内，裂缝型储层主要发育在潜山顶部的风化裂缝带内，缝洞型储层往往发育在风化裂缝带下部及裂缝破碎带内。下面根据已有的钻探资料、实验资料、测井资料等对各单井进行分析。

2.3.1.1 Y8-1-A 井

该井钻井进山 184m，潜山风化壳自上而下可分为砂化带、风化裂缝带及裂缝破碎带，砂化带岩性为灰色砂砾岩夹薄层灰色泥岩、红褐色泥岩，风化裂缝带及裂缝破碎带岩性为印支期花岗岩。

该井 2905~2935m 井段共 30m 被划为砂化带，该带岩性疏松，是潜山风化壳内很好的储层，但由于缺少岩样分析资料，根据测井综合解释的孔隙度最高可达 25%，一般在 8%~15% 之间（图 2.4）。

2935~3043m 是潜山风化裂缝带，由于多成因、不同期的裂缝叠加、改造，以及后期的断层作用，使得该段花岗岩破碎严重，有些层段呈砾状，部分张性裂缝中充填有小碎块或泥质，呈强烈的氧化颜色（图 2.5）。

对 18 个井壁取心样品进行了常规物性分析（有两个样品属于水平潜流缝洞带内），对 1 个井壁取心样品进行了覆压下岩石孔、渗测定分析，对 2 个井壁取心样品进行了高温高压多参数测量。常规物性分析表明，最大孔隙度为 17.8%，最小孔隙度是 2.69%，平均孔隙度为 11.46%；最大渗透率为 13.6mD，最小渗透率小于 0.05mD，平均 5.98mD，总体看来储层物性是很好的。从埋深情况来看，孔隙度随深度变化不明显，但渗透率从 2999m 向下则明显变差（表 2.1）。

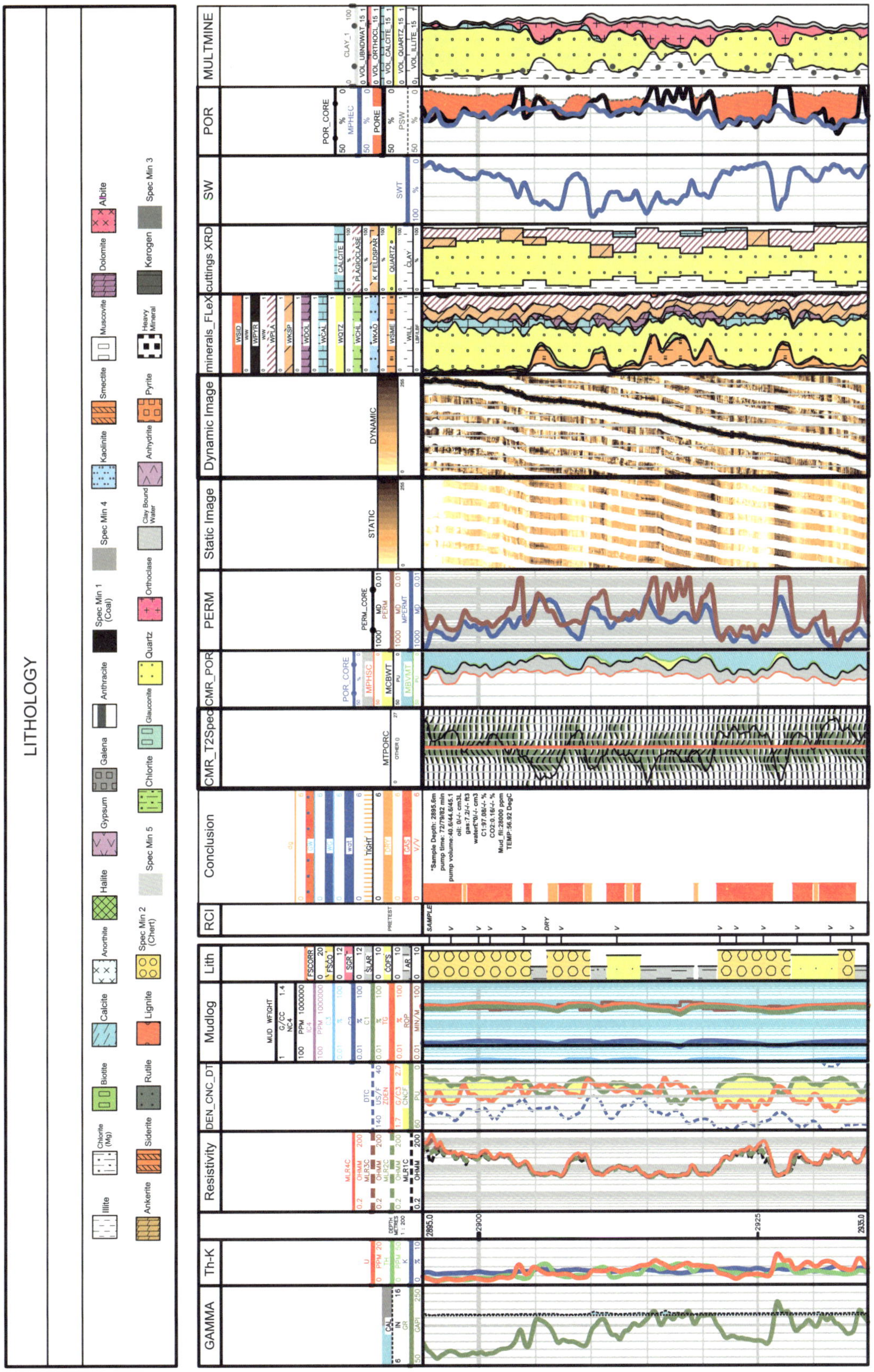

图2.4 松南低凸起Y8区及周缘Y8-1-A井砂化带储层测井综合解释图

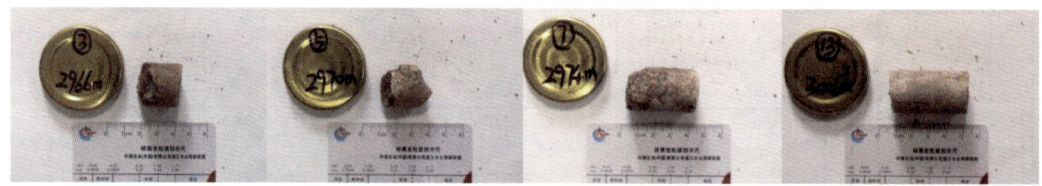

图 2.5　松南低凸起 Y8 区及周缘 Y8-1-A 井风化裂缝带岩心照片图

表 2.1　松南低凸起 Y8 区及周缘 Y8-1-A 井潜山花岗岩岩心常规物性分析

委托编号	井深（m）	岩性	孔隙度（%）	渗透率（mD）	颗粒密度（g/cm³）	视密度（g/cm³）
4-1	2960.5	花岗岩	12.5	0.093	2.64	2.31
4-2	2968.0	花岗岩	9.39	3.71	2.59	2.35
4-3	2972.0	花岗岩	14.9	13.9	2.70	2.30
4-5	2974.0	花岗岩	12.7	8.22	2.63	2.29
4-4	2981.0	花岗岩	16.2	9.71	2.62	2.19
4-6	2984.0	花岗岩	17.8	5.95	2.62	2.15
2-1	2986.0	花岗岩	11.0	0.821	2.66	2.37
2-2	2990.0	花岗岩	8.30	12.5	2.61	2.39
2-3	2994.0	花岗岩	17.2	7.94	2.64	2.19
2-4	2998.0	花岗岩	11.6	11.7	2.64	2.34
2-5	2999.0	花岗岩	11.2	13.6	2.65	2.35
4-7	3003.0	花岗岩	8.19	0.338	2.67	2.45
4-8	3006.0	花岗岩	17.0	0.099	2.75	2.28
4-9	3010.0	花岗岩	7.09	0.050	2.65	2.46
3-1	3016.0	花岗岩	2.69	0.050	2.57	2.57
3-2	3024.0	花岗岩	3.57	0.050	2.56	2.56
3-3	3050.0	花岗岩	11.4	0.733	2.39	2.39
3-4	3060.0	花岗岩	13.5	0.380	2.31	2.31

对采自 2972m 处样品覆压下孔隙度和渗透率如表 2.2 及图 2.6 所示，孔隙度变化不大，均在 12% 以上，渗透率变化相对较大，在 5.9~13.9mD 以上。

表 2.2　松南低凸起 Y8 区及周缘 Y8-1-A 井 2972m 处岩心覆压孔隙度和渗透率

测压点	净上覆岩压（MPa）	孔隙体积（mL）	孔隙度（%）	渗透率（mD）
1	2.0	1.597	14.9	13.9
2	4.0	1.451	13.8	10.1
3	6.0	1.367	13.1	8.30
4	8.0	1.313	12.6	7.24
5	10.0	1.277	12.3	6.43
6	12.0	1.247	12.1	5.91

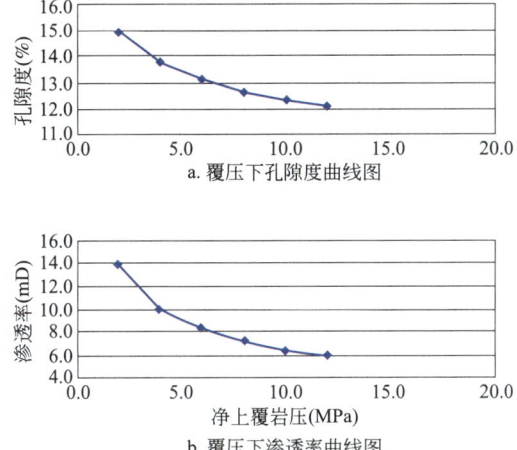

图 2.6 松南低凸起 Y8 区及周缘 Y8-1-A 井 2972m 处岩心覆压孔隙度和渗透率变化

长江大学通过 SCMS-E 型高温高压岩心多参数测量系统，对采自 2974m 和 3006m 的岩样进行了测试，测试结果仍然反映了较好的孔渗性（表 2.3）。

表 2.3　松南低凸起 Y8 区及周缘 Y8-1-A 井岩心多参数测量

序号	样品编号	样品深度（m）	围压（MPa）	孔隙度（%）	渗透率（mD）
1	4-5	2974	3	12.5	6.370
2	4-5	2974	11	11.5	4.930
3	4-8	3006	3	16.8	0.125
4	4-8	3006	11	16.1	0.092

这些样品基本上都位于风化裂缝带内，孔、渗变化较大，尤其是渗透性能，3000m 以下明显下降，反映出裂缝的连通性能变差。几种分析方法所反映的物性基本相近，按裂缝性储层评价标准（表 2.4），应以一类储层为主，二类储层次之（图 2.7）

表 2.4　花岗岩裂缝性储层评价标准（据牛涛，2019）

储层分类	一类储层	二类储层	三类储层	四类储层
孔隙度（%）	>6.7	2~6.7	1~2	<1
渗透率（mD）	>1.15	0.1~1.15	0.013~0.01	<0.013

根据该段测井综合解释的孔隙度有随深度明显变差的趋势，从图 2.8 可以分成三个裂隙发育段。第一段：2935~2965m 层段裂缝非常发育，孔隙度平均可达 10%，最大可达 18%；第二段：2965~2992m 层段裂缝较发育，孔隙度平均可达 8%，最大可达 12%；第三段：2992~3043m 层段裂缝不发育，平均孔隙度约为 0~3%，最大可达 6%，且非均质性极强。

3043~3070m 是潜山裂缝破碎带，该段岩心保存较好，偶见沿微裂缝溶蚀加宽的现象。测井解释孔隙度 0~1%，但局部可达 10% 之多。

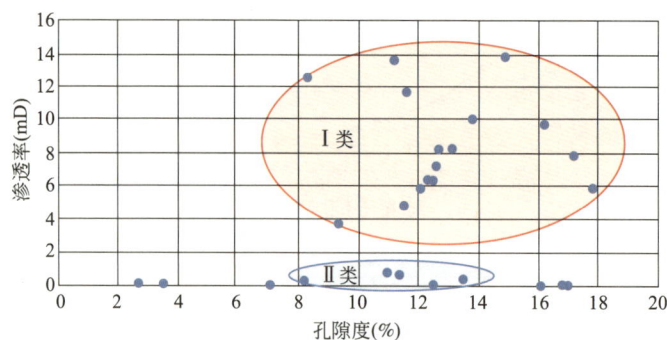

图 2.7 松南低凸起 Y8 区及周缘 Y8-1-A 井花岗岩潜山储层实测样品物性评价图

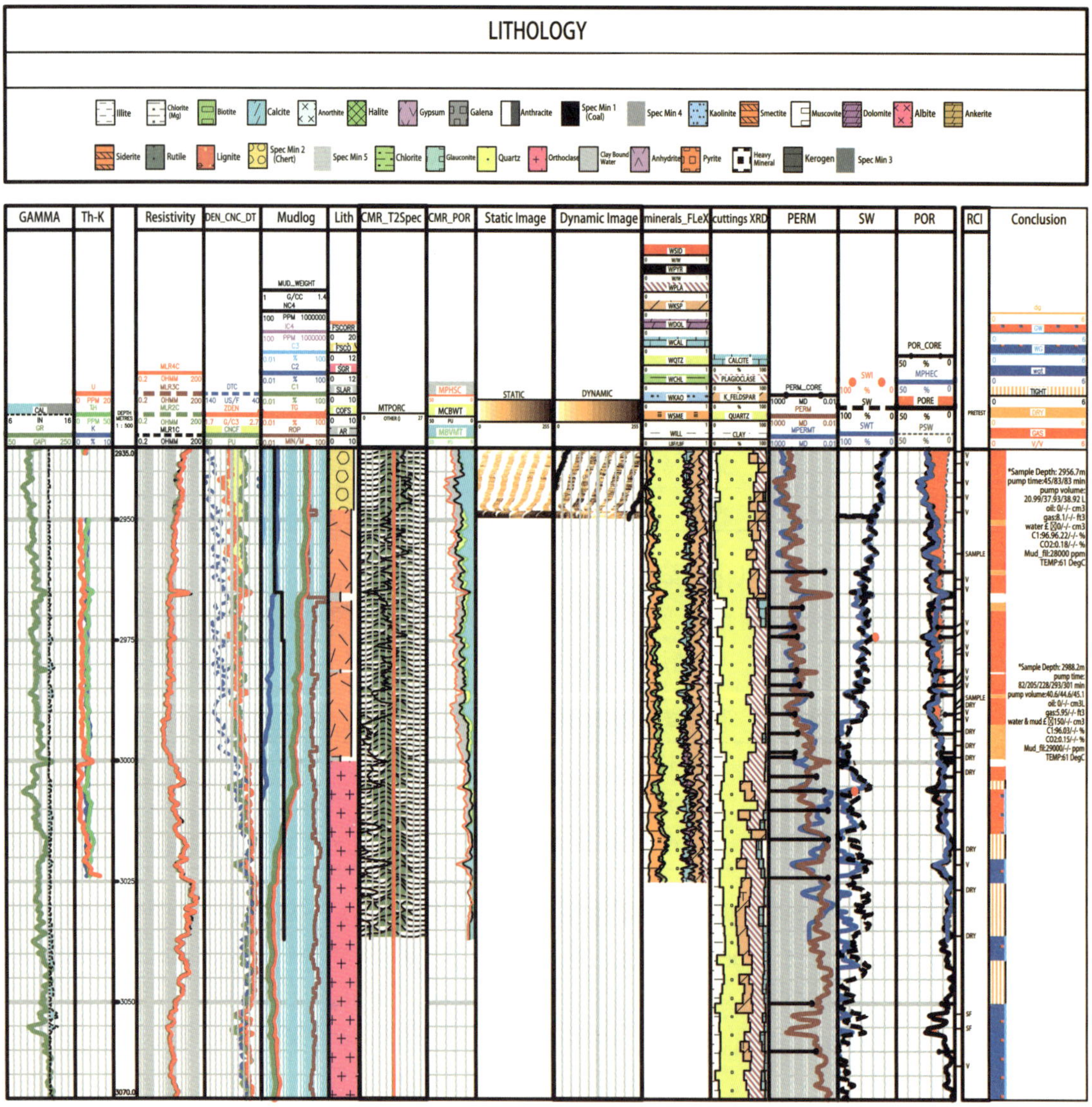

图 2.8 松南低凸起 Y8 区及周缘 Y8-1-A 井风化裂缝带储层测井综合解释图

2.3.1.2 Y8-3-B 井

该井潜山风化壳自上而下可分为砂化带、风化裂缝带及裂缝破碎带。2910~2930.5m 井段共 20.5m 被划为砂化带，该带岩性疏松，是潜山风化壳内很好的储层，成像测井图中无裂缝显示。2930.5~3055.0m 共 124.5m 层段划为风化裂缝带，成像测井图中可见高角度裂缝及破碎层（图 2.9）。

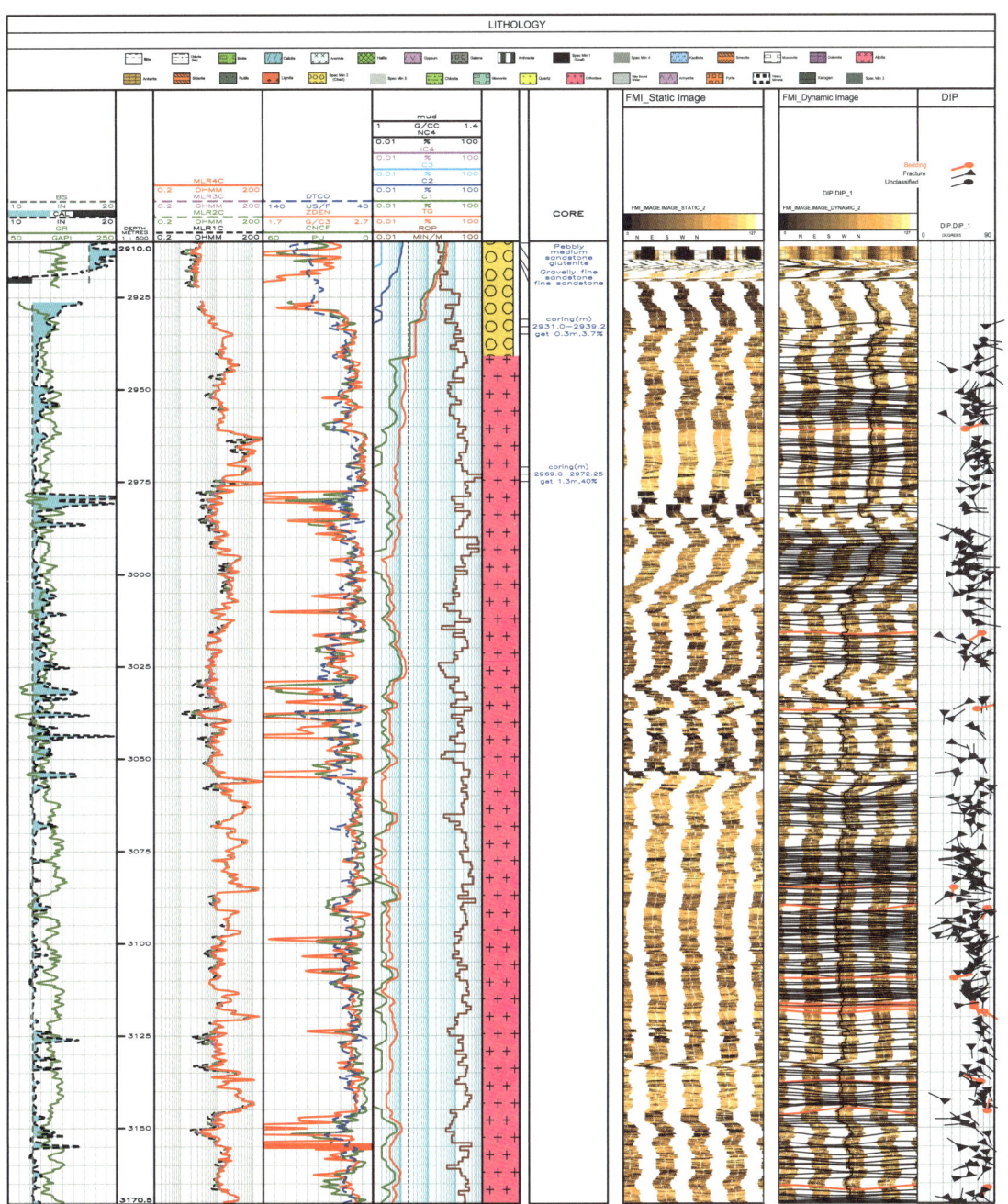

图 2.9　松南低凸起 Y8 区及周缘 Y8-3-B 井裂缝成像测井解释及裂缝倾角图

3055.0~3170.5m 共 115.5m 层段划为裂缝破碎带，成像测井图中裂缝可见，但以低角度缝为主（图 2.9）。

该井潜山还有两筒取心，取心井段分别为 2931~2939.2m（收获率 3.7%）、2969~2972.25m（收获率 40%），部分井段破碎很严重，比较完整的岩心中可见高角度裂缝反映出岩石的破碎，裂缝密度约为 1~2 条/10cm。根据测井综合解释的孔隙度最高可达 28%，裂缝孔隙度较高的井段主要还是分布在 2930.5~3055.0m 层段，往下裂缝仍然可见（图 2.10）。

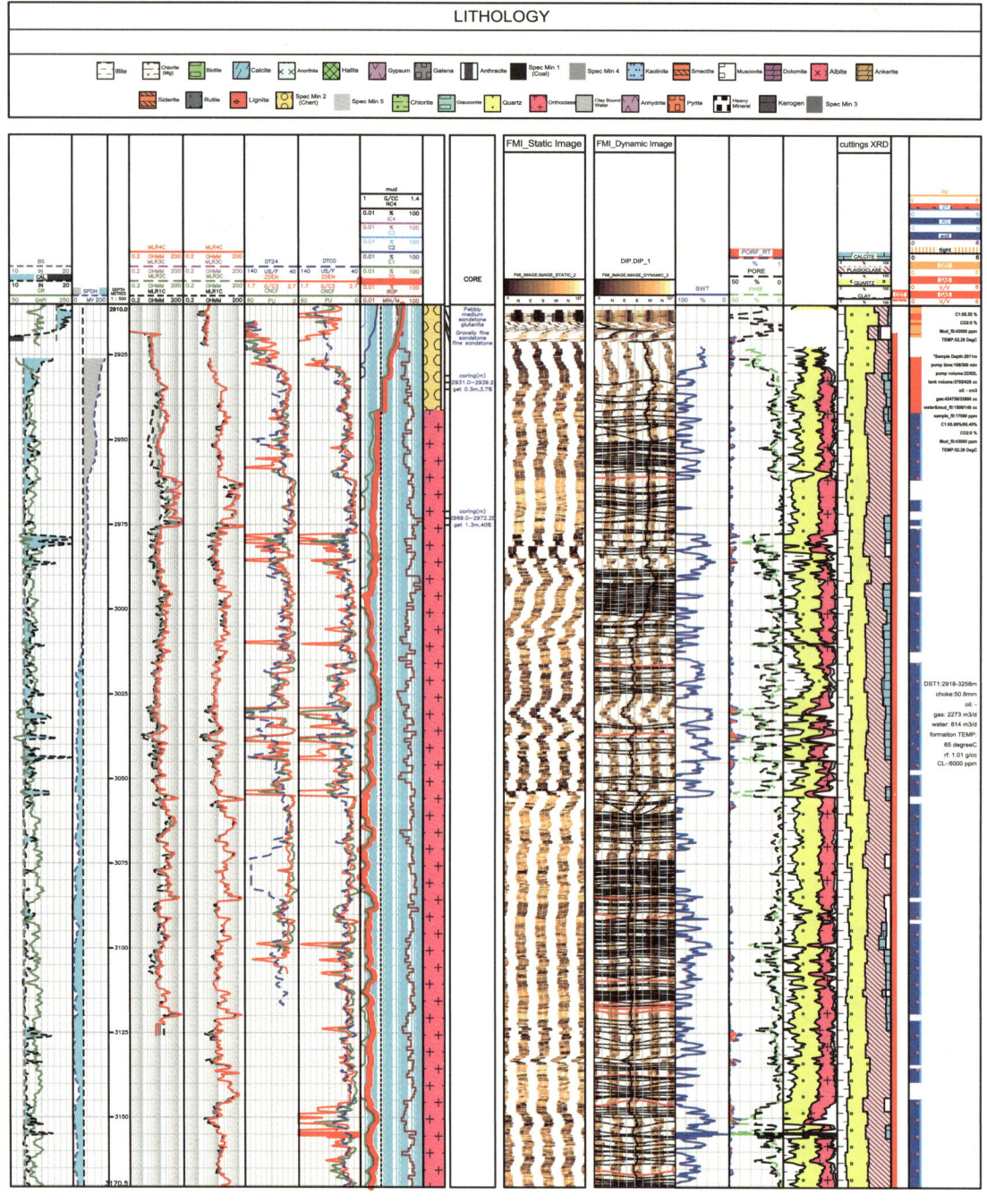

图 2.10　松南低凸起 Y8 区及周缘 Y8-3-B 井潜山风化壳物性测井解释图

潜山储层物性良好的另一例证是该井钻入潜山之后的钻探、起钻、电测等过程中出现多次的钻井液漏失，从 2019 年 11 月 1 日至 2019 年 11 月 6 日共漏失钻井液 221.7m³。

2.3.1.3　Y8-1-B 井

该井潜山风化壳只有风化裂缝带及裂缝破碎带，缺失砂化带。3292m 进入潜山，至 3430m 划为风化裂缝带，3430~3453m 划为裂缝破碎带。从井壁取心上可见孔隙发育，主要是高角度裂缝（图 2.11a、b），其密度可高达 1~3 条/10cm。高角度裂缝至少可分为两期裂缝，即被充填的张裂缝和未被充填的紧闭缝（图 2.11b、e）；张裂缝基本被后期矿物充填（图 2.11b、f），在这些裂缝充填脉中，可见后期的溶蚀孔洞（图 2.11d、f）。另外还见有网状裂缝（图 2.11c）

图 2.11　松南低凸起 Y8 区及周缘 Y8-1-B 井花岗岩潜山带储集空间类型
岩心深度：a. 3316m；b. 3323m；c. 3347m；d. 3356m；e. 3442m；f. 3470.5m

从测井综合解释成果图上，可分为两个裂缝发育井段。第一井段为 3430~3453m，该井段主要为裂缝型；第二井段为 3460~3495m，这个井段则为缝洞型（图 2.12）。第一井段最大测井解释孔隙度可达 18%，平均约为 5%；第二井段最大测井解释孔隙度可达 10%，孔隙分布较均匀，平均约 5%。

2.3.1.4　Y8-3-A 井

该井潜山风化壳只有风化裂缝带及裂缝破碎带，上覆地层为三亚组泥岩，缺失砂化带。于 2830m 进入潜山，至 2940m 划为风化裂缝带，2940~2992m 划为裂缝破碎带。该井井壁取心较多，从岩心上看裂缝发育，包括高角度裂缝（图 2.13b、d、e）、水平裂缝（图 2.13a）、网状裂缝（图 2.13d）等，局部裂缝发育导致岩心破碎（图 2.13c、f）。尤其是在距潜山顶部深达 156m 的深度，裂缝仍然非常发育，导致岩心破碎（图 2.13f）。

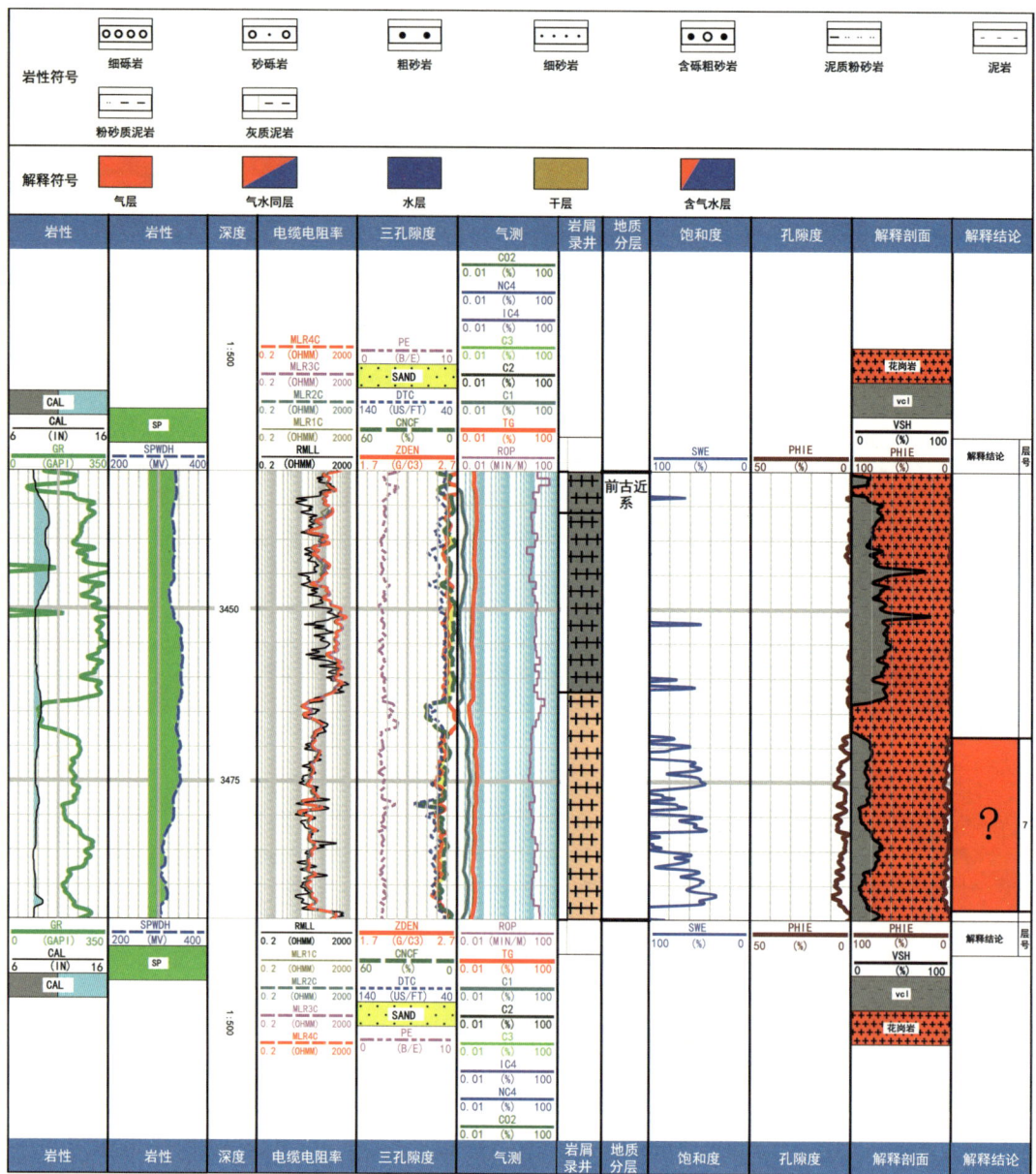

图 2.12 松南低凸起 Y8 区及周缘 Y8-1-B 井测井综合处理解释成果图

已有的电测资料表明，该井中测井曲线组合特征主要表现为裂缝型储层，在成像测井图中裂缝发育。根据裂缝倾角测井资料，在风化裂缝带内主要是高角度的裂缝，而在裂缝破碎带中则基本上为低角度的裂缝（图 2.14）。

2.3.1.5 Y13-1-A 井

该井潜山风化壳只有风化裂缝带及裂缝破碎带，其上被崖城组覆盖，没有砂化带。2619m 进入潜山，至 2668m 完钻，仅钻入潜山 49m，为风化裂缝带。从井壁取心上未见完整的裂缝（图 2.15c），但岩心疏松、破碎应该是裂缝发育的依据（图 2.15a、b）。测井曲线组合综合解释具有一定的裂缝储集空间（图 2.16）。

第2章 南海深水潜山成山、成储、成藏特征

图 2.13 松南低凸起 Y8 区及周缘 Y8-3-A 井花岗岩潜山带储集空间类型
岩心深度：a. 2856.5m；b. 2860m；c. 2916.5m；d. 2833m；e. 2964.5m；f. 2986m

2.3.2 花岗岩潜山优质储层形成机理

对 Y8 区钻遇花岗岩潜山的地质与测井资料研究之后，确认了本区花岗岩潜山风化壳是可供油气聚集的重要储层，并且已发现了工业气流。主要的储集空间包括孔隙、裂缝及缝洞。孔隙型储层主要分布在砂化带中，但这个带的岩性特征及孔隙类型类似于碎屑岩。在钻井、测井资料中，砂化带容易被误认为是河流、扇—三角洲等的沉积，但它们间的储层成因完全不同，地质模型不同，储层预测的思路和方法也完全不同。砂化带在现代的野外地质剖面中是客观存在的，在井下资料中，正确分析这个带的成因，是储层预测的关键。裂缝及缝洞型储层则主要分布在风化裂缝带和裂缝破碎带内。但形成完好的风化壳型储层的控制因素比较多，除了构造抬升暴露地表之外，还需要有易于风化的岩性、有利的气候条件，以及后期的构造运动等，这是优质储层的形成机理。

2.3.2.1 构造运动有利于形成潜山风化壳优质储层

1. 印支运动与花岗岩的形成

琼东南盆地位于东南沿海构造带上，是华南陆块东南缘的一部分。受周边板块的运动的影响较大，构造作用比较复杂。毛建仁等（2013）推测太平洋板块与东南亚大陆之间存在一系列的碰撞、伸展的构造事件，碰撞时间大约在 253~239Ma，伸展时间约 232~215Ma。由此提出了华南陆块印支期多板块汇聚—伸展模式（图 2.17），形成了一系列的花岗岩系。琼东南盆地应属于 S 型过铝质花岗岩和弱过铝质花岗岩带，形成时间为 243~233Ma。

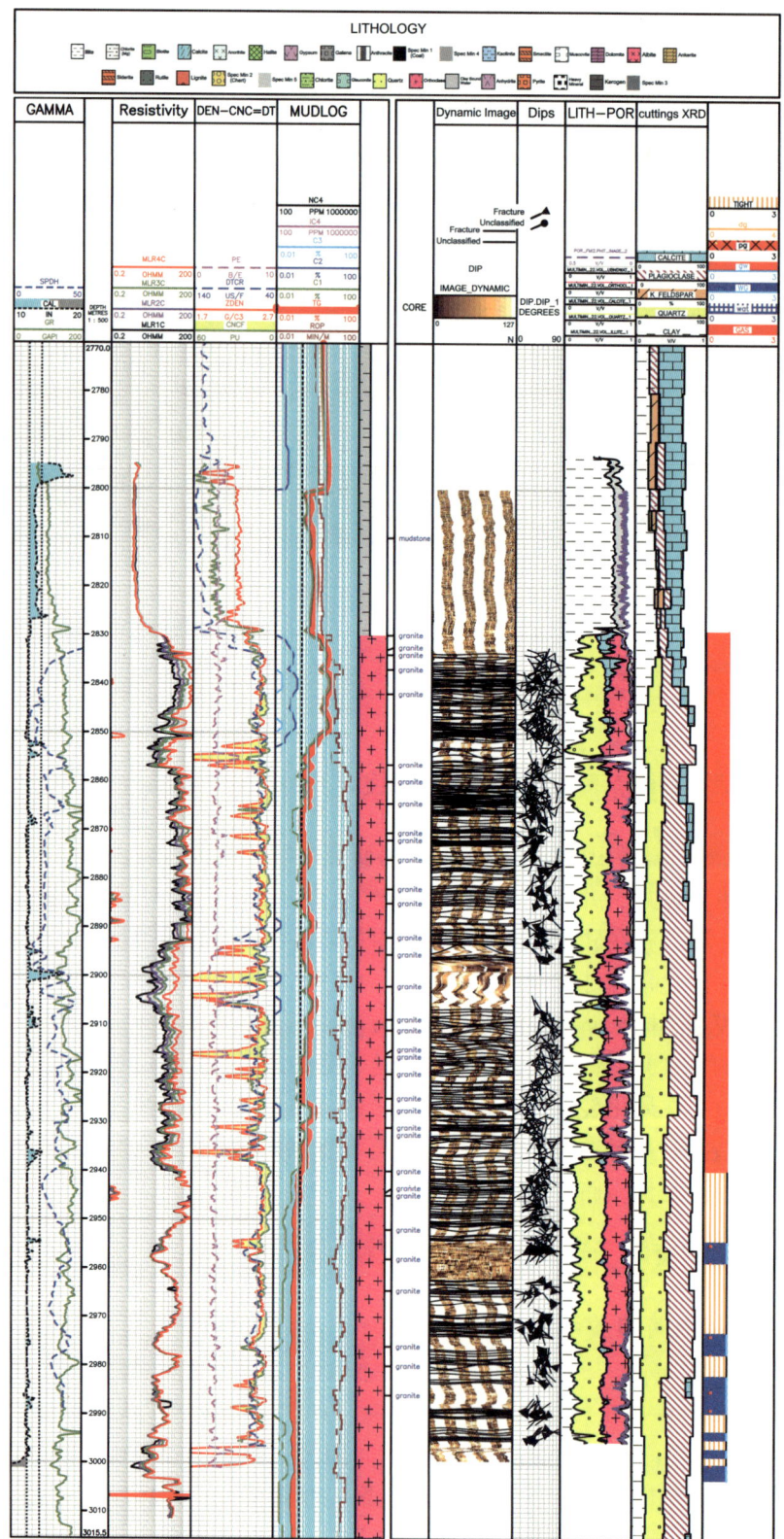

图2.14 松南低凸起Y8区及周缘Y8-3-A井花岗岩潜山测井响应特征图

  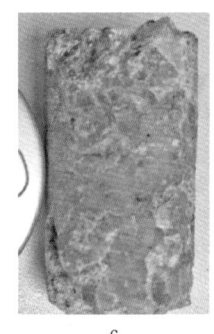

图 2.15　松南低凸起 Y8 区及周缘 Y13-1-A 井花岗岩潜山带储集空间类型
岩心深度：a. 2631m；b. 2648m；c. 2656m

据谢才富等人（2006）对 Y8-1-A 井花岗岩稀土配分模式与形成时间的研究表明，球粒陨石标准化稀土配分模式为较明显的右倾曲线，轻重稀土分异中等—明显，LREE/HREE 值为 1.62～10.21（平均 4.41），（La/Yb）N 为 3.44～47.52（平均 14.43），具中等的负铕异常，δEu 为 0.30～0.78（平均 0.52）。其稀土配分模式与海南尖峰岭早三叠世后造山环境岩石圈拆沉、热软流圈上涌动力学机制下形成的高热花岗岩的稀土配分模式相似（图 2.18）。

据中海油研究院对锆石的 SHRIMP U-Pb 年龄谐和性研究，140 个分析点除了 6 个离群外，有 134 个点的 206Pb/238U 年龄为 211～295Ma，变化范围较小，并且这 134 个点成群分布于 206Pb/238U～207Pb/235U 谐和曲线上，表明这些锆石颗粒在形成后的 U-Pb 同位素体系是封闭的，基本没有 U 或 Pb 同位素的丢失或加入；其 206Pb/238U 年龄的加权平均值为 246.1±6.0Ma（N140，MSWD=3.0），代表了 Y8-1-A 井潜山风化壳基岩的结晶年龄，属早三叠世，形成于印支期。

总之，印支期的构造运动形成了本区花岗岩潜山风化壳的物质基础。

2. 后期构造运动与花岗岩风化壳的形成过程

印支运动结束之后，随之而来的燕山运动、喜山运动，导致了区内的构造抬升与沉降。印支运动晚期，由于印度板块和古太平洋板块不断地向北、北西向的移动，导致本区强烈的抬升，花岗岩暴露地表，经受大气淡水条件下的风化、剥蚀作用，形成花岗岩风化壳。这一时期对应于琼东南盆地的神狐运动。晚白垩世神狐运动造成南海褶皱基底发生张裂隆升，花岗岩地层出露。

图 2.19 展示了潜山风化壳的演变过程，在 70.7～59.3Ma 期间，基底快速上升，磷灰石温度下降 39.4℃，按地温梯度 3.18℃/100m，隆升剥蚀厚度是 1293m。在 59.3～35.5Ma 期间，基底处于稳定状态，这个时期暴露在地表的花岗岩遭受淋滤风化状态，形成最早的第一期的花岗岩风化壳。在 35.5～23.3Ma 期间，基底再一次快速上升，温度下降 55.5℃，隆升剥蚀 1745m。在 23.3～5.0Ma 期间，暴露在地表的花岗岩再次遭受淋滤风化，形成了第二期的花岗岩风化壳。之后基底沉降，后期的风化壳得以完整保存，形成了现在的花岗岩潜山风化壳。

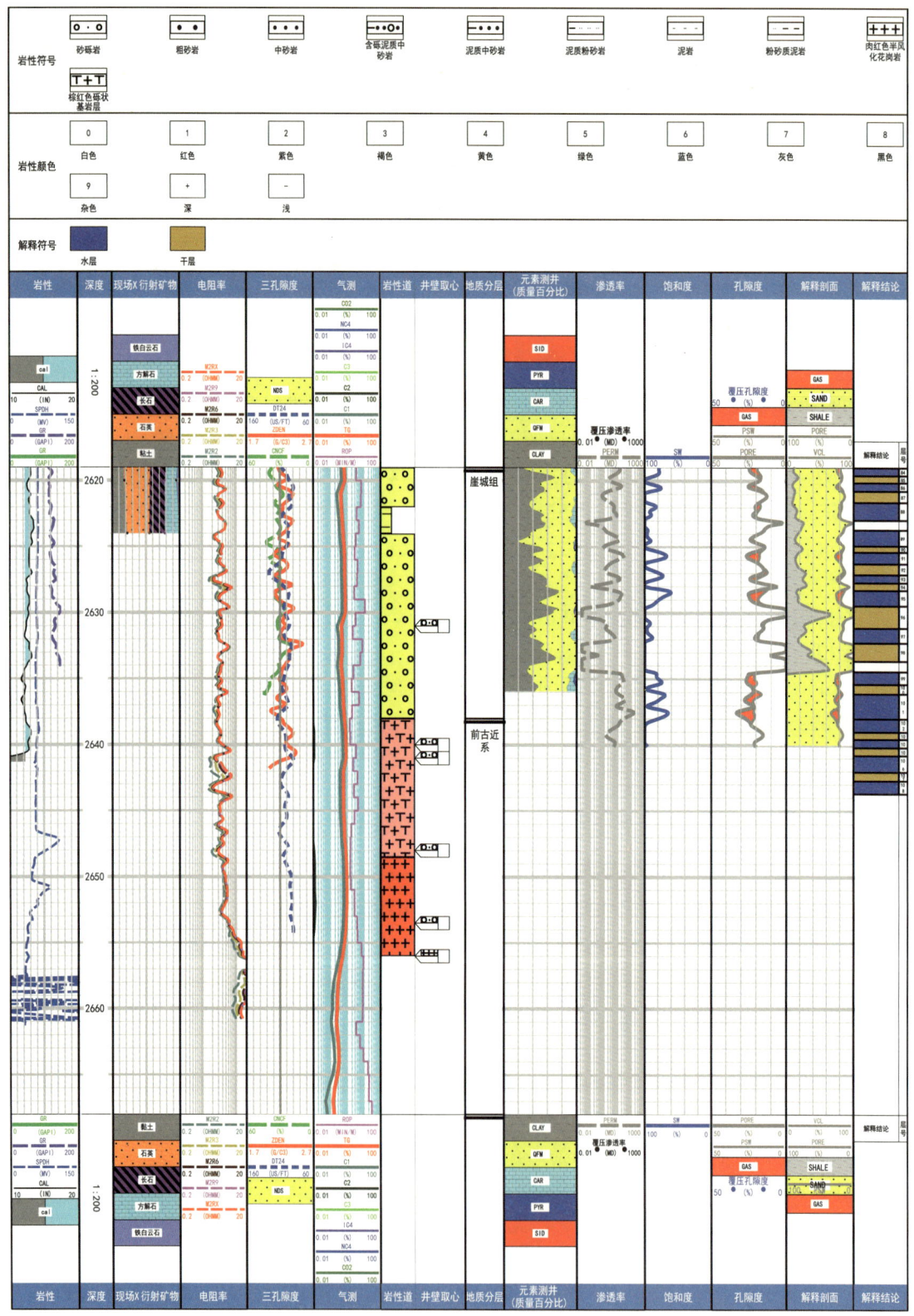

图 2.16 松南低凸起 Y8 区及周缘 Y13-1-A 井花岗岩潜山带测井响应特征物性图

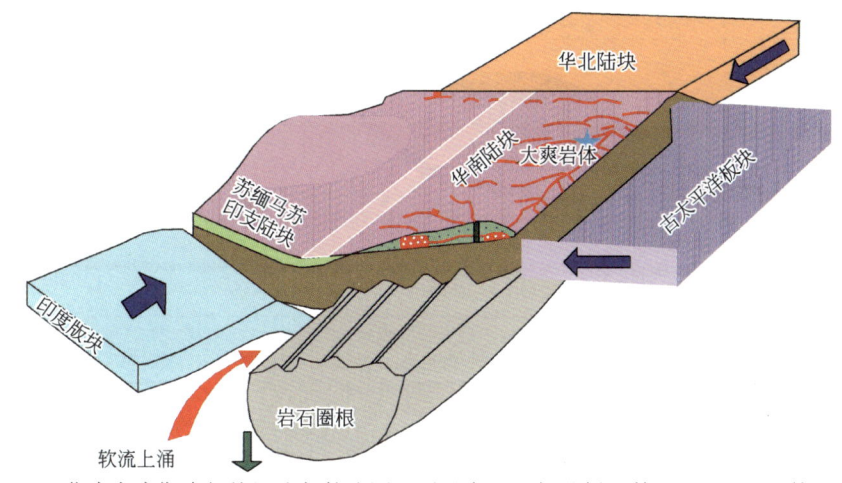

图 2.17 华南印支期多板块汇聚与软流圈上涌示意图（据董树文等，2007；Mao等，2013）

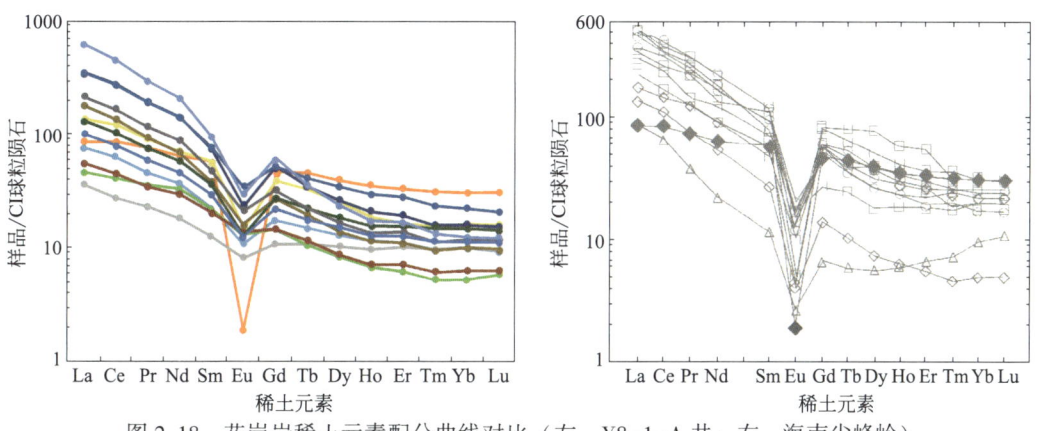

图 2.18 花岗岩稀土元素配分曲线对比（左：Y8-1-A 井；右：海南尖峰岭）

2.3.2.2 易于风化的花岗岩类型

岩石的矿物组成分析表明，区内花岗岩的 SiO_2、全碱（Na_2O+K_2O）及 K_2O 含量较高，分别为 56.26%~66.97%（平均 62.71%）、4.86%~11.10%（平均 7.26%）和 2.12%~7.02%（平均 4.25%）；碱度率（AR）为 1.58~3.39（平均 2.35），在 SiO_2-AR 图解上为钙碱性—碱性系列；K_2O/Na_2O 比值也高，为 0.57~9.26（平均 2.60），属钾质岩系；含铝指数（A/KNC）为 0.59~2.64（平均 1.19），在 A/NK—A/KNC 图解上为准铝质—过铝质；FeO/MgO 比值为 1.67~9.92（平均 4.40），介于 S 型和铝质 A 型花岗岩之间（图 2.20），主要为二长花岗岩、花岗闪长岩。

2.3.2.3 热带多雨潮湿气候是花岗岩风化壳形成的关键

研究区属热带季风气候区，雨量充沛，有明显的多雨季和少雨季，为风化壳的形成提供了很好的古气候条件。

根据 Y8-1-A 井花岗岩的化学蚀变指数 CIA 值变化图、Rb/Sr 比值变化特征及 A-CN-K 图解可以看出，化学风化作用在风化壳不同带中有所差异，但总体来说化学风化作用比较强烈（图 2.21）。

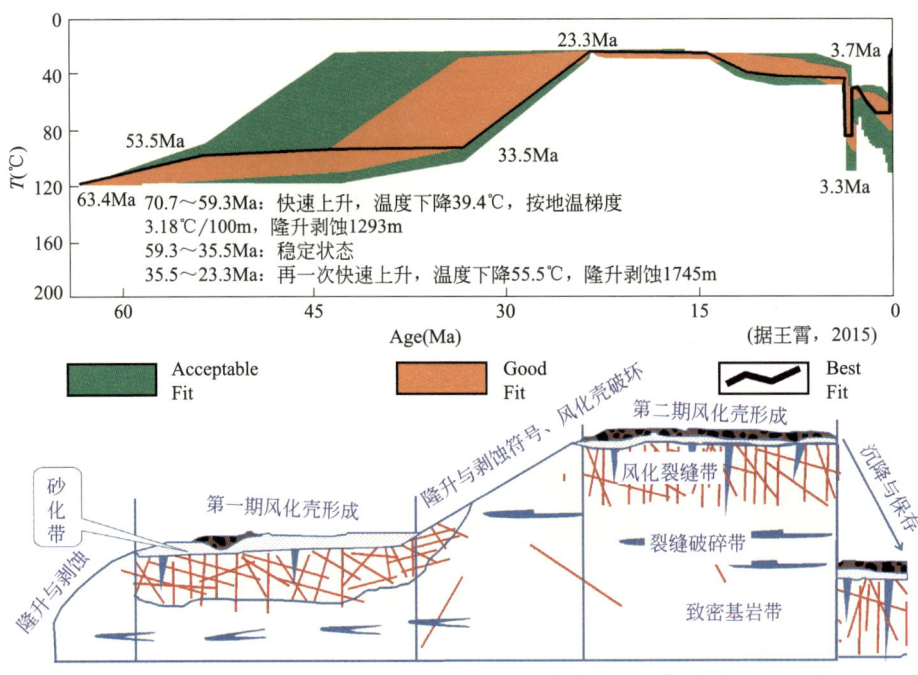

图 2.19　松南低凸起 Y8 区及周缘花岗岩风化壳形成及保存过程示意图

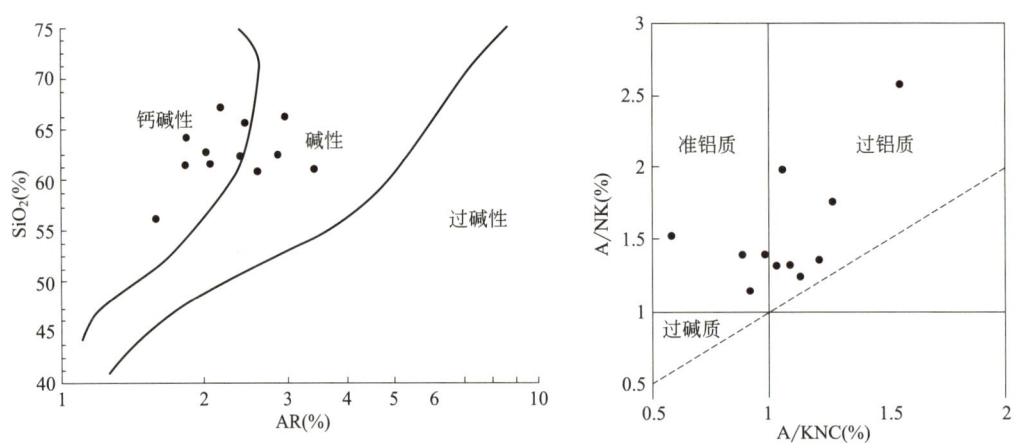

图 2.20　松南低凸起 Y8 区及周缘 Y8-1-A 井花岗岩化学组成及岩石类型散点图

AR（碱度率）=（Al_2O_3+CaO+Na_2O+K_2O）/（Al_2O_3+CaO+Na_2O+K_2O）（质量分数）；

A/NK=Al_2O_3（Na_2O+K_2O）（摩尔数比）；A/KNC=Al_2O_3/（K_2O+Na_2O+CaO）（摩尔数比）

2.3.3　潜山储层发育模式

通过本次研究可知，花岗岩潜山储层发育的主要有利条件，包括有利的物质基础、合适的构造运动、湿润的古气候条件，以及古地形地貌等。相同的情况下，潜山储层的发育程度相差较大，造成这种潜山储层发育差异的主控因素却是构造运动的样式或盆—山体系的耦合模式，以及风化暴露的时间。

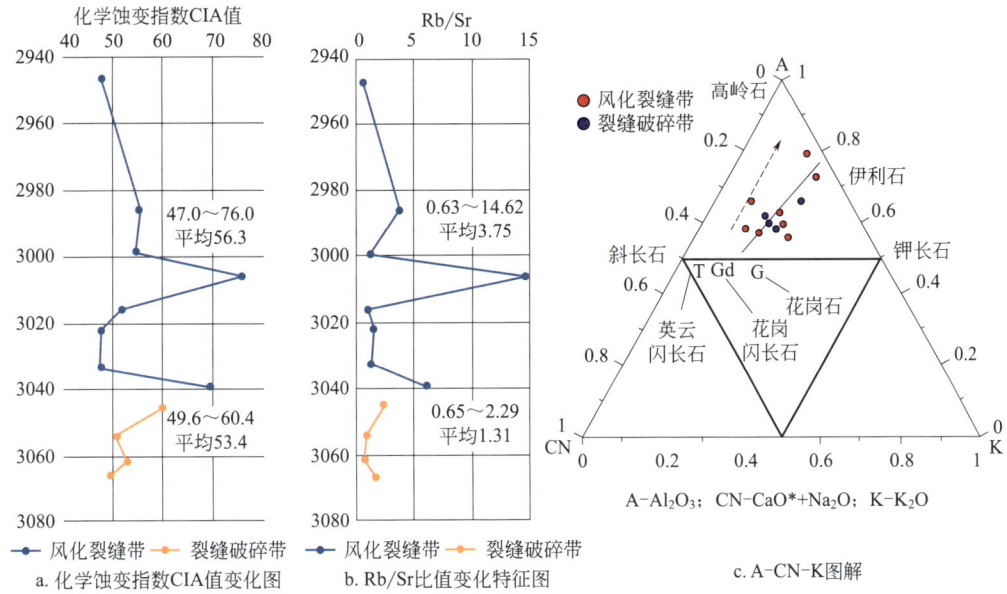

图 2.21 松南低凸起 Y8 区及周缘 Y8-1-A 井花岗岩
化学蚀变指数 CIA 值变化、Rb/Sr 比值及 A-CN-K 图解图

右侧式中 CaO* 是指硅酸盐中的 CaO。如果样品中含有碳酸盐和（或）磷灰石，则 CaO* =CaO-10/3×P_2O_5

区内渐新世开始，由于强烈的断层或断块的活动，形成了盆—山体系。这种盆—山格局是以三种运动模式产生的，不同的模式对应潜山的发育与运动方式是不同的。

2.3.3.1 单断箕状盆地跷跷板型盆—山耦合模式

其特点是盆—山的耦合关系是以盆地的强烈下沉、山系的强烈隆升，形成一种相互间的跷跷板运动方式；隆升幅度相对于盆地来说是成倍的增加（图2.22）。

11 号断层与松南低凸起南部（Y8区）潜山带就是典型的这种单断箕状跷跷板模式。由11号断层的单边下沉，导致松南低凸起南部潜山带强烈的隆升。由于11号断层活动具有分段性，活动强度是由北东向南西迁移（图2.23），因此，Y8区潜山带的隆升也是从北东向南西逐渐隆升并加强，导致西南端的Y13-1-A井潜山隆升幅度最高，但上覆盖层却最老（崖城组）的现象。

很显然，这种盆—山运动耦合模式使得山体快速、大幅度地隆升，最早接受风化淋滤作用，是潜山最有利的储层发育带。

2.3.3.2 双断堑—垒型盆—山耦合模式

特点是断层上下盘作相对运动，断层下盘的隆升幅度与上盘的沉降幅度接近，受断阶的影响，临近断层断阶的隆升幅度更小（图2.24）。这种模式发生在地堑一侧的上升盘中。与单断跷跷板运动不同的是，随着地堑不断下沉，两侧的隆升幅度并不是随着地堑的沉降而相应地隆升，反而在地堑沉降的拖曳下，出现系列与地堑断层倾向相同的阶梯状断层组合。松南低凸起区北翼的潜山就是这种运动机理，形成了系列向松南—宝岛凹陷倾斜的高程不断降低的断阶，也正是由于松南低凸起区南、北翼分属于单断跷跷板模式和双断堑—垒运动模式，导致了松南低凸起的形态呈现出典型的不对称状态，即南部潜山高、向北潜山高点逐渐降低的形态。

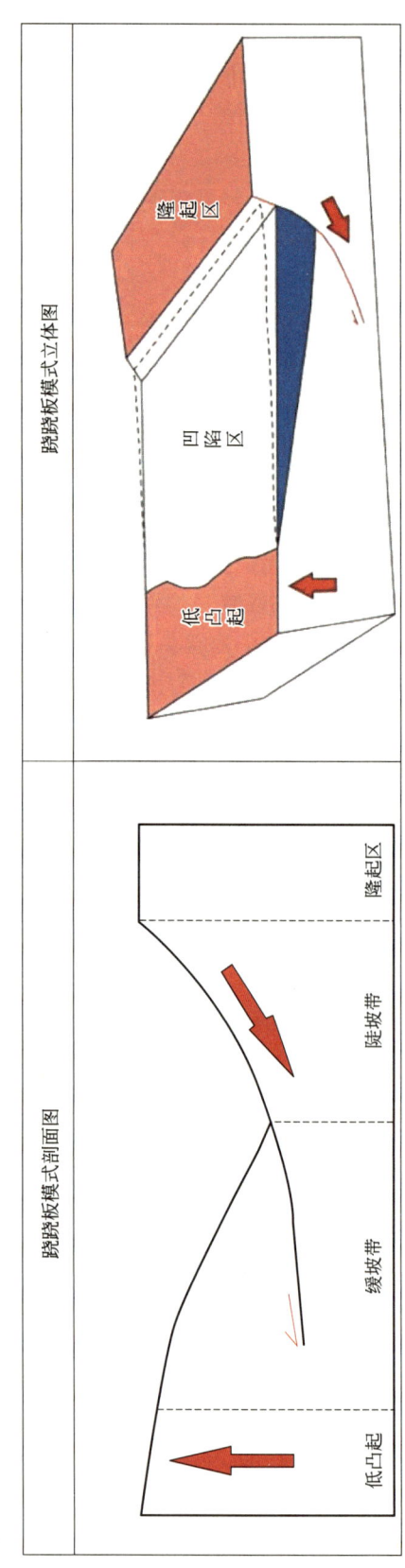

图 2.22 陵南—松南低凸起区单断箕状盆地跷跷板运动模式解释

第2章 南海深水潜山成山、成储、成藏特征

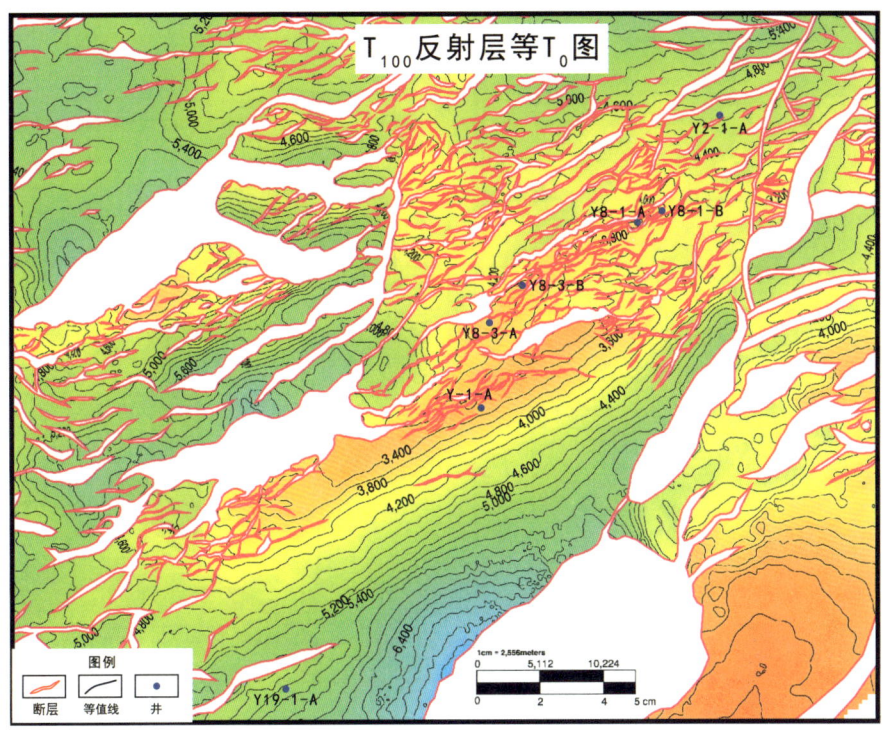

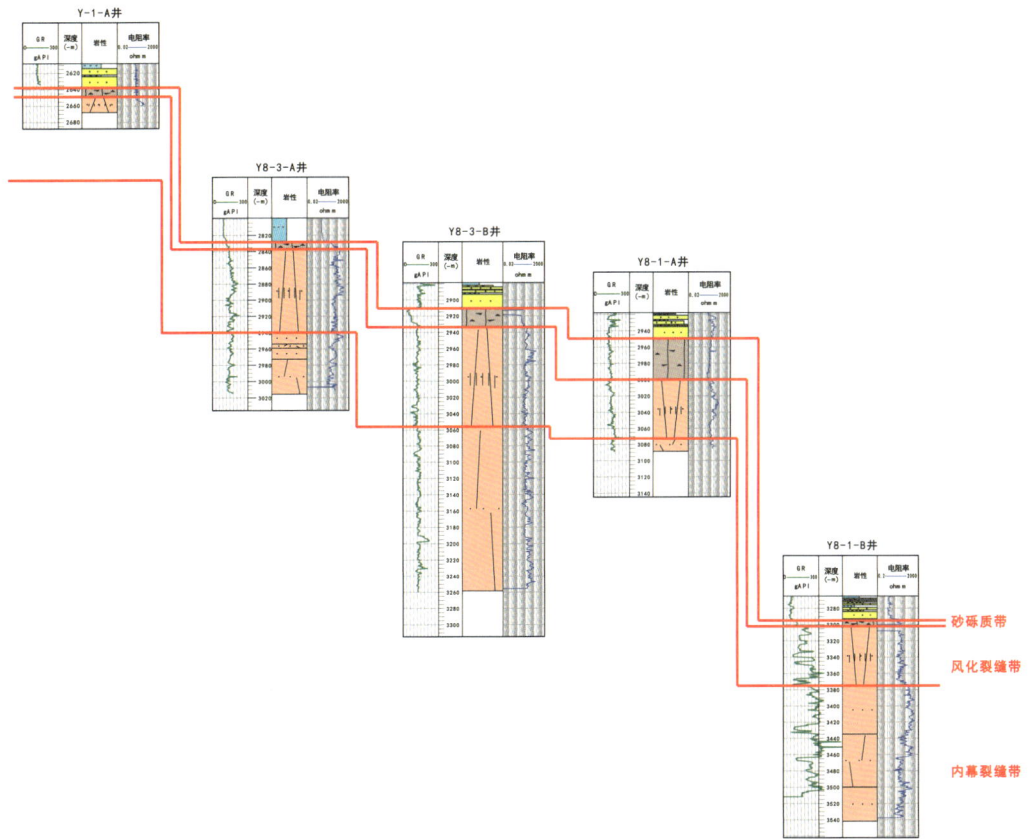

图2.23 11号断层活动演化对松南低凸起区隆升作用影响

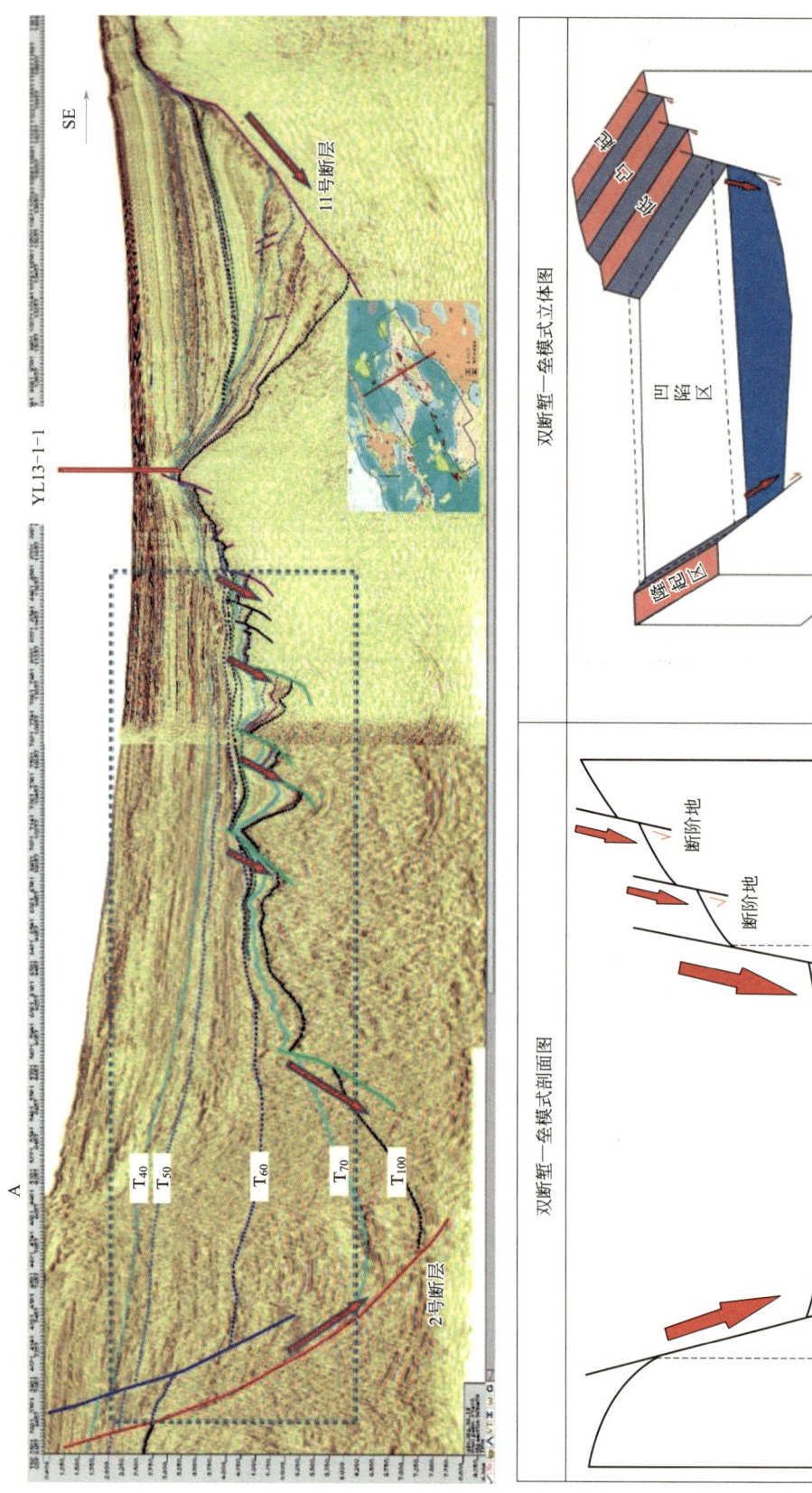

图 2.24 陵南—松南低凸起区双断堑—垒型盆—山耦合模式解释

双断堑—垒型盆—山运动耦合模式虽不能使得山体大幅隆升，甚至后期还将临近凹陷的山体向下拖曳而下沉，但产生的系列断阶仍然可形成坡度较缓的台阶，有利于风化壳储层的保存。

2.3.3.3 断垒型盆—山耦合模式

特点是由两条倾向相反的正断层组合而成，形成简单的断垒—断堑的组合，构造单元具有较好的对称性，垒带两侧由于受上盘向下的拖曳作用，常形成系列的相背断阶（图2.25），使得垒带复杂化。这种运动模式主要见于陵南低凸起区，以及松南低凸起向陵南低凸起的过渡带。

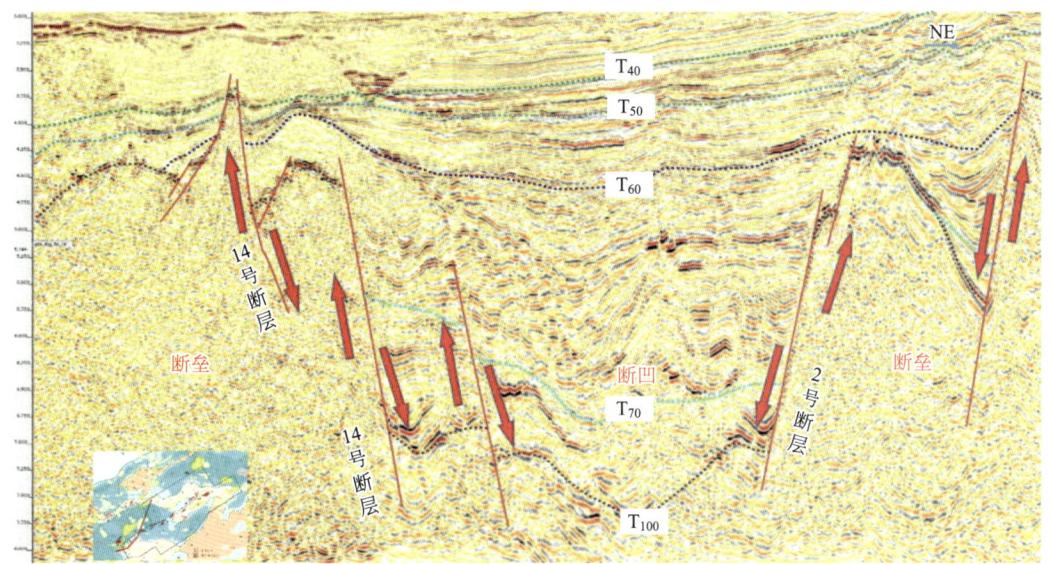

图 2.25　陵南—松南低凸起区断垒型盆—山耦合模式

断垒型盆—山运动耦合模式所形成的垒带构造比较稳定，有利于潜山储层的形成与发育。但发育在不同部位的垒带对储层发育影响不同，高部位垒带则更有利。

2.4　南海深水潜山成藏特征

2.4.1　天然气成因类型与来源

松南低凸起被多个凹陷环抱，天然气可能来源于陵水凹陷或松南凹陷—宝岛凹陷。根据深水区已发现气田的分布，对陵水凹陷L17气田和L18气田、松南低凸起Y8区块的已钻井以及松南凹陷S36-2-A井和S34-3-A井等地区的天然气与凝析油样品进行了采集，并开展了天然气组分、碳同位素、全油碳同位素、饱和烃色谱—质谱实验分析。

2.4.1.1　天然气组分

琼东南盆地深水区天然气主要由烃类气体和非烃类气体组成。烃类气体主要以甲烷为主，非烃类气体主要由 N_2、CO_2 组成。其中，深水区东区 Y8 区块绝大多数样品中的烃类气体含量超过 90.00%，最高可达 95.70%，主要为富烃气；非烃类气体 N_2 含量整体较低，多小于 3.00%（表 2.5）；CO_2 含量较低，仅 Y8-1-B 井揭示崖城组及中生界基岩潜山中天然气的 CO_2 含量相对较高，分布在 1.74%~19.07%之间，该井 3070m 和 3354m 测压取样的天然气样品中 CO_2 含量分别为 14.08% 和 19.07%，二者 CO_2 的 $\delta^{13}C$ 均为 -8.9‰。根据戴金星等总结的无机与有机成因 CO_2 的判别方法：当 CO_2 含量小于 15%，CO_2 中的 $\delta^{13}C<-10‰$，即为有机成因 CO_2；CO_2 中的 $\delta^{13}C>8‰$，即为无机成因 CO_2。分析认为，Y8-1-B 井中 CO_2 均为无机成因；而在 Y8-1-A 井和 Y8-3-B 井测压取样的天然气样品中，CO_2 的 $\delta^{13}C$ 分布在 -17.6‰~-16.0‰ 之间，其 CO_2 的碳同位素偏轻、含量低，主要为有机成因。

琼东南盆地深水区西区天然气的重烃（C_{2-5}）含量明显较东区高，分布在 3.73%~8.44% 之间，平均为 6.42%，天然气的干燥系数为 0.91~0.94，主要为湿气。深水区东区天然气的干燥系数变化较大，松南凹陷 S36-2-A 井中天然气的重烃含量较高，干燥系数均小于 0.95，为湿气；松南低凸起 Y8 区天然气中甲烷含量占绝对优势，天然气干燥系数均大于 0.95，为典型的干气。总体上，深水区西区的天然气整体偏湿，东区凹陷内部的天然气相对偏湿，凸起区的天然气则明显偏干。

2.4.1.2 天然气碳同位素特征

天然气中的烃类气组分和碳同位素组成与烃源岩的母质类型密切相关。天然气中乙烷、丙烷等重烃的碳同位素具有较强的母质继承性，因而它可被用于确定天然气的成因与来源。地球化学分析表明，琼东南盆地深水区不论东区还是西区，其天然气中乙烷的 $\delta^{13}C$ 均大于 -28‰，表明深水区天然气均为煤型气，但乙烷碳同位素与丙烷碳同位素存在明显分区（图 2.26）。根据碳同位素差异可以将天然气分为两类：乙烷和丙烷碳同位素偏重的陵水凹陷来源的天然气；乙烷和丙烷碳同位素偏轻的松南凹陷来源的天然气。陵水凹陷来源（深水区西区）的天然气中，乙烷碳同位素值分布在 -26.2‰~-23.9‰ 之间，丙烷碳同位素值分布在 -24.0‰~-21.8‰ 之间。而松南凹陷来源（深水区东区）的天然气中，乙烷碳同位素值相对偏低，分布在 -28.0‰~-26.4‰ 之间，约集中在 -27.0‰；丙烷碳同位素值分布在 -27.8‰~-26.3‰ 之间（图 2.26）。重烃碳同位素组成的差异揭示，琼东南盆地深水区的东、西区生烃母质存在一定差异，天然气来源不同。

导致琼东南盆地深水区东、西区天然气不同来源的根本原因是其烃源岩环境及沉积过程存在差异。深水区西区的天然气主要来源于崖城组浅海相烃源岩，以海洋生源的偏 II_2 型有机质的输入更占优势。由于海生植物吸收水体中碳酸盐离子而陆生植物则吸收大气中 CO_2，前者较后者更加富集 ^{13}C，其形成的烃源岩中干酪根的碳同位素相对偏重，如深水区 Y9-1 井钻探揭示，崖城组浅海相烃源岩中干酪根的碳同位素值为 -25.5‰。深水区东区的天然气主要来自崖城组滨海相烃源岩。滨海区离岸近，其陆源有机质输入更占优势，烃源岩中干酪根的碳同位素则相对偏轻，Y2-1 井揭示崖城组滨海相烃源岩中干酪根的碳同位素值为 -27.1‰。深水区东、西区干酪根的这种差异导致其对应天然气中的重烃以及其碳同位素也呈现相同的特征。

表 2.5 琼东南盆地天然气组分、干燥系数与碳同位素特征

二级构造带	井号	井深 (m)	层位	烃类气 (%) C$_1$	C$_{2-5}$	非烃气 (%) CO$_2$	N$_2$	干燥系数 C$_1$/C$_{1-5}$	δ^{13}C (‰) C$_1$	C$_2$	C$_3$	C$_4$	CO$_2$	天然气成因类型
松涛凸起	S34-3-A	2301.8	三亚组	94.03	4.39	0.65	0.44	0.96	−46.6	−27.6	−27.3	−26	−16.6	煤型气
	S34-3-A	2311.6	三亚组	92.8	5.31	0.72	0.39	0.95	−46.7	−25.6	−26.3	−25.5	−16.4	煤型气
	S36-2-A	3953.5	三亚组	81.4	11.8	2.4	1.4	0.94	−37	−27.5	−27.8	−26.2	−5.8	煤型气
	S36-2-A	3953.5	三亚组	81.81	11.81	2.34	1.11	0.87	−37.5	−27.4	−27.8	−26.3	−5.8	煤型气
松南凹陷	Y8-1-A	2956.7	中生界	94.5	2.97	0.6	1.8	0.98	−45	−27.5	−27.6	—	−16	煤型气
	Y8-1-A	2988.2	中生界	94.6	3.05	0.5	1.7	0.98	−44.2	−27.2	−27.4	—	−17.2	煤型气
	Y8-1-B	3070	中生界	84.02	0.85	14.08	1.03	0.99	−43.8	−26.9	—	—	−8.9	煤型气
	Y8-1-B	3354	中生界	75.48	0.9	19.07	4.55	0.99	−42.4	−26.8	—	—	−8.9	煤型气
松南低凸起	Y8-3-A	2828.8~2936	中生界	95.67	3.22	0.83	0.19	0.97	−42.7	−26.6	−26.6	—	−2.7	煤型气
	Y8-3-B	2894	崖城组	95.68	3.08	0.37	0.85	0.97	−43.3	−27	−26.8	—	−16.4	煤型气
	Y8-3-B	2905	崖城组	90.36	2.94	0.32	6.39	0.97	−43.7	−26.3	−26.7	—	−17.6	煤型气
	Y8-3-B	2911	崖城组	96.14	3.19	0.22	0.44	0.97	−43.3	−27	−26.5	—	−17.6	煤型气
陵水凹陷	L18-A	2819.9~2846.7	莺歌海组	92.89	6.24	0.04	0.64	0.94	−40.2	−25.3	−24	−23.7	—	煤型气
	L17-B	3228.5	黄流组	91.68	5.9	0.7	1.66	0.94	−38.2	−23.8	−21.8	−22.8	−20.7	煤型气
	L17-A	3321~3351	黄流组	93	5.97	0.62	0.26	0.94	−37.3	−24.1	−22.2	−22.3	−9.2	煤型气
	L17-G	3477	黄流组	83.38	8.44	0.3	5.87	0.91	−46.5	−26.1	−24	−23.9	−15.7	煤型气

注：C$_1$—甲烷；C$_2$—乙烷；C$_3$—丙烷；C$_4$—丁烷；C$_{2-5}$—重烃。

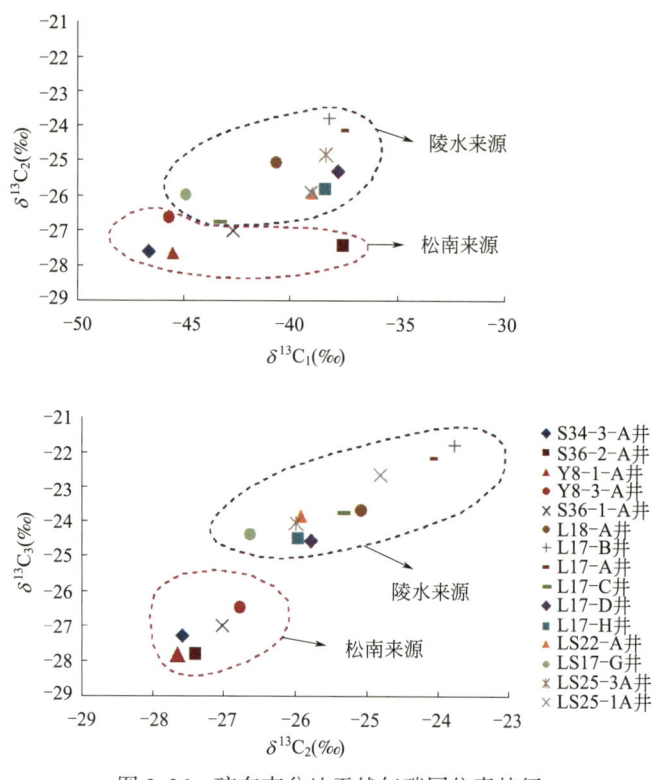

图 2.26 琼东南盆地天然气碳同位素特征

随着松南低凸起 Y8 区块的勘探不断深入,研究发现,在深水区东区的不同区带上,天然气的组成特征也存在差异。平面上,松南凹陷近凹带与松南低凸起的天然气中甲烷的碳同位素与组分特征差异明显。松南凹陷近凹带的天然气中甲烷的 $\delta^{13}C$ 为 $-37‰ \sim -38‰$,天然气干燥系数约为 0.87,表现为湿气;而松南低凸起的天然气相对较轻,甲烷的 $\delta^{13}C$ 值仅为 $-45.9‰ \sim -42.4‰$,天然气干燥系数却为 $0.97 \sim 0.99$,表现为典型的干气。然而,乙烷、丙烷的碳同位素值变化范围却不大,约集中分布在 $-27.0‰$,指示这 2 个区带的天然气为同源。前人的研究认为,在同源条件下,随着烃源岩的热演化程度升高,生成的天然气中甲烷碳同位素会逐渐加重,天然气会逐渐偏干。松南低凸起中同位素偏轻的天然气理应更加偏湿,但实际情况却截然相反。根据张迎朝等的研究结果,松南低凸起和松南凹陷凹的天然气均来源于高成熟演化阶段的松南主凹,据此推断,Y8 区块中甲烷的碳同位素偏轻、天然气偏干的原因在于天然气由松南主凹经长距离运移,并在此过程中造成重烃组分逐渐损失、轻同位素逐渐富集。综合琼东南盆地钻获烃源岩的干酪根碳同位素和成熟度特征、区域地质条件及前人研究成果来看,深水区东区中生界潜山天然气的主要来源为松南凹陷崖城组主力气源岩。

2.4.1.3 凝析油的地球化学特征及来源

碳同位素对比分析表明,琼东南盆地深水区东区与西区相比,新发现的天然气中重烃的碳同位素更轻,这种差异也体现在与盆地深水区天然气伴生的凝析油的地球化学特征上。分子标志物可有效研究油气源，在深水区东区，松南凹陷凹中构造带 S36-2-A 井和 Y8 区块 Y8-1-A 井的凝析油中，$\alpha\alpha\alpha C_{29}$ 规则甾烷较 $\alpha\alpha\alpha C_{27}$ 规则甾烷具有明显优势，二者在质荷比 (m/z) 为 217 的质谱图中呈现"反 L"分布；2 口井中凝析油的姥植比（Pr/Ph）分别为 4.6、3.4，奥利烷和含树脂化合物含量高，凝析油全油的碳同位素值低于-25.0‰。而在深水区西区 L17 气田和 L18 气田的凝析油中，$\alpha\alpha\alpha C_{27}$ 规则甾烷较 $\alpha\alpha\alpha C_{29}$ 规则甾烷具有明显优势，二者在 $m/z=217$ 质谱图中呈现"L"分布；来自 2 个气田凝析油的 Pr/Ph 比值分别为 2.2、3.3，奥利烷含量高、含树脂化合物，凝析油全油的碳同位素值约在 -24.3‰（图 2.27）。深水区东、西区差异明显，东区松南凹陷生烃母质的沉积环境为偏氧化环境，而西区陵水凹陷生烃母质的沉积环境为弱氧化—氧化环境，东区松南凹陷烃源岩陆源有机质的占比相对西区陵水凹陷大。

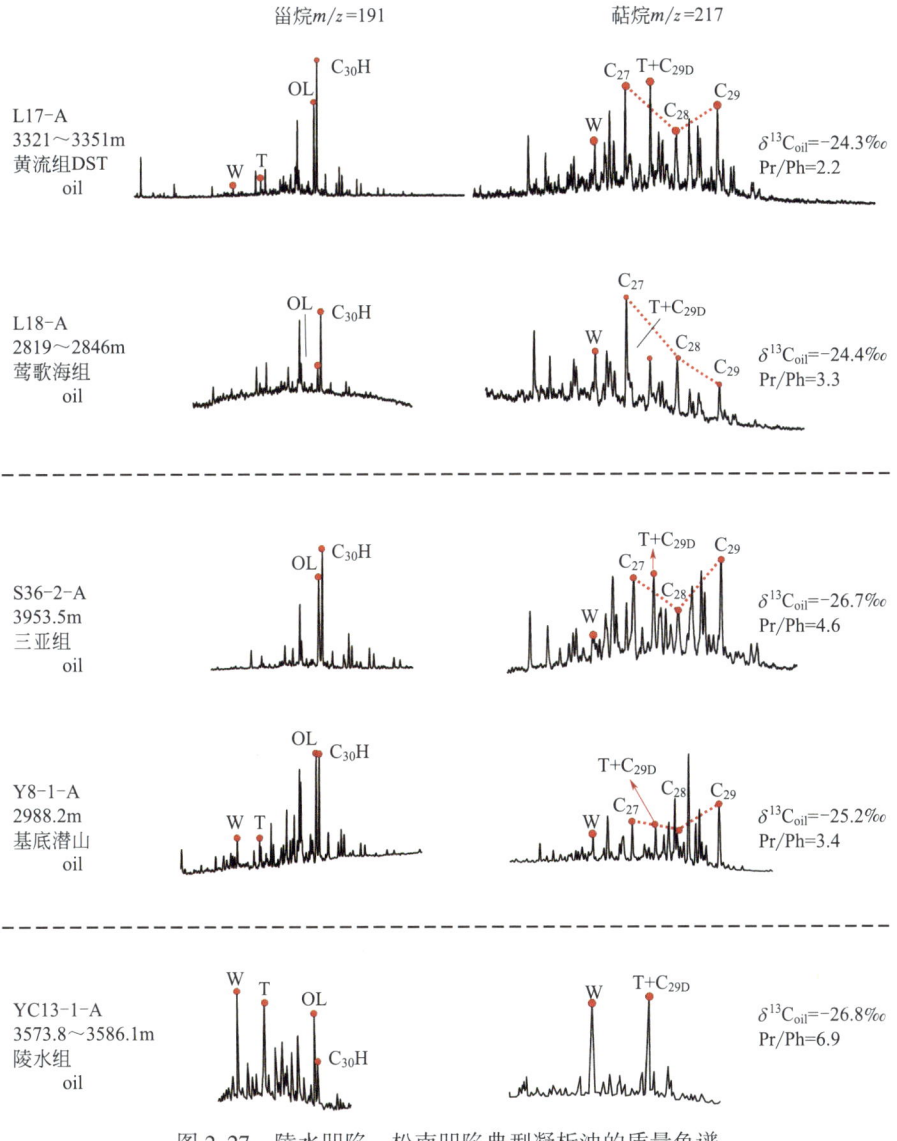

图 2.27　陵水凹陷、松南凹陷典型凝析油的质量色谱

值得注意的是，琼东南盆地整个深水区的凝析油与受典型海陆过渡相煤系烃源岩供烃的YC13-1气田中凝析油的生物标志化合物特征（黄合庭，2017；熊小峰，2019）明显不同。前者中陆源高等植物来源的奥利烷和树脂化合物丰度均明显低于后者。凝析油全油的碳同位素值轻于-27‰，揭示深水区油气与典型海陆过渡相烃源岩形成的油气具有不同的母质来源，推测深水区油气来源于中央坳陷渐新统下部发育的陆源海相含腐泥—腐殖型新类型烃源岩。琼东南盆地深水区东、西区虽然其供烃源岩均为陆源海相烃源岩，但差异特征明显。深水区东区为崖城组滨海相烃源岩，而深水区西区主要为崖城组浅海相烃源岩；深水区东区的松南凹陷陆源有机质的输入相比于西区陵水凹陷大，导致其烃源岩的干酪根碳同位素值偏轻，所生成凝析油的碳同位素也会偏轻，这是导致琼东南盆地深水区东区凝析油的碳同位素相对西区偏轻的根本原因。

2.4.2 潜山天然气侧向输导成藏模式

松南低凸起Y8区块潜山的天然气主要来源于松南凹陷崖城组优质陆源海相成熟烃源岩。松南低凸起Y8区块与松南凹陷中心SN向的直线距离超过40km，甲烷的碳同位素异常轻而干燥系数异常高是Y8区块天然气的显著特点，这主要由于天然气在长距离运移过程中存在重烃组分损失并不断富集甲烷所致，表现出典型的"他源侧向型"成藏特征。松南凹陷的油气生烃模拟显示，其天然气为晚期充注，对应的充注时间主要在5.5Ma至今。在新近系凹陷热沉降作用下，松南凹陷沉积了巨厚的新近系，不仅为巨厚的泥岩盖层，同时在渐新统及新近系的压实作用下，烃源岩层晚期（5.5Ma至今）的大量排烃使其内部形成异常超压；而作为古高地的松南低凸起，据钻井揭示其中生界潜山中目的层的压力系数为1.0~1.1，为常压区和相对压力低势区，由此导致松南凹陷生成的天然气可在压力势差和流体浮力共同作用下发生侧向运移。

古地貌分析表明，在松南凹陷崖城组烃源岩的主要生、排烃期（5.5Ma），松南低凸起的基底潜山发育大型"鱼骨刺式"鼻状构造脊。该构造脊上分布着多个背斜—断背斜型潜山圈闭群，并被渐新统厚层泥岩封盖，圈闭条件有利，且主要分布在Y1区块和Y8区块（图2.28）。构造脊由凸起区向北延伸至凹陷内部。受构造脊约束，油气呈现汇流式运移。

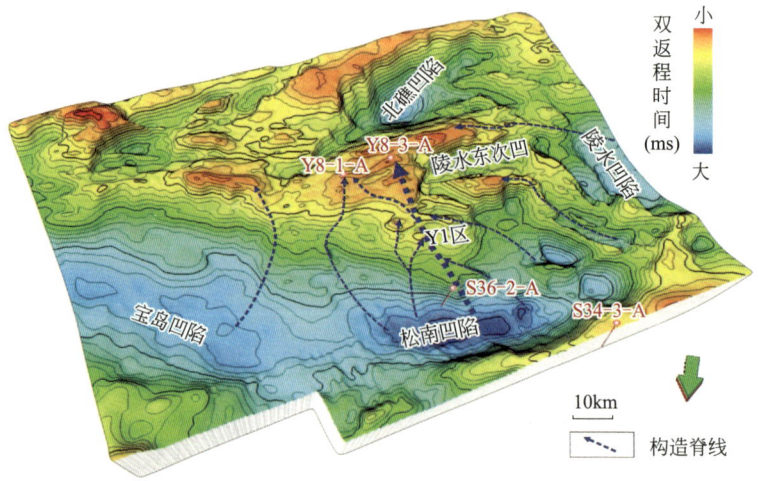

图2.28 琼东南盆地基底顶面5.5Ma的古地貌

松南低凸起是中生代以来的继承性构造高地，长时间的溶蚀作用和淋滤作用在潜山顶面形成了分布广泛的风化带。三叠系以来的多期构造事件则造就了潜山上部及内部广泛发育的网状裂缝带，同时深部热流体溶蚀作用也可在纵向上扩大裂缝发育的深度及规模。裂缝带的发育增加了成熟烃源岩与潜山鼻状构造脊的有效接触面积，形成油气侧向运移至潜山内部的"汇聚脊"主通道（图2.29）。

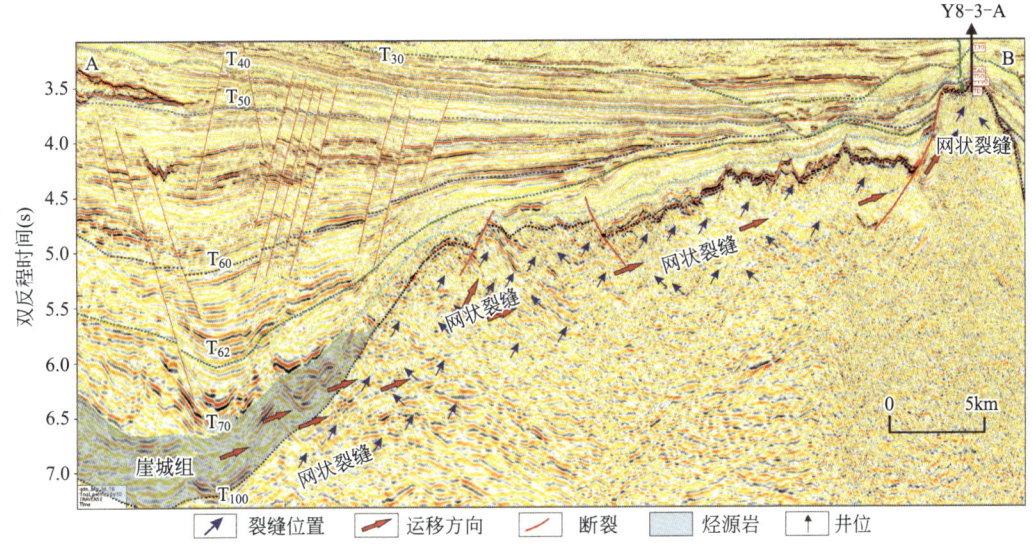

图 2.29　Y8-3 构造油气运移路径典型地震剖面

T_{30}—黄流组顶面；T_{40}—梅山组顶面；T_{50}—三亚组顶面；T_{60}—陵水组顶面；
T_{62}—陵水组三段顶面；T_{70}—崖城组顶面；T_{100}—基底顶面

此外，松南低凸起中生界花岗岩在印支期末期挤压过程中发育多条 NW—SE 向基底深大断裂（图2.30）。基底相干切片（T_{100} 地震反射界面向下 100ms）显示，该组断裂由北向南延伸，由凹陷延伸至凸起，长度超过 40km，与基底鼻状构造脊延伸方向一致。这些先存断裂可能在中新世晚期之后的多幕新构造运动影响下再度活化，形成高效幕式输导通道，导致油气沿着断裂带侧向运移，最终形成"陆源海相腐泥—腐殖型烃源岩生烃、源—储广覆

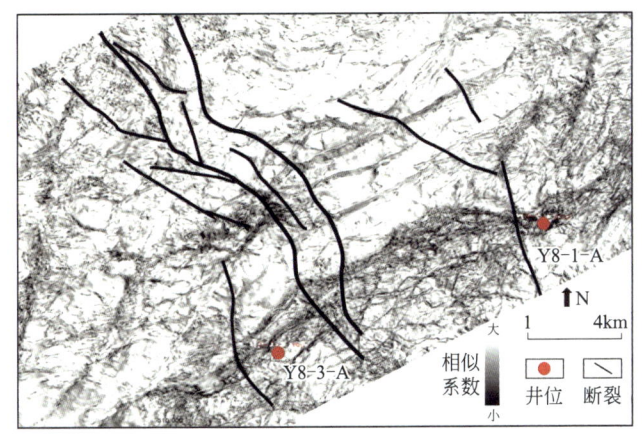

图 2.30　松南低凸起基岩印支期断层的平面分布

式接触、潜山汇聚脊—内部断裂带接力式侧向运移、厚层海相泥岩封盖"的天然气潜山富集成藏模式(图2.31)。根据这一模式，在靠近凹陷区的Y1区块潜山圈闭中，油气运聚条件将更为有利，盖层更为发育，是下一步扩大勘探规模的有利探区。

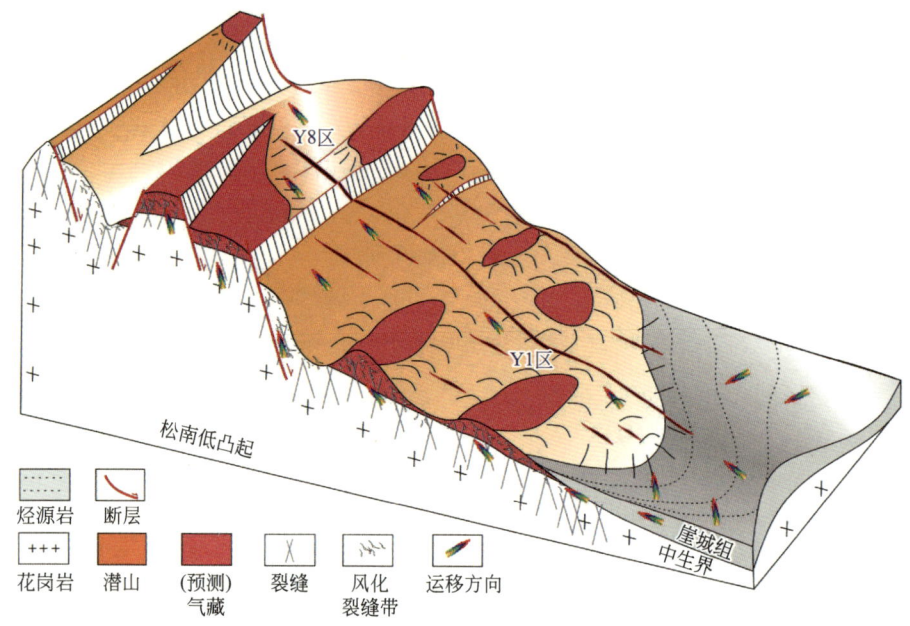

图2.31 琼东南盆地松南低凸起中生界潜山天然气立体成藏模式

第 3 章
南海深水潜山勘探地质作业方案

勘探地质作业方案是作业单位有关技术部门结合实际需求，综合勘探地质作业具体情况，在全面考究施工难度等情况所创建的。勘探地质作业服务一般包括测井作业、录井作业及测试作业，是一项风险高、过程复杂及技术难度较高的勘探技术服务。长期以来，勘探地质作业从设计到施工，其质量主要依靠勘探地质作业人员的经验。对于南海深水潜山而言，勘探地质作业人员经验不多，难以保障地质作业的高质量和稳定性。

针对目前现状，在调研了测井作业、录井作业及测试作业等各类勘探地质作业方法在南海深水潜山储层勘探中的优劣势后，总结了它们的适用性，并给出各类勘探地质作业方案的设计建议。

3.1 潜山录井作业方案设计

3.1.1 现场资料录取作业方案

采用国内外先进的智能录井系统 geoNEXT 来保障高质量的数据采集与钻井评估。为了实现准确的深度跟踪，采用光编码传感器和潮汐补偿传感器来平衡波浪与潮汐带来的深度影响，从而实现测量井深的精确测量，测量精度可以达到 0.1m/点。为了实现准确的迟到时间计算，采用全新的水马力程序，根据隔水管以下和隔水管以上不同的上返速度准确计算迟到时间。

为了应对海水低温对脱气效率的影响，采用先进的 FLAIR 实时流体录井分析技术，在复杂和深水环境下对地下流体性质进行快速、准确的评价。FLAIR 实时流体录井技术采用定量、恒温脱气，可定量抽取钻井液、高速立体搅拌、恒温加热脱气，提高脱气效率，同时可检测入口、出口两路气体并进行校正，更能反映地下真实的含油气情况。由于脱气、分析条件相同，所以 FLAIR 气测录井资料在区域可对比性更强。

为了解决岩样成粉末状或散砂状导致岩性鉴定困难问题，以岩屑录井和 LWD 测井为基础，利用元素录井、X 全岩衍射录井、现场薄片录井进行精细化分析定名，提高现场地质剖面的符合率。

3.1.2 安全保障作业方案

现场钻井过程中，为了确保作业安全，主要采用智能录井系统 geoNEXT、压力监测

PreVue、早期井涌监测系统 EKD、Flowback 监测等录井技术组合。在钻井作业过程中，geoNEXT 智能录井系统能对复杂情况自动报警，如钻时突变、钻具刺漏、水力异常、钻具振动、井涌、井漏等，能更好地评估钻井安全情况。通过 PreVue 实时地层压力录井系统，可以实时、准确地评价钻遇地层的孔隙压力和破裂压力，指导现场钻井液性能的及时调整，确保作业安全。早期井涌监测系统（EKD）可早期发现溢流或井漏，在保持地层压力平衡及维护井壁稳定过程中，起到巨大作用。常规录井系统停泵后对钻井液监测始终停留在质量的反映上，Flowback 监测不仅对钻井液池实时监测，还能智能化检测钻井液回流。因此，采用以上录井技术组合，可以有效降低现场钻井作业安全风险。

为了有效地指导下深，以封隔不同的压力系统，确保钻井安全的同时，保障潜山油气发现及评价，准确卡取潜山界面至关重要。准确卡取潜山界面是深层地质资料录取、油气藏评价、钻井施工安全的前提条件。为更加精准地判断潜山地层界面，有效建立了岩屑录井、元素录井、衍射录井与薄片录井技术组合方案。利用岩屑、壁心及宏观微观照片，开展沉积盖层与基底顶面界线划分。因现场岩屑的粒径小，呈粉末状，X 衍射很大程度能弥补岩屑样品观察不易识别的情况。元素录井对于沉积盖层与基底顶面界线响应非常明显，但对于矿物的蚀变程度无法区分，应结合薄片录井技术进行进一步鉴定。

3.1.3　潜山评价作业方案

针对潜山复杂岩性识别难度大的问题，通过建立元素录井、X 全岩衍射录井、现场薄片录井进行综合分析判断。首先利用元素录井、X 全岩衍射录井初步确定岩石大类，然后可利用 X 全岩衍射录井判断具体岩性，进一步结合岩心、壁心及薄片录井检验鉴定结果与上述岩性定名是否一致，进而最终对岩性进行定名。

针对潜山有效储层空间评价难的问题，通过建立元素录井、X 全岩衍射录井、现场薄片录井、钻井工程录井技术组合进行综合分析判断。由于潜山垂向分带的发育对潜山有效储集空间的分布具有一定的控制作用，因此潜山垂向分带是识别有效储层的基础，元素录井、X 全岩衍射录井、现场薄片录井参数对于潜山垂向分带具有明显的响应特征。在潜山垂向分带的基础上进一步利用钻井工程参数对有效储层进行识别。

在潜山储层复杂流体性质判断上，建立气测录井、地化录井、三维定量荧光录井以及工程参数录井技术组合，以解决潜山流体性质识别问题，为测试层段的选取提供更为可靠的依据。

潜山测井项目适应性分析

3.2.1　自然伽马测井

自然伽马曲线反映的是地层中天然放射性的相对高低，与储层的岩性具有强相关性，常用于各类潜山储层的岩性识别中。

在碳酸盐岩潜山中，基岩自身放射性低，其放射性主要来自两方面：（1）裂缝或孔洞的填充物，特别是泥质填充物；（2）地下水中含有的天然放射性元素铀，地下水运动的过程中铀元素会吸附于缝洞的表面，导致其自然伽马值升高。根据这一原理，被泥质填充的洞穴型储层自然伽马值明显升高，其余储层则仅有小幅度升高或升高不明显。如赵军等利用声波时差和自然伽马资料对洞穴型储层充填程度的定量计算进行了探索，提出了适合轮古地区碳酸盐岩储层洞穴充填程度计算的相关公式。杜欢将自然伽马测井与中子测井进行交会，绘制了塔河油田奥陶系碳酸盐岩储层洞穴填充识别交会图，并利用自然伽马测井计算了洞穴填充程度。

在火成岩和变质岩潜山中，岩性分类复杂，通常认为以碱性长石等浅色矿物为主的酸性岩类自然伽马值高，以暗色矿物为主的中、基性岩类自然伽马值较低，即随着岩性从酸性、中性到基性过渡，自然伽马值变小。利用这一特性，可使用交会图版或机器学习等方法将自然伽马值作为有效信息之一识别岩性。如陈思明使用自然伽马曲线结合三孔隙度与电阻率曲线分别建立了沉积岩、火山岩和变质岩岩性识别交会图版。

总的来说，自然伽马测井主要反映井眼附近岩性的变化情况，对岩性复杂多变的潜山储层具有明显优势，主要体现在：（1）对岩性敏感，对划分地质剖面，卡取潜山界面具有明显优势；（2）能有效区分火成岩潜山储层中的浅色矿物和暗色矿物；（3）能有效判断碳酸盐岩潜山储层中缝洞填充情况。其不足是在测量过程中受井眼扩径和钻井液影响较大，在扩径井段测量值略微偏小。

3.2.2 井径

潜山储层的储集空间复杂且非均质性强，既有孔、洞，又有裂缝，根据其储集空间尺度大小、形态和发育特征可大体上划分为裂缝型、微孔隙型、裂缝—孔隙（孔洞）型和洞穴型。其中洞穴型常见于碳酸盐岩储层，在火成岩与变质岩中不发育。

井径曲线对储集空间类型具有明显的反映，可用于定性识别不同储集空间类型。如洞穴型储层的井径扩径现象十分明显，裂缝—孔隙（孔洞）型储层井径略微扩张，而裂缝型和微孔隙型储层井径变化不明显。

3.2.3 自然电位测井

自然电位测井主要测量的是矿体或岩层在天然条件下存在的电场电位变化，主要应用于砂泥岩剖面的岩性识别。在碳酸盐岩、火成岩和变质岩等复杂岩性为主的潜山储层中应用较少。

3.2.4 三孔隙度测井

三孔隙度测井（中子测井、密度测井和声波测井）在整体上随储层孔隙度的变化而变化，孔隙度大的储层通常表现为中子孔隙度大、声波时差大、密度测井值小。从孔隙度的整体趋势上来看，洞穴型储层孔隙度最大，裂缝—孔隙（孔洞）型储层孔隙度次之，裂缝型储层和微孔隙型储层孔隙度最小，三孔隙测井在整体规律上与其保持一致。但在裂缝发育层段三者特征各有不同，识别裂缝的常用方法也不同。此外，对于火成岩和变质岩等包含多种矿物的复杂岩性储层，不同矿物的三孔隙度骨架响应值不同，在这类储层中三孔隙度曲线也是判断岩性的重要依据。

中子测井值对单一的高角度缝无明显反映，在低角度缝与水平缝处测量值偏高，裂缝越发育，中子响应测量值越大。此外，孔洞发育也对中子测量值有较大影响，尤其是当溶蚀孔洞饱含地层水时，这种影响就更为明显。

岩性密度测井主要反映岩石体积密度，与地层岩性密切相关。密度测井仪在测量过程中是紧贴井壁的，发育裂缝的储层常出现较为严重的钻井液侵入，当极板与张开缝接触时，密度响应曲线就会出现较低值。当然，利用密度测井的响应特征识别裂缝的准确性还会受到极板压力和井壁规则程度的制约。

缝洞对声波时差的影响因素主要包括裂缝产状、裂缝宽度以及裂缝—孔洞的连通程度。根据声波时差测井仪器的结构，近乎垂直的高角度裂缝对纵波时差几乎没有影响，相反，低角度裂缝对声波时差的影响相对较大。缝洞处也往往出现周波跳跃，造成声波时差增大。另外，横波较纵波更易受到裂缝的影响，通常可利用纵横波时差比和斯通利波识别裂缝信息。

利用三孔隙评价潜山储层通常不是单一的，需要多种测井资料综合考虑。如陈冬等利用岩心标定成像测井，结合斯通利波能量衰减幅度和常规双侧向电阻率曲线进行综合分析，准确识别了塔河地区各种裂缝。李曦宁考虑中子和密度测井反映地层总孔隙度，声波反映地层原生孔隙度，利用三孔隙度比值法评价储层缝洞发育情况。

3.2.5　电阻率测井

针对潜山储层的特点，电阻率曲线对不同储集空间在测井曲线响应上的差别主要集中在两方面，即电阻率值大小和深浅电阻率差异。对于双侧向测井，一致的观点为，电阻率值的大小受岩性、流体性质及储集空间类型的综合影响，在岩性较纯的碳酸盐岩潜山储层中，岩性对其影响较小。在不考虑流体性质影响的前提下，通常洞穴型储层表现为明显低阻，裂缝—孔隙（孔洞）型储层表现为中低阻，裂缝型储层表现为中高阻，微孔隙型储层表现为高阻。

在岩性较复杂的火成岩及变质岩潜山中电阻率数值的大小影响因素较多，主要通过深浅电阻率差异判断裂缝、孔洞的发育情况。深浅电阻率差异主要取决于裂缝的产状，目前普遍认为，在低角度裂缝发育层段，双侧向呈现负差异，即深侧向电阻率小于浅侧向电阻率，随着裂缝倾角的增加，深浅电阻率值都增大，但深侧向电阻率增大速度大于浅侧向电阻率，在超过一定的角度临界值后，形成正差异，即深侧向电阻率大于浅侧向电阻率。

此外，电阻率测井也是判断储层流体性质和计算饱和度过程中不可或缺的测井资料。如谭廷栋（1983）针对裂缝性碳酸盐岩地层孔隙结构非均匀性和钻井液侵入特征，建立了侧向测井电阻率解释方程，用于评价任丘油田裂缝性油、水层和计算有效裂缝孔隙度。邓少贵等（2006）根据裂缝—孔隙型介质的特点建立了双侧向测井响应与基块电导率、裂缝孔隙度、裂缝倾角的函数关系，为研究裂缝孔隙度、裂缝倾角以及基块流体性质提供了一定的手段。

目前中国海上勘探基本采用阵列侧向测井技术替代了双侧向测井技术，在保持双侧向探测性能的基础上，可以提供更多径向探测深度的电阻率曲线，为地层和流体评价提供更为丰富的信息。由于测量原理相似，前述研究思路与成果可以参考借鉴应用于阵列侧向测井资料的解释分析。

3.2.6 电成像测井

电成像测井具有较纵向高分辨率和井壁图像直观显示的优势,从其图像中提取缝洞信息已经成为解释人员进行缝洞型储层定量评价的关键步骤。电成像测井对缝洞型储层的研究主要集中在三个方面:缝洞自动识别、井周地质构造定性描述和储层参数定量评价。

在成像测井自动识别缝洞方面,柳建华等应用电成像测井方法识别和评价塔河地区的缝洞型储层。薛国新等总结出在钻井的局部地方,裂缝往往表现出平坦的特征,从而提出了一种基于最小矩理论的裂缝自动识别方法。李曦宁结合形态学,提出了有效自动分离裂缝和溶蚀孔洞的方法。

电成像测井对井周地质构造定性描述方面研究较多,如童亨茂(2006)提出了利用成像测井资料来确定裂缝的成因、性质、形成时期及裂缝的纵向分布规律,预测裂缝的有效性、有效裂缝的方位和倾角的方法。刘乐等据 FMI 成像测井解释结合孔隙度等常规测井手段划分出五类测井响应类型:构造裂缝型、溶蚀裂缝型、网状裂缝型、角砾状破碎带型和微裂缝致密型。司马立强等(2012)利用常规测井、成像测井和岩心资料等建立了塔河油田 12 区常见真假储层识别模式。张风生等利用不同探测深度的微电阻率成像 FMI 和方位电阻率成像 ARI 测井相结合的方法,研究了裂缝的径向延伸深度,分析了储层裂缝的有效性。

在成像测井定量评价方面,景建恩等利用地层微电阻率扫描成像测井资料对塔河油田碳酸盐岩进行裂缝和溶蚀孔洞的定性、定量解释,其中裂缝参数包括裂缝密度、裂缝长度、裂缝平均宽度、平均水动力宽度、裂缝视孔隙度等;溶蚀孔洞参数包括面孔率、孔洞密度等。李晓辉等和朱小露等利用孔隙度分布谱表征碳酸盐岩储层。张任风等从成像测井资料中提取孔隙度谱形态参数用于储层类型识别。

总的来说,电成像测井在裂缝评价的过程中具有直观的优势,从其图像中提取缝洞信息已经成为解释人员进行缝洞型储层定量评价的关键步骤。但该方法仍然存在一些不足之处,如对真假裂缝的区分依赖岩心资料标定,探测范围小加上贴井壁的测量方式导致其在扩径井段受钻井液影响大。

3.2.7 声成像测井

声成像的原理是利用换能器接收井壁反射超声波信号,将信号幅度值经转换形成井壁的数字图像。由于影响回波信号幅度的主要因素是井壁的几何特征,如井壁的粗糙度、孔洞、裂缝等,因此声成像能够很好地反映井壁的岩石裂缝。它的优点是覆盖率能达到 100%,可以反映井壁的形状特征,如垮塌及井眼的椭圆形结构;在电成像无法正常工作的油基钻井液环境中,声成像仍能获得清晰的井壁图像。缺点为对断层及层理识别不敏感;由于仪器运行状态产生偏差及井眼不圆等原因,都可能使信号幅度衰减,造成井壁图像出现遮掩的垂直条纹。目前声成像测井是识别裂缝特征的最有效手段。如王鹏等综合声电成像定性判断裂缝位置、发育程度及裂缝性质,并定量求取裂缝参数。甘泉等利用岩心刻度后的油基钻井液井对声电成像测井仪裂缝识别效果进行对比分析,发现超声波成像测井仪对油基钻井液钻井液下的裂缝识别有较好的适应性,在井眼条件较好且井斜角度不大时,能较好地识别张开度较大和相对较小的裂缝。

3.2.8 核磁共振测井

核磁共振测井是通过研究地层中孔隙流体的原子核磁性及其在外加磁场作用下的振动特性来研究各种孔隙流体，进而评价岩石的孔隙结构的测井方法，在识别储集空间类型和评价裂缝有效性等方面应用广泛。王忠东等利用核磁测井资料识别了辽河油田火成岩储层，划分了火成岩的储层类型，并建立了储层参数计算方法。王春燕等利用成像测井与核磁测井 T_2 分布资料综合判断火成岩储层裂缝的有效性。

另外核磁共振测井会受其探测范围内的孔隙流体的影响，当核磁测量范围内地层孔隙含气时，由于气体的含氢量较少和气体极化时间较短等因素的影响，使得核磁计算的孔隙度降低，因此可以结合常规计算的孔隙度，比较两者的差异进行气、水层的识别。刘洪亮等利用核磁共振资料与岩电参数建立关系，采用双孔介质可变 m 值饱和度模型评价了吐哈盆地复杂孔隙结构储层。郑建东对比密度孔隙度与核磁孔隙度，采用密度—核磁孔隙度交会法识别火山岩储层流体性质。

3.2.9 远探测声波

常规测井、电成像测井资料受限于探测深度，不能反映井旁裂缝的发育情况。而远探测声波反射测井使测井实现了由井孔近端几米到井孔远端数十米范围的跨越，在探测深度方面填补了测井与地震之间的空白，不但可对井壁成像观察到的裂缝进行有效性评价，还可以对井外数十米内可能存在的异常体进行探测，可以在其他勘探手段无法达到的分辨率上提供地层的构造特征，对井周围的地层构造进行成像，具有广泛的应用前景。

目前远探测声波技术已在碳酸盐岩、火成岩、变质岩等复杂缝洞型油气藏、非常规油气的勘探开发中取得明显的应用效果。柴细元等利用远探测声波反射波成像测井扩大了识别储层的有效厚度，指导了压裂施工，为油气地质储量计算提供了可靠依据。郝仲田等利用声波远探测技术对过井裂缝及井旁缝洞进行了探测和描述。罗利等提出了偶极横波远探测仪器反射横波偏移成像技术，对川渝地区碳酸盐岩储层井眼 25m 范围内的断层、裂缝及岩性界面等进行了描述。

3.2.10 元素测井

元素测井可将地层元素产额转化为地层矿物含量，并与岩心分析结果相近，因此常应用于火成岩储层的岩性识别中。刘传平等基于元素、成像、核磁等测井方法建立了火山岩岩石分类系统，应用 TAS 图、图像模式、神经网络等多种方法，实现了对火山岩的测井岩性识别。郑建东在利用元素测井计算矿物组分的基础上，确定了岩石骨架参数，建立了基于元素测井的孔隙度解释模型。

3.2.11 三维声波

三维阵列声波测井是近年来声波测井领域的重要进展，它集成了对井周地层不同径向、轴向和周向的三维信息探测能力，是声波测井领域高度集成化的前沿技术。它在测量地层慢度、评价各向异性、分析井外地层径向速度变化以及井周地层非均质性等方面具有综合应用潜力，在储层评价、工程应用方面前景广阔。

3.2.12　旋转井壁取心

与钻井取心类似，旋转井壁取心以其更为灵活便捷的特点，成为直观评价井下地层的重要手段，尤其对于岩性、储集空间非均值性强烈的潜山地层而言，其重要性尤为明显。在标定常规测井、成像测井、岩性测井，研究其测井响应特征时，具有不可代替的作用。通常在完成常规、成像测井之后，根据初步分析结果进行取心位置设计，相对沉积碎屑砂泥岩，由于裂缝发育，往往会降低岩心样品收获率和完整性，因此做好测前分析设计是确保作业成功率的重要环节。目前，除了常规直径（1in，2.54cm）的岩心外，大直径（1.5in，3.81cm）岩心以其更具代表性、更多实验可能性正成为海上潜山地层评价的替代技术。

3.2.13　电缆式地层测试

与岩心直观评价储层类似，利用便捷灵活可设计的电缆地层测试技术，可以对潜山流体性质评价难题提供最直接的答案。作业时通过探针坐封到井壁或井筒间，利用仪器泵进行抽吸，解除侵入污染，获得井下原状地层流体样品，并获得地层压力、渗流能力、污染程度等信息，对储层流体性质判断、储层有效性评价提供第一手信息。对于潜山双孔介质储层，由于裂缝存在的特殊性，通常需采用超大探针或双封隔器才能顺利完成作业，顺利坐封是确保作业成功的重要因素，因此作业前根据多种资料进行综合分析优化设计，是提高作业成功率的重要保障。

3.3　潜山测井序列及测井方案设计

根据前述测井项目适应性分析，对测井序列及测井项目优选方案设计建议如下：

（1）常规测井项目。包括伽马/自然伽马能谱、井径、自然电位、声波、中子、密度、电阻率测井，具有价格低、易获取、信息全面等优势，仍然是认识和评价潜山储层的主力资料，推荐测量。其中，自然电位测井多用于砂泥岩剖面，在岩性复杂多变的潜山储层中应用较少。电阻率测井在潜山储层中的应用以侧向电阻率测井为宜。

（2）高端测井项目。电成像测井在裂缝评价的过程中具有直观的优势，从其图像中提取缝洞信息已经成为解释人员进行缝洞型储层定量评价的关键步骤，推荐测量。核磁共振测井在识别储集空间类型和评价裂缝有效性等方面应用广泛，推荐测量。元素测井常应用于火成岩储层的岩性识别中，推荐在岩性复杂的火成岩、变质岩储层测量。远探测声波测井虽然在探测深度方面填补了测井与地震之间的空白，但缺乏裂缝定量评价手段，推荐选择性测量。三维声波测井目前处于理论研究阶段，少见有实际应用案例，不推荐测量。声成像测井虽然井眼覆盖率高于电成像测井，但对断层及层理识别不敏感，且测量结果受仪器运行状态产生偏差及井眼不圆等原因影响，建议优先考虑电成像测井。电缆地层测试技术是潜山储层流体识别的重要手段，具有不可代替的作用，推荐根据具体情况，选择性测量。井壁取心资料是识别潜山储层裂缝的第一手资料，在标定常规测井、成像测井，研究其测井响应特征时，具有不可代替的作用，推荐能取则取。

表 3.1 列出了潜山储层采集测井项目的具体方案建议。

表 3.1 潜山测井序列及测井项目优选方案设计建议

测井项目		仪器适应性分析	优势	劣势	建议
常规测井	伽马测井	伽马测井对岩性复杂多变的潜山储层具有明显优势。自然伽马能谱测井可进行火成岩的岩性及高铀储层识别	（1）对岩性敏感，对划分地质剖面、卡取潜山界面具有明显优势。（2）能有效区分火成岩潜山储层中的浅色矿物和暗色矿物。（3）能有效判断碳酸盐岩潜山储层中缝洞填充情况	测量结果受井眼不规则性和钻井液密度的影响，在扩径井段测量值偏小	推荐
	井径测井	主要反映井眼状况，对洞穴型储层、裂缝—孔隙（孔洞）型储层显示明显	对潜山储集空间类型反映明显，是测井质量好坏、测压取样和井壁取心选点的参考依据	—	推荐
	自然电位测井	反映矿体或岩层在天然条件下存在的电场电位变化，不适用于碳酸盐岩、火成岩和变质岩为主的潜山储层	—	多用于砂泥岩剖面，不适用于岩性复杂多变的潜山储层	不推荐
	中子测井	测量地层含氢指数，反映储层总孔隙度，且能定性判断裂缝发育情况	（1）可用于计算储层总孔隙度。（2）裂缝越发育测井值越大，可与其他测井方法结合用于识别裂缝	（1）对高角度裂缝无明显反映。（2）受井眼环境影响，在扩径井段测量值偏小	推荐
	密度测井	反映岩石体积密度，与岩性密切相关，可用于岩性识别与裂缝定性识别	（1）可用于计算储层总孔隙度。（2）与裂缝接触时出现低值，可与其他测井方法结合用于识别裂缝	受井眼环境影响大，在扩径井段测量值失真	推荐
	声波测井	测量首波的到时数据，对裂缝有明显显示，可用于裂缝定性识别	（1）可用于计算基质孔隙度。（2）可用于判断裂缝产状、裂缝宽度以及裂缝—孔洞的连通程度	（1）近乎垂直的高角度裂缝对纵波时差几乎没有影响。（2）通过裂缝时出现周波跳跃或时差值偏大	推荐
	电阻率测井	电阻率曲线对不同储集空间在测井曲线响应上的差别主要集中在电阻率值大小和深浅电阻率差异两方面，目前对双侧向或阵列侧向电阻率测井的应用较多	（1）利用电阻率值的大小可判断碳酸盐岩潜山储层的储集空间类型。（2）利用深浅电阻率差异可定性及定量判断裂缝型储层中裂缝的发育情况。（3）电阻率测井是计算储层饱和度不可或缺的测井资料	在裂缝发育层段，测量值受钻井液侵入影响大	推荐侧向电阻率测井

续表

测井项目		仪器适应性分析	优势	劣势	建议
高端测井	声成像测井	利用换能器接收井壁反射超声波信号,将信号幅度值转换形成井壁的数字图像,可用于过井壁裂缝的定性评价	(1)覆盖率能达到100%。 (2)可以反映井壁的形状特征,如垮塌及垮眼的椭圆形结构。 (3)在电成像无法正常工作的油基钻井液环境中,声成像仍能获得清晰的井壁图像	(1)对断层及层理识别不敏感。 (2)由于仪器运行状态产生偏差及井眼不圆等原因,都可能使信号幅度衰减	选择性测量
	电成像测井	在裂缝评价的过程中具有直观的优势,从其图像中提取缝洞信息已经成为解释人员进行缝洞型储层定量评价的关键步骤	(1)清晰直观,高分辨率,高井眼覆盖率。 (2)可定性识别裂缝,也可定量计算裂缝参数	(1)识别真假裂缝时依赖岩心数据标定。 (2)探测范围小,在扩径井段受钻井液影响大。 (3)在油基钻井液中无法正常工作	推荐
	核磁共振测井	是研究各种孔隙流体、评价岩石孔隙结构的测井方法,在识别储集空间类型和评价裂缝有效性等方面应用广泛	(1)主要反映孔隙流体情况,受岩性影响小。 (2)可用于识别储集空间类型和评价裂缝有效性。 (3)可用于储层含气性评价	—	选择性测量
	阵列声波测井	是判断地层裂缝是否有效、孔隙是否连通、基质孔隙对地层渗透性是否有贡献的重要指标	(1)定性划分裂缝发育段。 (2)结合能谱测井判断裂缝的有效性,进行储层渗透性评价。 (3)计算岩石的各种机械特性参数	—	推荐
	远探测声波测井	能有效探测井旁裂缝,有助于识别井旁的隐蔽储层,为井旁储层构造探测提供依据	在探测深度方面填补了测井与地震之间的空白	缺乏裂缝定量评价手段	选择性测量
	三维声波测井	处于理论研究阶段,少见有实际应用研究	在测量地层慢度、评价各向异性、分析井外地层径向速度变化以及评价井周地层非均质性等方面具有综合探测能力,前景广阔	目前仍处于理论探索阶段,少见有实际应用研究	不推荐
	旋转井壁取心	是识别潜山储层裂缝的第一手资料,在标定常规测井、成像测井,研究其测井响应特征时,具有不可代替的作用	识别潜山储层裂缝的第一手资料	裂缝发育段,岩心易碎裂,导致无法获得完整的岩心	推荐
	电缆地层测试	确定地层流体性质,获取地层孔隙压力和原状地层流体第一手资料	采用双封隔器和大极板探针作业有效提高作业成功率	裂缝存在及其有效性是作业成功的关键	选择性测量
	元素测井	可将地层元素产额转化为地层矿物含量,常应用于火成岩储层的岩性识别中	矿物成分含量计算精度高,与岩心分析结果相近	—	在火成岩、变质岩等复杂岩性储层测量

3.4 潜山测井资料质量控制及采集参数优选

3.4.1 常规测井

常规测井质量影响因素分析见表3.2。

表3.2 常规测井质量影响因素分析

测井项目	测井资料影响因素	综合分析
伽马	测井速度和仪器时间常数;井参数;地层厚度	测井仪器本身的质量因素、仪器的标准化及刻度因素、测井数据采集过程影响因素、测井方式及环境条件对资料有影响。 测井质量控制不仅是基于严格的事后控制(资料验收和校正处理),而且更应该进行实时监控,对测量结果做出实时评估,并及时进行必要的补救,确保取全取准评价所需的资料
井径	井眼规则度;井筒环境	
自然电位	地层水和钻井液滤液含盐浓度比值和含盐性质;岩性;温度;地层电阻率;地层厚度;井径扩大和钻井液侵入	
中子	井参数(井径、钻井液滤饼、天然气);岩性;孔隙度	
密度	地层岩性;井径;扩径使密度数值失真;时间常数及测井速度;地层孔隙流体	
声波	岩性;裂缝孔隙性;流体性质	
侧向电阻率	裂缝发育;裂缝角度;流体性质;地应力;钻井液侵入;温度	

3.4.2 电成像测井

电成像测井质量受控于仪器刻度、测速、极板压力、仪器居中以及钻井液性能等因素,规范操作、标准测速、合适的极板压力、达标的钻井液是采集优质原始资料的前提。

由于钻井目的不同,在钻进过程中采用不同的钻井液及在钻井过程中由于井漏、卡钻等原因在钻井液中加入解卡剂、化学药品、磺基、锯末、重晶石、石墨、塑料小球、液固体润滑剂等材料均对微电阻率成像测井采集质量造成影响,需在测井作业前处理更换钻井液。

为保障电成像测井资料采集质量,在现场施工过程中需要做到几点:

(1)做好仪器刻度检查保证仪器测量数据的准确性。

(2)做好功能检查,例如极板噪声检查、通道一致性检查、开收腿检查、机械灵活性检查等,确保仪器处于完好状态。

(3)根据储层特征和井眼环境做好测量方案设计优化,包括发射模式选用、扶正器的使用等。

(4)测井过程中严格控制测井速度,尽量保证匀速测井。

(5)井况不好及时调整测速和极板压力等参数,尽量减少拉伸现象的出现。

(6)采集参数优化推荐:优化水基钻井液;测速:4~5m/min;极板压力:40%。

3.4.3 声成像测井

表3.3和表3.4列出了声成像测井主要采集参数的质量控制和常见质量问题的原因分析

以及控制措施。要保障声成像测井资料的采集质量，在现场施工过程中需要做到以下几点：

（1）仪器装箱前，检查波纹管的位置，看是否处在刻线附近，还是远超刻线（自由状态）。如果波纹管的长度远超刻线（处于自由状态），则说明波纹管或仪器有泄漏点，不能下井，必须返基地检查漏点并进行维修。

（2）仪器下井之前都需放置在保护箱内，有条件的情况下，仪器连箱子需放置在工房内，不放置在室外寒冷环境下。

（3）下井前，在电路短节 EA 和声系短节 MA 上分别装上一个 slipover 弹簧扶正器，保证仪器居中，其中 MA 上的 slipover 部分跨在电路短节 EA 上。

（4）在声窗之上，安装金属滑环，防止 slipover 滑动，遮住声窗。

（5）仪器作业时不能探底，否则会导致居中轴弯曲，探头不能转动。

（6）出井后，检查波纹管位置，及时清理波纹管上的钻井液杂质，防止波纹管收缩时，杂质石子损坏波纹管。

表 3.3 主要采集参数质量控制

质控参数	特征描述	指标范围
测速	声成像测井速度	推荐测试 2.5m/min
转速	旋转扫描速度	7~11 圈/s
测量模式	方位测试模式	采用 TBM 模式
bit size	井眼尺寸	5.5~16in
REFL NOISE GATE	反射波门槛值	根据井眼尺寸确定，在作业过程中根据回波形态调整，确保采集信号记录到合适的地层波形图像信息

表 3.4 声成像测井常见质量问题及控制措施

常见质量问题	主要原因分析	控制措施
声系未转动	电压不足	缆头电压加载至 180V
图像出现明显的拉伸	测速过快	控制测速
图像出现明暗相间的条纹	自动增益跳变	切换到固定增益，注意回波形态，避免回波幅度过小，或者削波
图像扭曲失真	控制参数中方位模式选择不合适	选择 TBM 模式
图像出现拉伸和压缩	仪器遇卡	数据预处理进行加速度校正
图像两条竖直黑色条带（180°对称）	井眼崩落	—
图像单侧的竖直黑色条带	仪器偏心	数据处理时可以通过偏心校正来改善，或者选择合适尺寸的扶正器弹簧片

3.4.4 阵列声波测井

表 3.5 和表 3.6 列出了阵列声波测井主要采集参数的质量控制和常见质量问题的原因分析以及控制措施。要保障阵列声波测井资料的采集质量，在现场施工过程中需要做到以下几点：

（1）做好仪器刻度检查，保障仪器处于完好状态，并需做方位刻度。

（2）根据储层特征和井眼环境做好采集方案设计优化，包括扶正器、采集模式、采集参数、测井速度、实时处理参数优化等，其中扶正器为必需品，应在发射电子短节、接收电子短节和隔声体部分放置三个橡胶扶正器或仪器两端安装两个灯笼式扶正器。

（3）根据电流表指针摆动可判断井下仪器发射工作是否正常，正常发射声系工作时电流表指针摆动。

（4）测井过程中严格控制测井速度，尽量匀速测井。井况好、地层均匀时测速可稳定在8m/min左右，当井况差、岩性变化较大时（如DT24波形首波卡取困难时）需降低测井速度至4~5m/min。

（5）推荐采用交叉偶极测量模式，测速8m/min左右。

表3.5 主要采集参数质量控制

质控参数	特征描述	指标范围	参考资料
测速	声波测井速度	inline模式：正常测速12m/min、最大测速15m/min；Crossline模式：正常测速8m/min、最大测速9.3m/min	Q/HS 1021—2013 表A.1-A.3 测井速度表
波形增益值	根据所测波形强度将波形放大或缩小至最合适幅度	单极全波和偶极波形为自动增益；DT24波形一般根据地层变化设置固定增益，砂岩45，软地层48~57	Q/HS YF080.10—2017
波形曲线	单极全波、四个偶极波形和时差波形	一般作业过程中波形稳定，时差波形首波明显	Q/HS YF080.10—2017
时差	地层中声波传播速度的倒数	一般套管波速度为57±2μs/ft；砂岩60~85μs/ft；灰岩花岗岩40~55μs/ft	Q/HS 1021—2013
采样间隔	波形数据采样点间隔	单极全波12/24/36 默认24；偶极全波72/104 默认72；DT24：8/16 默认16	

表3.6 阵列声波测井常见质量问题及质量控制措

常见质量问题	主要原因分析	控制措施
通信状态不好	上电速度过慢或者通信增益选择不合适；操作问题	重新进行快速上电，改变增益值进行通信Train
DT24波形变化剧烈，首波到时卡取困难	井况不好，有扩径；地层岩性变化剧烈；仪器性能问题，测井速度太快	适当降低测速，修改合适的DT24波形增益值
波形信号弱，甚至无波形	接收换能器或者采集电路出现问题；发射换能器不工作；仪器性能问题	检查仪器，更换或维修

3.4.5 核磁共振测井

表3.7和表3.8列出了核磁共振测井主要采集参数的质量控制和常见质量问题的原因分析以及控制措施。

表 3.7 主要采集参数质量控制

质控参数	特征描述	指标范围
测速	核磁共振测井速度	孔渗模式:正常测速 1.3m/min,最大测速 3.9m/min; 油模式:正常测速 0.9m/min,最大测速 2.7m/min; 气模式:正常测速 0.7m/min,最大测速 1.9m/min
Q 值、RF 天线增益	天线对负载的品质因素	通常 $Q \geq 20$、$Q<15$ 时:测井质量差; $15 \leq Q \leq 23$ 时:必须降低测速,并且监控 CHI 值,保证其值小于 3
CHI 值、质量控制曲线	测井原始数据回波串与指数拟合衰减曲线之间的标准偏差	一般作业过程中小于 3
FNOISE	各个不同工作频率下的噪声值	一般要求 FNOISE<150mV
YNOISE	CPMG 脉冲发射期间仪器噪声	一般要求 YNOISE<20mV
B Ratio	仪器发射电路发射电压性能,是最后一个 180°脉冲能量与第一个 180°脉冲能量的比值	一般要求大于 0.95
RINGAMP	CPMG 脉冲发射期间仪器振铃效应的大小	一般要求 RING<20
Phi—A	当前 90°脉冲实际扳倒角度	Phi—A>45°
Phi—B	当前 180°脉冲实际扳倒角度	Phi—B>90°
MODE	测量模式	9500~9508
DCHV	直流电压	600±10V
SWPFREQ	仪器扫频得到的频率	f1~f8

表 3.8 核磁共振测井常见质量问题及控制措施

常见质量问题	主要原因分析	控制措施
T_2 谱不完整	处理软件问题:现有 T_2 反演软件时间窗设置不足;采集模式回波个数设置不合适	完善 T_2 反演软件; 做好测前设计
T_2 谱异常拖曳	仪器性能问题:测井速度太快,下放速度太快,仪器状态不稳定(B1 突变、增益异常变化、温度不稳定、仪器内部噪声过大、电压动态范围超出误差容限等)	检查仪器,更换或维修; 严格控制测井速度; 降低下放速度,等待温度稳定
不同测量参数 T_2 谱之间一致性差	仪器性能问题:测井速度太快,下放速度太快,仪器状态不稳定(B1 突变、增益异常变化、温度不稳定、仪器内部噪声过大、电压动态范围超出误差容限等);测井速度太快;实时处理参数选择不合适	检查仪器,更换或维修; 严格控制测井速度; 降低下放速度,等待温度稳定; 严格控制测井速度;优化实时处理参数
孔隙度不准确	T_2 谱不完整引起孔隙度偏低; T_2 谱异常拖曳引起孔隙度问题; T_2 谱不一致引起孔隙度问题; 测井速度过快,磁体未完全极化; 实时处理参数选择不合适	参考 T_2 谱不完整问题控制措施; 参考 T_2 谱异常拖曳质量控制措施; 参考 T_2 谱一致性问题控制措施; 严格控制测井速度; 优化实时处理参数

要保障核磁共振测井资料采集质量,在现场施工中应做到几点:
(1) 做好仪器刻度检查,保障仪器处于完好状态。

(2) 根据储层特征和井眼环境做好采集方案设计优化,包括扶正器、钻井液排除器、采集模式、采集参数、测井速度、实时处理参数优化等。

(3) 测井前必须严格执行现场频率扫描工作,测井操作频率与现场扫描频率应保持一致。

(4) 测井过程中严格控制测井速度,尽量匀速测井,各种电子元器件数值变化应保持在规定误差容限之内。

(5) 主要采集参数推荐采用孔渗(或孔渗+轻质油)测量模式;极化时间12s以内;测速1m/min左右。

3.4.6 元素测井

通过对非弹伽马能谱逐道解谱分析得到地层碳、氧、硅、钙等元素的含量,对俘获伽马能谱逐道解谱分析得到地层硅、钙、铁、铝、镁、硫、钛、钆、钾等元素含量,据此可以准确地评价火山岩类型、岩石矿物组分和骨架参数,结合常规测井系列可以准确地计算储层的孔隙度、渗透率和饱和度等储量参数。

建议采集作业时,大井眼(大于10in)、矿化度小于$300×10^3$mg/L,测速小于600ft/h;小井眼(小于10in)测速小于800ft/h。

3.5 潜山储层电缆取样作业方案设计

3.5.1 取样作业方案设计

潜山地层有别于常规碎屑岩储层,普遍发育孔洞裂缝,储集空间的连通范围及尺度往往较大,非均质性强烈。为了减少钻井液侵入污染储层,通常采用无固相的钻井液进行钻井,因而在井壁基本不产生滤饼,导致电缆式地层测试普通探针难以形成坐封,无法得到地层真实压力和流体信息。

经过多年现场实际工作实践,海上勘探摸索出了采用双封隔器对主要目的层进行测压取样的创新模式,通过直接获取地下流体真实样品,有效解决了潜山储层流体性质判断的难题,同时利用压力分析法评价储层污染程度和渗流能力,进一步评估产能潜力。为了确保现场作业成功率和时效,总结设计出了取样基础信息数据表(表3.9),在作业前落实目的层段的地层、井况、流体、钻井液等基础信息,此外还设计了作业计划表(表3.10),便于作业人员及管理人员在现场优化调整作业内容,达到指导规范现场作业的目的。

表3.9 取样基础信息数据表

井名		构造位置	
设计井深(m)		设计目的层	
套管鞋深度(m)		钻头尺寸(in)	
最大井斜(°)		最大井斜深度(m)	斜井段(m)

续表

钻井液信息						
类型		密度 (g/mL)		电阻率 (Ω·m)		氯离子含量 (mg/L)	
储层信息						
目的井段(m)				目的层岩性		
预测井底温度(℃)				预测地层压力(psi)		
预测孔隙度(%)				预测流体性质		
预测渗透率(mD)				预测气油比		
预计原油类型				黏度(cP)		
预计气体类型				泡点(露点)压力(psi)		
地层水电阻率(Ω·m)				总矿化度(mg/L)		
是否出砂预测				出砂压差下限(psi)		

表 3.10 测压取样作业计划表

层位	深度	测压	取样	取样顺序	孔隙度(%)	渗透率(mD)	备注
		√	√				
		√					
		√					
		√	√				
		√					
		√					

注：取样前测压时可根据实际测压情况挪动深度。

3.5.2 取样位置优选原则

综合应用常规测井、成像测井及阵列声波测井等资料，可以确定双封隔器在潜山裂缝储层中取样的位置（表3.11、表3.12）和优先排序原则（表3.13）。

表 3.11 潜山裂缝储层取样位置定性判断优选原则

资料来源	选取原则
录井	气测异常响应明显；避开钻井液漏失井段
常规测井	密度降低，声波时差增大，电阻率伽马交会
阵列侧向测井	大幅降低，深中浅电阻率分异明显
阵列声波测井	横波/斯通利波幅度衰减明显，各向异性增大，斯通利波渗透率较大
成像测井	电成像动、静态图像裂缝特征明显，裂缝角度为中低角度，诱导缝不发育
	声成像声波幅度衰减特征明显，旅行时间裂缝特征明显

表 3.12　潜山裂缝储层取样位置定量判断优选原则

裂缝孔隙度(%)	裂缝宽度(mm)	裂缝密度(m^{-1})	充填程度
>0.2	>0.2	>1.8	未充填/半充填

表 3.13　潜山裂缝储层取样位置排序原则

基础原则	考虑地质评价需求,取样点位置先深后浅
其他原则	中低角度单条裂缝>成组裂缝>网状裂缝

3.5.3　风险分析及处置

（1）钻井液中的玻璃小球一定要循环滤出，防止对仪器串的泵出模块产生堵塞。

（2）钻井液的失水应尽量控制在 3mL 以下，含沙量 0.3% 以内，且添加一定的润滑剂以帮忙防止仪器粘卡。

（3）可以尽可能降低钻井液固相（小于 5%），减少含沙量，有利于泵抽作业和降低地层污染。

（4）井中钻井液密度应在保证井控需要的前提下尽可能低值，以避免钻井液柱与地层的压力差过大，造成泵出模块的额外负载，降低泵抽效率。

（5）测井作业前召开 JSA 安全会，作业过程中应严格按照 JSA 相关内容要求进行。

（6）下井前安装好专用的刚性扶正器，并与带班操作人员共同确认数量及安装位置；确认是否打开样筒手动阀，仪器不正时要使用马笼头辅助连接仪器；保证绞车操作人员和井口人员沟通畅通；仪器连接前要用清洗剂清洗，抽纸擦拭干净，对准定位销后，方可连接仪器；对于倒挂作业模式，仪器挂接顺序需由工程师与管理人员确认。

（7）仪器状态检查：连接完成后检查模块工作状态。由于倒挂模式无法将仪器探针部分提出井口，应在检查仪器时提前刻度好密度传感器，保证传感器数值准确。

（8）检查完仪器后，在井口进行刻度称重张力短节并对零，工程师要再次确认零长位置，确保深度准确。

（9）仪器下放到第一个测压点附近，根据现场监督要求选择合适的层位进行校深，校深结束后重新记录进行确认。

（10）校深完毕，根据实际情况做静置实验，根据静置实验的结果和实际作业状况，和甲方监督共同商议决定电缆放松间隔时间。电缆活动量由 CHT 张力值来决定，最多放松至 CHT 张力值为 1000~500lbf 即可。

（11）测压过程中应严格按照至少三次抽吸的作业方式，保证压力数据的准确性，根据压降情况及时调整抽吸体积，在出现异常数据后应进行重复测试确认，并及时寻找原因。

（12）根据常规测井资料解释的地层物性来设置合适的测试体积，测压时直流电的电压应在 300~350V 之间，不宜过大。严格按照相关作业标准执行测压、取样工作，确保数据准确性。取样过程中应结合出砂分析结果和压力曲线响应及时调整泵速，保证取样过程安全、高效。

（13）解封后进行返排，清理管线，再记录测后钻井液柱压力。

（14）测压、取样结果要有监督在场进行确认，确保结果的有效性，测压结束后对测压数据第一时间予以确认。

（15）若遇卡，第一时间判断遇卡类型，电缆吸附卡直接拉至电缆破断力一半，仪器卡需使用异向解卡短节尝试 2 次解卡未成功则拉至最大安全张力，按体系要求进行解卡操作。

（16）由于当前仪器串较长，无法完成泄压操作，转样时应注意高压伤人，确保无关人员远离。

（17）转样前，与小队辅助人员讲明注意事项及操作方法，转样时人员站在上风口，防止高压与有毒气体对人员造成伤害。取得样品后样品深度需与甲方监督共同确认后做好标注，并保存好。

（18）仪器作业时间较长时，两个样要分两趟取样。拆接仪器过程中注意保护仪器接头，避免出现通断绝缘不好现象。

3.6 潜山储层井壁取心作业方案设计

3.6.1 卡钻影响因素分析

卡钻是指井壁取心钻头钻进过程中，钻头被岩屑堵塞，钻头无法旋转，导致无法继续钻进，从而影响岩心收获率的一种测井作业复杂情况。经过钻停或后退，进行强力排岩屑，可以解卡继续钻进，完成取心动作。

3.6.1.1 卡钻主要影响因素

（1）地层胶结状况。地应力集中、易破碎的硬地层以及胶结差的软地层对岩心的收获率都影响很大。破碎的硬地层在钻取时岩心容易破碎造成卡钻、或者岩心不完整，甚至完全破碎而取不到岩心。胶结差或未胶结软地层，一是因成型差不能取到标准的圆柱形；二是能够完成钻取过程，但不能折断岩心或者不能"抱住"岩心而造成丢心。

（2）仪器状态。取心的动力是依靠液压油传递的，液压油受到污染，会影响动力的传递。钻头的钻进速度快慢直接影响取心效果，钻进速度过快，动力下降的同时单位时间内产生的岩屑多，容易卡钻，过慢影响时效，井下仪器停留时间过长，容易造成吸附卡。适合的钻进速度有利于提高取心收获率和时效。

（3）井眼状况。井斜角度大、井眼不规则、井眼垮塌，特别是取心层位岩性非均质性强且含砾等，容易导致钻取过程中发生卡钻。同时，因为无法控制取心器在井下的角度，若推靠器力量不足，可能使钻头一侧不能紧贴井壁，造成岩心长度短，甚至取不到岩心。

表 3.14 对卡钻的主要影响因素进行了汇总。

表 3.14　卡钻主要影响因素分析

分类	影响因素				
地质信息	层位	深度	储层类型	岩性	物性	—
测井参数	声波时差	密度	泥质含量	孔隙度	含水饱和度	脆性指数
	泊松比	剪切模量	杨氏模量	体积模量	体积压缩系数	纵横时差比

续表

分类	影响因素					
工程信息	井眼尺寸	井温井斜	钻井液类型	钻井液黏度	钻井液密度	钻井液失水
	钻头压力	钻头转速	电机电流	取心时间	岩心长度	岩心破碎
其他	仪器类型	仪器编号	仪器故障	电机电压温度	作业日期	卡钻次数

3.6.1.2 卡钻的排除方法

（1）钻进过程中突发卡钻，应马上进行钻退操作，然后再次钻进。

（2）钻进过程中反复卡钻时，应仪器复位并活动电缆重复该点钻取，或与监督沟通移动深度钻取（在半幅点以内）。

（3）若卡死钻头，即启动或不启动液压马达均不能钻退，则应启动仪器的自救功能将液压马达钻头退出地层。在多次尝试仪器的自救功能仍不能使液压马达钻头退出时，参考表3.15的顺序采取上下活动电缆拉断马达弱点的方法。这种方法可能会使钻头（或连带钻杆）断在地层当中。

（4）在活动电缆过程中和拉断液压马达上的滑块后，禁止启动液压马达。

表3.15 拉断马达弱点参考表

上提电缆值	下放电缆值	方法
（0.3m/1000m）×遇卡深度	（0.6m/1000m）×遇卡深度	上下反复活动数次直至钻头退出地层或拉断液压马达滑块
（0.5m/1000m）×遇卡深度	（1.0m/1000m）×遇卡深度	
（1.0m/1000m）×遇卡深度	（2.0m/1000m）×遇卡深度	

3.6.1.3 拉断马达弱点的判断

在上述卡钻的排除方法不能将钻头脱离地层时，需要拉断钻杆进行解卡：

（1）马达弱点的均值3kN（实验最大值4kN）。

（2）井下拉断马达弱点需要的拉力：马达弱点均值3kN+仪器串重量。

3.6.2 作业方案设计

3.6.2.1 作业操作

（1）将控制面板按钮切换至初始位置，大电源限流8A，小电源限流2A。

（2）仪器下井时，开推心，小电机转速保持1500r/min以上。

（3）达到目的深度后，收推心，小电机转速保持2800r/min左右，系统压力，低速，开推靠；推靠位移到最大后，将高低速切换至增压，直至推靠压力保持2500psi保持压力不变；在开推靠期间可以打开大电机，将大电机转速保持2800r/min左右，可缩短取心时间。

（4）低压，高速，钻进，在钻进期间注意观察钻进位移❶；当钻进位移到150时，切换

---

❶ 本小节中描述的"位移"只代表仪器内部一个参数，这个参数与实际位移正相关，但它的数值不代表实际位移，所以没有单位。

至低速；当钻头接触地层时，大电机转速减小，大电源电流增加，期间注意调节小电机转速来控制钻进速度，保持大电机转速2800r/min左右；钻进位移456时钻停，高压二、高速，钻进，钻进位移477~479，保持3~5s，折心2~3次；钻退，系统压力；若卡钻，大电机电流到达限流值，立即钻退，高速，系统压力。

（5）当钻进位移到最小值时，降低小电机转速100r/min左右，推心，小电机转速增加，继续减小小电机转速700r/min左右，观察推心压力波动、岩心数量、岩心长度；当推心位移最大后，收推心。

（6）小电机转速保持2800r/min左右，开隔片，观察隔片压力至2500psi保持2~3s，关隔片，隔片压力归零，打隔片成功。

（7）开推靠至下一目的层深度。

3.6.2.2 作业安全

1. 人员安全

井下仪器总重量612kg（包含电子短节、平衡节、液压机械节、标准30颗岩心筒短节），实验室内对仪器进行搬运要使用仪器搬运小车，避免人员受到伤害，在搬运过程中，注意避免伤害取心短节液压管路。

仪器在运转过程中，液压马达高速运转，严禁接触液压马达和钻头。

仪器在运转过程，在机械节各功能动作的测试中，严禁用手接触机械节内各机械部件。

仪器正常运转后局部电压较高（GR高压电路约1600VDC、外接供电380VAC），严禁在带电状态下对仪器进行拆卸操作并避免与高压部位接触。

搬运仪器时需谨防砸伤、挤伤。

2. 运输与存储

仪器在搬运和装车过程中需要采用仪器搬运小车和吊车。

在运输前需要对仪器各护帽处密封圈进行检查并检查护帽是否安装到位，做好防潮工作。

仪器在运输前需要对电路各器件和螺钉等进行紧固并涂RTV防止器件颠簸后松动。

电子节在装车运输时需要进行减震处理（可以在间隙使用橡胶材质进行隔离减震）。

机械液压节在装车运输时，应避免对机械液压节相关管线的碰撞和挤压。

3. 设备操作

仪器跨接线连接运转中，严禁人员跨越和碰撞，注意跨接线防水防潮。

4. 作业现场安全

作业前，全面了解井径、井况信息，收集地质信息、钻井液信息，测井作业各项目的入井顺序等，做好JSA分析。

与测井小队沟通安排好仪器的摆放、面板的布局，做好与小队相配接的鱼雷制作，在地面连接好仪器，对仪器的各项性能进行检查。

5. 井下安全

在下井作业前应对仪器各功能仔细检查，避免由于仪器故障导致作业失败。

在下井作业前应检查仪器紧固螺钉及螺纹连接，防止下井后松动。

仪器在下井作业时上提下放速度应进行严格控制，套管内上提下放速度不应超过50m/min，裸眼段不应超过30m/min。

仪器在作业过程中应根据井及钻井液状况严格控制在每个取心点的停留时间，并密切关注张力变化，防止仪器及电缆吸附卡。

作业完成后仪器出井时，应及时对仪器外部钻井液等带有腐蚀性物质进行清除，避免其对仪器的腐蚀，尤其是清洗干净平衡节部位的钻井液、杂物。

3.7 深水潜山优快测试方案

传统的气井测试取资料技术，主要体现于三次开井、二次关井（简称三开二关）的流动控制过程中，其目的如表3.16所示，这样可有效地取全取准测试资料。显然，传统取资料技术对精准评价储层非常有利，但用于深水测试时大大增加了水合物生成的机会，因此深水测试规程明确指出不允许采用多开多关测试程序。调研发现，陆地油气田在进行低渗、致密储层测试时多采用一开一关测试程序，这种测试程序无法有效取全取准深水气井测试资料。而国外深水测试多采用三开两关（SPE 97113）或两开两关（SPE 166333、SPE 176782）测试程序，但在实施过程中多次遇到水合物难题，大大降低作业时效，甚至导致测试失败。因此，对于国内的自营深水测试，需开展有效的技术革新，解决上述问题。

表3.16 常规气井三开二关测试程序

测试程序	油嘴	时间	目的
初开井	合适	约2h	疏通流体从储层到井筒的通道
初关井	—	约8h	测原始储层压力
二开井	小	约24h	清井、求产。落实产能，求取气井产能方程及无阻流量
	中		
	大		
	更大		
二关井	—	约48h	测压力恢复资料。求气层物性参数，与初关井原始储层压力对比，计算测后能量衰减
三开井	中	约12h	钢丝作业取井下PVT样

通过对传统的气井测试取资料技术的充分剖析，从测前资料分析、创新取样技术组合、测试产量序列调整以及测试工艺创新等方面进行革新，形成了深水气井"高速清井、低速取样、调产缓变、关井恢复"的"一开一关"优快取资料新技术。

(1) 加强多专业资料分析，运用试井方法解释测井测压取样资料，并获得样板曲线，判断地层压力是否准确，减少初开初关测储层压力的程序。

利用试井分析方法对电缆地层测试资料有效性进行判断，借用试井解释软件的解释模型，可定性判断是否达到径向流或球形稳定流，从而判断仪器压力测试是否获得真实储层压力。仪器压力测试的流动数学模型建立的假设条件为：不可压缩的均质各向同性单一介质球形储层中存在不可压缩单相流体，渗流满足达西定律，不考虑重力作用，内、外边界定压的球形稳定流。对数学模型求解，即可得到球形稳定流的压力：

$$p(r)=p_e-\frac{p_e-p_w}{r_e-r_s}r_s\left(\frac{r_e}{r}-1\right)$$

考虑表皮效应时，流动压力为：

$$p_w(t)=\frac{qB\mu(1+s)}{345.6\pi K_s r_s}+m_s\frac{1}{\sqrt{t}}$$

以定排量泵抽生产 t_p 时间后关井测压，根据叠加原理可得关井 Δt 时间的井底压力为：

$$p_{ws}(\Delta t)=p_e-m_s\left(\frac{1}{\sqrt{\Delta t}}-\frac{1}{\sqrt{t_p+\Delta t}}\right)$$

故球形流在压力导数双对数图上呈现出斜率为-0.5的直线段，其压力资料在流动晚期的表现为径向流段，建立了仪器测压资料试井解释方法及图版，如图3.1所示。压力恢复双对数导数曲线中达到拟球形流、径向流阶段，此时的压力即为储层压力。

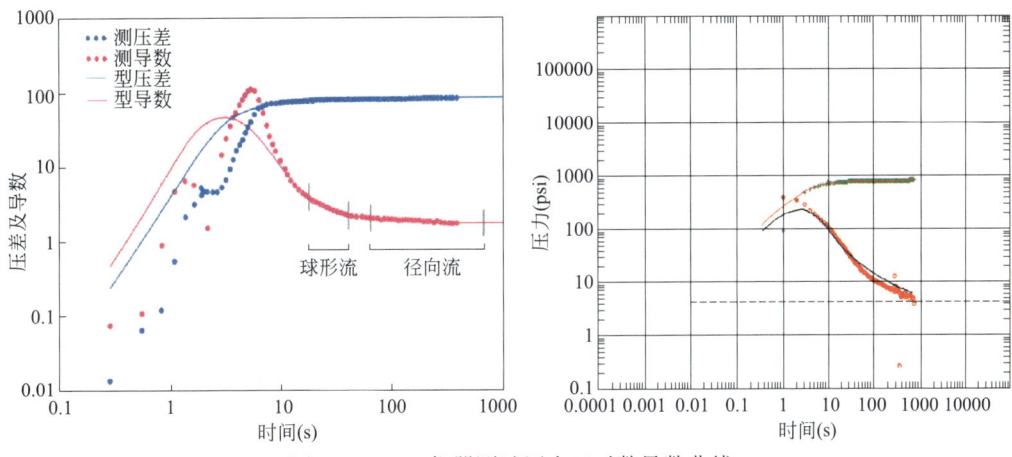

图3.1　MDT仪器测试压力双对数导数曲线

（2）创新工具组合形成压控式井下单相取样器新技术，在求产过程中择时通过环空打压进行取样，解决取得单相储层流体的难题。

长久以来，探井测试中多采用RD取样器或钢丝作业取样技术取得井下储层流体样品。RD取样器预先连接在测试管柱上，测试开井期间通过环空打压击穿破裂盘后取得储层流体样品，但该技术存在取样器打不开、样品油气分离等风险，样品品质不高。钢丝作业取样技术则需要安装钢丝绞车和井口防喷设备，需要起下钢丝工具，大大增加测试作业时间，同时造成资源浪费，且所取样品往往也为油气两相，尤其是深水测试期间采用钢丝作业造成水合物风险极高，不宜采用。

为解决单相取样难题，优选中海艾普的取样器托筒与中法最新的单相取样器（图3.2）进行组合，随测试管柱输送到井下预定深度，开井测试期间通过操作环空压力击穿破裂盘，激活取样器压力触发机构，实现一次性获取多个井下储层流体样的目的。取样器预先通过充氮保压，所取流体始终处于单相状态，确保取得准确的单相储层流体资料。

① 取样：将多支单相PVT取样器及1~2支存储式压力计预先安装在取样器托筒上，并随测试管柱下入到井下预定深度，测试期间操作环空压力击穿破裂盘，激活取样器压力触发

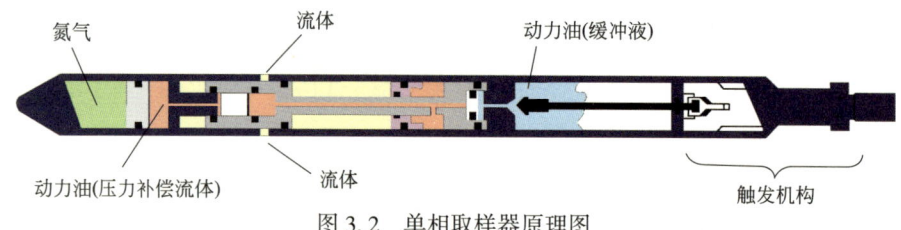

图 3.2 单相取样器原理图

机构，实现在开井流动期的井下取样。

② 保压：取样器采用预充氮气进行压力补偿，在返回地面过程中可消除样品因温度降低引起的样品压力降低，使回到地面的样品保持与井底所处压力相同甚至更高，从而获得高质量的单相地层流体样品。

（3）调整测试产量序列，为压控式井下单相取样器新技术的应用创造了条件，同时省去了三开井钢丝作业取样的程序。

气井产能试井是连续以 3~4 个稳定产量生产，每个产量生产要求流动压力达到稳定，测量其稳定产量和相对应的稳定压力，进而计算准确的产能方程。通过建立数值模拟及误差分析模型发现：产量递增序列误差小于产量递减序列，在回压试井设计时，采用产量递增序列，但在储层物性较好、流压较快稳定情况下，调换测试产量序列不影响产能试井及压力恢复试井解释结果。为有效取得单相的储层流体样品，作业时需在采用小油嘴求产的同时进行井下取样，因此对于深水气井的产量测试程序，使用大油嘴来实现快速清井，后采用一个小油嘴实现井筒憋压（图 3.3），为压控式井下单相取样器新技术的应用创造了条件，由此可省去三开钢丝作业取井下流体样品的程序。

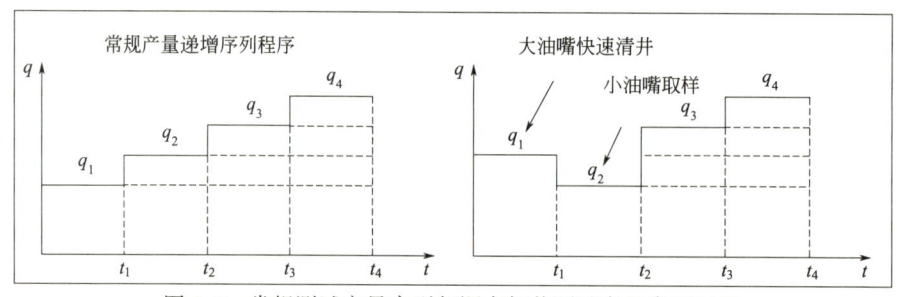

图 3.3 常规测试产量序列与深水气井测试产量序列对比

（4）通过创新测试管柱配置、优选压力计类型、落实压力精度，实现利用不同位置处压力计的压力，计算静压梯度以及测后储层压力，通过对比判断储层压力衰减值，同时可对比分析防砂筛管效果，为开采工艺优选提供资料。

考虑到深水测试费用高，时间宝贵，为实现短时间内获取齐全的测试资料，通过优化测试管柱配置和精选压力计，在管柱下部增加一个压力计托筒，形成新的 DST 工具组合为：放射性接头+反循环阀+智能双阀（循环+测试阀）+单相取样器+压力计托筒（4 支同型号压力计，3 个管内、1 个管外）+试压阀+插入密封+防砂筛管+压力计托筒（4 支同型号压力计，2 个管内、2 个管外），如表 3.17 所示。可实现以下目的：通过不同位置压力计的关井末压力计算静压梯度，结合仪器测井得到的储层原始压力数据，可判断测后储层能量的衰减；通过管柱内外录取压力资料对比，分析防砂筛管工作效果。

表 3.17 测试管柱表

编号	名称	扣型	外径	内径	长度(m)	底部深度(m)
1	地面测试树	5-1/2″S.A.B×5-1/2″S.A.P	—	—	—	-5.23
2	变扣	5-1/2″S.A.P×4-1/2″PH4 P	4.5″	3.374″	0.26	-4.97
3	4-1/2″PH4油管	4-1/2″PH4 B×P	—	—	9.493	4.523
4	4-1/2″PH4油管短节	4-1/2″PH4 B×P	—	—	4.946	9.469
5	4-1/2″PH4油管	4-1/2″PH4 B×P	4.5″	3.374″	3.905	13.374
6	提升短节	4-1/2″PH4 B×P	4.5″	3.374″	2.937	16.311
7	变扣	4-1/2″PH4 B×5″S.A.P	5.5″	3.374″	0.510	16.821
8	扶正器	5″S.A.B×P	16″	3″	1.241	18.062
9	防喷阀	5″S.A.B×P	12.88″	3″	1.282	19.344
10	变扣	5″S.A.P×4-1/2″PH4 P	5.5″	3″	0.396	19.74
11	4-1/2″PH4油管短节	4-1/2″PH4 B×P	4.5″	3.374″	1.437	21.177
12	4-1/2″PH4油管	4-1/2″PH4 B×P	4.5″	3.374″	521.885	543.062
13	4-1/2″PH4油管短节	4-1/2″PH4 B×P	4.5″	3.374″	2.95	546.012
14	变扣	4-1/2″PH4 B×5″S.A.P	6″	3″	0.505	546.517
15	扶正器	5″S.A.B×P	16″	3″	1.240	547.757
16	变扣	5″S.A.B×B	6″	3″	0.280	548.037
17	快速接头	5″S.A.P×P	4.5″	3.374″	0.618	548.655
18	变扣	5″S.A.B×4-1/2″PH4 P	6″	3″	0.515	549.17
19	4-1/2″PH4油管	4-1/2″PH4 B×P	4.5″	3.374″	1282.247	1831.417
20	4-1/2″PH4油管短节	4-1/2″PH4 B×P	4.5″	3.374″	2.945	1834.362
21	变扣	4-1/2″PH4 B×5″S.A.P	6″	3″	0.512	1834.874
22	化学药剂注入阀	5″S.A.B×P	7.75″	3″	0.313	1835.187
23	变扣	5″S.A.B×4-1/2″PH4 P	6″	3″	0.517	1835.704
24	提升短节	4-1/2″PH4 B×P	4.5″	3.374″	2.937	1838.641
25	变扣	4-1/2″PH4 B×5″S.A.P	6″	3″	0.510	1839.151
26	储能器及立管控制模块	5″S.A.B×P	15.75″	3″	5.898	1845.049
27	快速接头	5″S.A.P×P	9.5″	3″	0.460	1845.509
28	变扣	5″S.A.B×4-1/2″PH4 P	6″	3″	0.520	1846.029
29	4-1/2″PH4油管短节	4-1/2″PH4 B×P	4.5″	3.374″	1.940	1847.969
30	4-1/2″PH4油管短节	4-1/2″PH4 B×P	4.5″	3.374″	2.945	1850.914
31	变扣	4-1/2″PH4 B×5″S.A.P	6″	3″	0.512	1851.426
32	滞留阀	5″S.A.B×B	12.88″	3″	1.282	1852.708
33	剪切短节	5″S.A.P×P	5.125″	3″	1.440	1854.148
34	水下测试树	5″S.A.B×6″S.A.B	15.75″	3″	1.684	1855.832
35	承压短节	5″S.A.P×5″S.A.B	5″	3″	0.914	1859.528
36	配长短节	5″S.A.P×P	5.25″	3″	0.484	1857.23
37	悬挂器(上)	5″S.A.B	15.5″	3″	0.370	1858.600
	悬挂器(下)	5″S.A.P	1.5″	3″	0.410	1859.01
38	变扣	5″S.A.B×4-1/2″PH4 P	7.75″	3″	0.518	1859.528
39	4-1/2″PH4油管短节	4-1/2″PH4 B×P	4.5″	3.374″	1.439	1860.967
40	4-1/2″PH4配长油管短节	4-1/2″PH4 B×P	4.5″	3.374″	2.950	1863.917
41	4-1/2″PH4配长油管	4-1/2″PH4 B×P	4.5″	3.374″	9.528	1873.445
42	4-1/2″PH4油管	4-1/2″PH4 B×P	4.5″	3.374″	743.902	2617.347
43	4-1/2″PH4油管短节	4-1/2″PH4 B×P	4.5″	3.374″	2.936	2620.283
44	变扣	4-1/2″PH4 B×5″S.A.P	6″	3″	0.510	2620.793
45	化学药剂注入阀	5″S.A.B×P	7.75″	3″	0.313	2621.106
46	变扣	5″S.A.B×4-1/2″PH4 P	6″	3″	0.517	2621.623
47	4-1/2″PH4短油管	4-1/2″PH4 B×P	4.5″	3.374″	1.437	2623.06
48	变扣	4-1/2″PH4 B×3-1/2″PH6 P	5″	3″	0.268	2623.328
49	反循环阀SHRV	3-1/2″PH6 B×P	5″	2.25″	1.340	2624.668
50	智能双阀(循环阀+测试阀)IRDV	3-1/2″PH6 B×P	5″	2.25″	7.550	2632.218
51	变扣	3-1/2″PH6 B×3-7/8″CAS P	5″	2.25″	0.305	2632.523
52	单相取样器托筒	3-7/8″CAS B×P	5.50″	2.25″	7.740	2640.263
53	压力计托筒	3-7/8″CAS B×P	5″	1.929″	2.215	2642.478
54	单相取样器托筒	3-7/8″CAS B×P	5.50″	2.25″	7.750	2650.228
55	变扣	3-7/8″CAS B×3-1/2″PH6 P	5″	2.44″	0.340	2650.568
56	油管试压阀TFTV	3-1/2″PH6 B×P	5″	2.25″	1.780	2655.210
57	变扣	3-1/2″PH6 B×3-1/2″PH4 P	5.59″	2.44″	0.230	2652.578
58	定位密封		7″	3.288″	0.240	1652.818
	插入定位密封上部		6″	3.288″	2.392	2655.210
	插入定位密封下部		6″	3.288″	5.288	2660.498
59	变扣	5″S.A.B×311	5.960″	2.244″	0.260	2660.758
60	变扣	310×3-7/8″CAS P	5″	2.244″	0.243	2661.001
61	压力计托筒(2个管内,1个管外)	3-7/8″CAS B×P	5″	1.929″	2.215	2663.216
62	变扣	3-7/8″CAS B×311	5″	2.244″	0.270	2663.486
63	变扣	310×4-1/2″LTC P	5″	2.244″	0.330	2663.816
64	变扣	4-1/2″LTC B×2-7/8″EUE P	5″	2.441″	0.350	2664.166
65	2-7/8″EUE油管	2-7/8″EUE B×P	2.875″	2.442″	126.388	1790.554
66	2-7/8″EUE打孔油管	2-7/8″EUE B×P	2.875″	2.443″	116.966	2907.52
67	圆头引鞋	2-7/8″EUE B×P	2.875″		0.200	2907.72
备注						
A	7″盲管	7″BTC B×P	—	—	—	2746.535
B	7″打孔管	7″BTC B×P	—	—	—	2914.097
C	7″浮鞋	7″BTC B	—	—	—	2914.647

注：英寸(″)应为in,限于本页空间,保留″表示形式。

通过以上四个方面的技术革新,创造性地提出了深水气井测试"快速清井、低速取样、调产缓变、关井恢复"的"一开一关"优快取资料新技术,在缩短测试时间的同时实现了传统"三开二关"技术功能,减少了多次开关井、钢丝作业等造成的压力激动导致水合物生成风险,大大提高了测试效率,见表3.18。

表3.18 Y8-3-1井测试程序

测试程序	拟用油嘴	时间(h)	目的
初开井	中	10	快速清井,求产
	小	20	求产,井下取样,下入铠装光纤
	大	7	求产,地面取样
	更大	7	求产,地面取样
初关井	—	30	测储层压力恢复资料

第4章 南海深水潜山储层岩性与垂向分带录井快速识别技术*

岩性识别是潜山储层评价的核心与难点，不同岩性的矿物成分、含量、岩石强度、抗风化能力差异性控制着储层的发育程度及类型。潜山储层垂向分带是预测优质储层和油气分布的关键。受构造、古地貌、岩性以及风化程度等因素联合控制，潜山储层纵向上具有明显的分带性，不同构造带潜山储层的储集空间类型不同，搞清楚潜山储层的垂向分带特征与储层发育的规律性，对下一步基岩潜山油气勘探具有重大的实际指导意义。因此，为了给现场优快钻井及勘探决策提供技术支撑，充分发挥钻录井技术快速发展的优势，探索建立了基于多项录井新技术的潜山岩性、界面识别以及垂向分带的快速识别方法，取得了良好效果。

4.1 岩性录井快速识别技术

南海深水潜山岩性复杂、类型多样，而现场录井岩性识别的手段和精度又是有限的，同时岩屑还往往存在颗粒过于细小等问题，这些都给现场录井岩性快速识别带来极大困难。基于此，本书以 Y 区基底潜山岩性分类为基础，详细分析了 14 种岩石类型的岩心/壁心、薄片、岩屑、X 射线衍射、元素录井资料，并结合现场录井识别的方法与识别精度，建立了录井岩性判别系列图版，查明了 7 类常见岩性录井识别特征和标志，明确了录井现场岩性识别工作流程和工作要点，建立了 Y 区潜山岩性分类体系及识别图版。

4.1.1 岩性录井初步定名方法

4.1.1.1 （碎裂）中性侵入岩、（碎裂）酸性侵入岩和风化岩的区分

Y 区潜山岩性以（碎裂）中性侵入岩和（碎裂）酸性侵入岩为主，两者的主要区别在于石英含量，并且根据碱性长石和斜长石的相对含量可以进一步细分种类。矿物成分的差异主要体现在化学成分或元素上，石英的化学成分为 SiO_2 或 $w(Si)$，碱性长石的阳离子主要是 K 和 Na，斜长石的阳离子主要是 Na 和 Ca，因而 $w(K)$、$w(Na)$、$w(Ca)$ 含量不同反映了两种长石的成分差异。基于元素录井的 $w(Si)$、$w(K)$、$w(Na)$、$w(Ca)$ 进行组合和相关性分析，建立

---

* 本章中的"综合柱状图""综合解释图""测井解释图""处理成果图""解释成果图""响应特征图""计算结果图""识别柱状图"等均是利用地质专业软件生成的图形文件，其表头文字仅作描述用，通常不标注单位。除非个别用错的术语、符号作了修正，其余保持原样。

（K+Na）-Si 图版可大致识别（碎裂）中性侵入岩、（碎裂）酸性侵入岩和风化岩（图4.1）。从图中看出，以 w(K+Na) 含量 6.0% 为界，可以较好地将（碎裂）中性侵入岩与（碎裂）酸性侵入岩和风化岩区别开来；在 w(K+Na) 值为 2.8%~6.0% 的区间内，（碎裂）酸性侵入岩和风化岩则不宜区分。在 w(K+Na) 值低于 2.8% 的区间内，基本全为风化岩。造成这种结果的原因可能是风化岩由岩浆岩经过风化改造而成，并且 K、Na 在风化过程中是易迁移元素，因此风化程度越强则 w(K+Na) 值也越低，风化程度越弱则 w(K+Na) 值越高，而 w(K+Na) 值为 2.8%~6.0% 的风化岩则可能是风化程度较弱，成分上与未风化的岩浆岩较为接近。

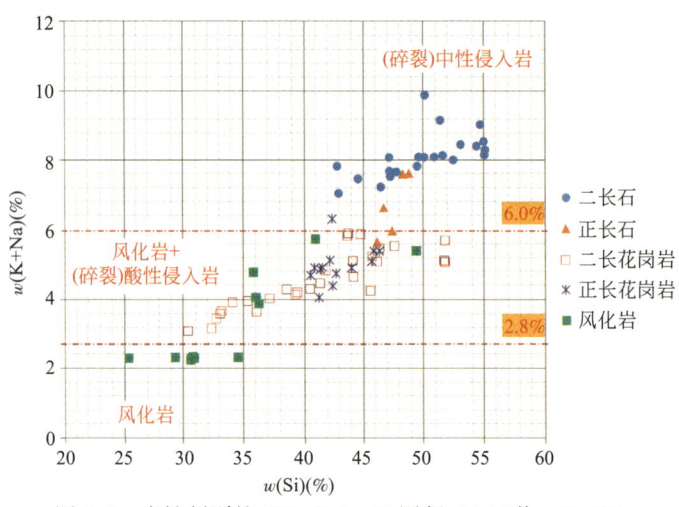

图 4.1　岩性判别的（K+Na）—Si 图版（4 口井，N=87）

4.1.1.2　风化岩和（碎裂）酸性侵入岩（二长花岗岩+正长花岗岩）

为了进一步区分以上风化岩与（碎裂）酸性侵入岩，借助了风化岩风化产物黏土矿物。石英抗风化能力强，长石的抗风化能力弱，易于风化后的中间产物以黏土矿物为主，因此，可以利用黏土矿物含量将风化程度较弱的风化岩从（碎裂）酸性侵入岩中分离出来。基于元素录井资料和 X 射线衍射矿物组成及含量，建立黏土总量—Si 图版（图4.2）。以黏土总

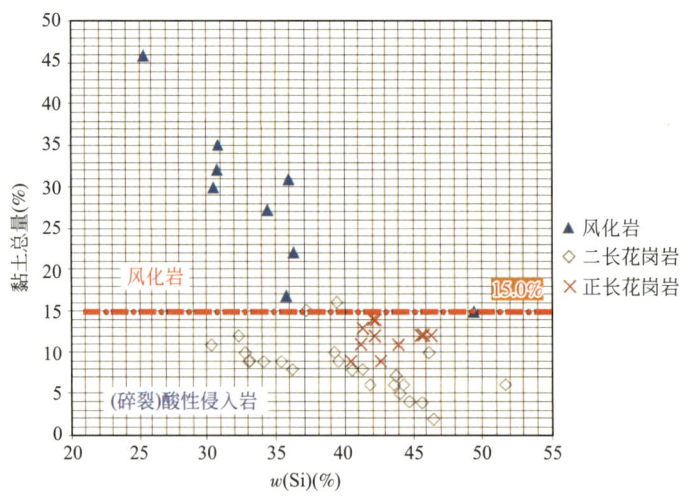

图 4.2　岩性判别黏土总量—Si 图版（3 口井，N=57）

量15.0%为界，可以较好地区分风化岩和（碎裂）酸性侵入岩（二长花岗岩+正长花岗岩），也反映了风化岩整体高黏土含量的特征（图4.2）。

4.1.1.3 酸性侵入岩细分（二长花岗岩和正长花岗岩）

Y区潜山酸性侵入岩以二长花岗岩和正长花岗岩为主，两者的区别主要在于碱性长石和斜长石的含量，理论上可以利用斜长石的相对含量对其进行区分。基于元素录井资料和X射线衍射矿物组成及含量，建立斜长石-Si图版（图4.3）。从图中可以看出，正长花岗岩主要集中分布于$w(Si)>40.0\%$和斜长石$<32.0\%$的区域内，而二长花岗岩则分成两群，分别是$w(Si)>40.0\%$、斜长石$>32.0\%$的区域和$w(Si)>40.0\%$、斜长石$<32.0\%$的区域（图4.3）。

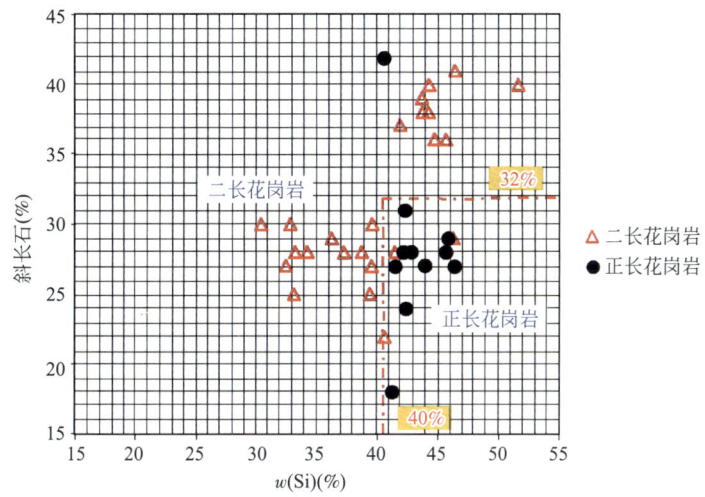

图4.3 酸性侵入岩岩性判别斜长石—Si图版（2口井，$N=45$）

4.1.2 常见录井识别方法

基于QAP图解对于岩浆岩岩性分类的基本定义，结合Y区潜山岩心/壁心、岩屑、薄片特征、X衍射矿物含量特征、元素录井特征，建立Y区8种基底常见岩性录井识别标志。

4.1.2.1 正长花岗岩

正长花岗岩QAP相对矿物含量中石英$Q'>20\%$，碱性长石$65\%<A'<90\%$，斜长石$10\%<P'<35\%$，因此表现为石英明显可见、碱性长石明显多于斜长石的特征。在岩心/壁心、岩屑中表现为含有大量具有油脂光泽的石英，肉红色、灰白色的碱性长石明显多于灰白色、蚀变后呈淡绿色粉状的斜长石；在显微镜下则表现为表面干净、无双晶、正低突起、一级灰白（黄白）的石英含量高；具有卡氏双晶、正低突起、破碎较强的碱性长石明显多于具有聚片双晶、正低突起、蚀变较强的斜长石（表4.1、图4.4）。在X衍射矿物含量和元素录井特征上表现为$Q'>20\%$，$2.8\%<w(K+Na)<6.0\%$，黏土总量$<15\%$，($w(Si)>40.0\%$，斜长石$<32\%$（表4.1、表4.2）。

表 4.1　正长花岗岩录井识别主要矿物标志表

矿物	QAP 相对矿物含量特征	岩心/壁心、岩屑鉴别特征	薄片特征	X 衍射矿物含量特征、元素录井特征
石英	$Q'>20\%$，明显可见，含量高	油脂光泽，硬度大于小刀	一级灰白（黄白），表面干净，无双晶，正低突起	$Q'>20\%$，$2.8\%<w(K+Na)<6.0\%$，黏土总量$<15\%$，$w(Si)>40.0\%$，斜长石$<32\%$
碱性长石	$65\%<A'<90\%$，含量高	肉红色、灰白色	一级灰白干涉色，卡氏双晶，负低突起，蚀变一般较弱，破碎较强	
斜长石	$10\%<P'<35\%$，有一定含量	灰白色，蚀变后呈淡绿色，蚀变后呈粉状	一级灰白干涉色，聚片双晶，正低突起，一般蚀变较强	

（碱性长石明显多于斜长石）

a. 壁心，2885m　　　　b. 岩屑，2886m

图 4.4　Y8-3-A 井正长花岗岩照片

石英含量>20%，碱性长石含量≫斜长石含量，斜长石蚀变呈淡绿色，颗粒边缘蚀变呈粉状，岩屑以肉红色为主，石英明显可见，含量高，碱性长石含量明显多于斜长石

表 4.2　Y8-3-A 井正长花岗岩 X 衍射矿物、元素录井数据表

井号	深度(m)	岩性	Si(%)	Na(%)	K(%)	K+Na(%)	黏土总量(%)	斜长石(%)
Y8-3-A	2876	正长花岗岩	42.123	1.302	3.795	5.096	14	28
Y8-3-A	2882	正长花岗岩	46.27	1.455	3.903	5.359	12	27
Y8-3-A	2885	正长花岗岩	45.829	1.332	4.085	5.417	12	29
Y8-3-A	2892	正长花岗岩	45.612	1.245	3.869	5.113	12	28

4.1.2.2　二长花岗岩

二长花岗岩 QAP 相对矿物含量中石英含量高，$Q'>20\%$，碱性长石和斜长石含量均较高，都介于 35%~65% 之间，因此表现为石英明显可见，碱性长石与斜长石大致相等。在岩心/壁心、岩屑中表现为含有大量具有油脂光泽的石英，肉红色、灰白色的碱性长石与灰白色、蚀变后呈淡绿色粉状的斜长石大致相当；在显微镜下则表现为表面干净、无双晶、正低突起、一级灰白（黄白）的石英含量高；具有卡氏双晶、正低突起、破碎较强的碱性长石与具有聚片双晶、正低突起、蚀变较强的斜长石大致相当（表 4.3、图 4.5）。在 X 衍射矿物含

量和元素录井特征上表现为 $Q'>20\%$，$2.8\%<w(K+Na)<6.0\%$，黏土总量$<15\%$，$w(Si)<40.0\%$、斜长石$<32.0\%$ 或 $w(Si)>40.0\%$、斜长石$>32.0\%$（表4.3、表4.4）。

表 4.3 二长花岗岩录井识别主要矿物标志表

矿物	QAP 相对矿物含量特征	岩心/壁心、岩屑鉴别特征	薄片特征	X 衍射矿物含量特征、元素录井特征
石英	$Q'>20\%$，明显可见，含量高	油脂光泽，硬度大于小刀	一级灰白（黄白），表面干净，无双晶，正低突起	$Q'>20\%$，$2.8\%<w(K+Na)<6.0\%$，黏土总量$<15\%$，$w(Si)<40.0\%$、斜长石$<32.0\%$ 或 $w(Si)>40.0\%$、斜长石$>32.0\%$
碱性长石	$35\%<A'<65\%$，含量高	肉红色、灰白色	一级灰白干涉色，卡氏双晶，负低突起，蚀变一般较弱，破碎较强	
斜长石	$35\%<P'<65\%$，含量高	碱性长石≈斜长石 灰白色，蚀变后呈淡绿色、蚀变后呈粉状	一级灰白干涉色，聚片双晶，正低突起，一般蚀变较强	

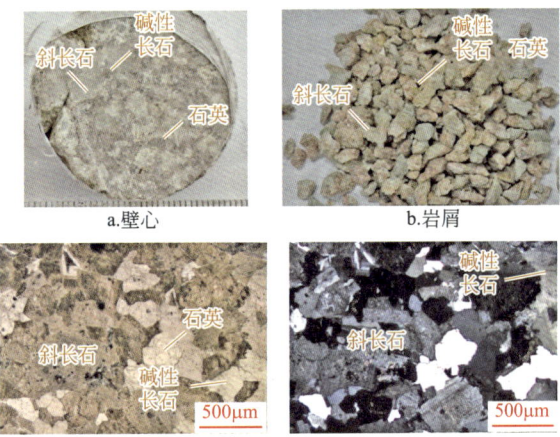

图 4.5 Y8-3-A 井 2920m 二长花岗岩照片

石英含量$>20\%$，碱性长石≈斜长石含量，颗粒边缘蚀变呈粉状，岩屑以浅肉红色为主，石英明显可见，含量高，碱性长石含量略多于斜长石，薄片下石英含量高，碱性长石≈斜长石，斜长石蚀变强烈，碱性长石蚀变弱

表 4.4 Y8-3-A 井、Y8-1-B 井二长花岗岩 X 衍射矿物、元素录井数据表

井号	深度（m）	岩性	Si（%）	Na（%）	K（%）	K+Na（%）	黏土总量（%）	斜长石（%）
Y8-3-A	2920.00	二长花岗岩	39.272	0.850	3.261	4.111	10	25
Y8-3-A	2925.00	二长花岗岩	40.534	0.749	3.520	4.270	8	22
Y8-1-B	3417.30	二长花岗岩	43.791	2.036	3.853	5.889	7	38
Y8-1-B	3470.50	二长花岗岩	41.860	1.564	3.260	4.824	6	37

4.1.2.3 正长岩

正长岩 QAP 相对矿物含量中石英含量较低，$Q'<20\%$，碱性长石含量较高，$65\%<A'<$

90%，而斜长石含量相对较低，10%<P'<35%，因此表现为石英可见或少见、碱性长石明显多于斜长石的特征。在岩心/壁心、岩屑中表现为具有油脂光泽的石英可见或少见，肉红色、灰白色的碱性长石明显多于灰白色、蚀变后呈淡绿色粉状的斜长石；在显微镜下则表现为表面干净、无双晶、正低突起、一级灰白（黄白）的石英可见或少见；具有卡氏双晶、正低突起、破碎较强的碱性长石明显多于具有聚片双晶、正低突起、蚀变较强的斜长石（表4.5、图4.6）。在 X 衍射矿物含量和元素录井特征上表现为 Q'<20%，42.0%<w(Si)<55.0%，6.0%<w(K+Na)<10.0%。

表4.5 正长岩、二长岩录井识别主要矿物标志表

矿物	正长岩		二长岩	
	QAP 相对矿物含量特征	X 衍射矿物含量特征	QAP 相对矿物含量特征	X 衍射矿物含量特征
石英	Q'<20%，可见	Q'<20%	Q'<20%，可见	Q'<20%
碱性长石	65%<A'<90%，含量高	碱性长石明显多于斜长石	65%<A'<90%	35%<A'<65%，含量高	碱性长石≈斜长石	35%<A'<65%
斜长石	10%<P'<35%，有一定含量		10%<P'<35%	35%<P'<65%，含量高		35%<P'<65%

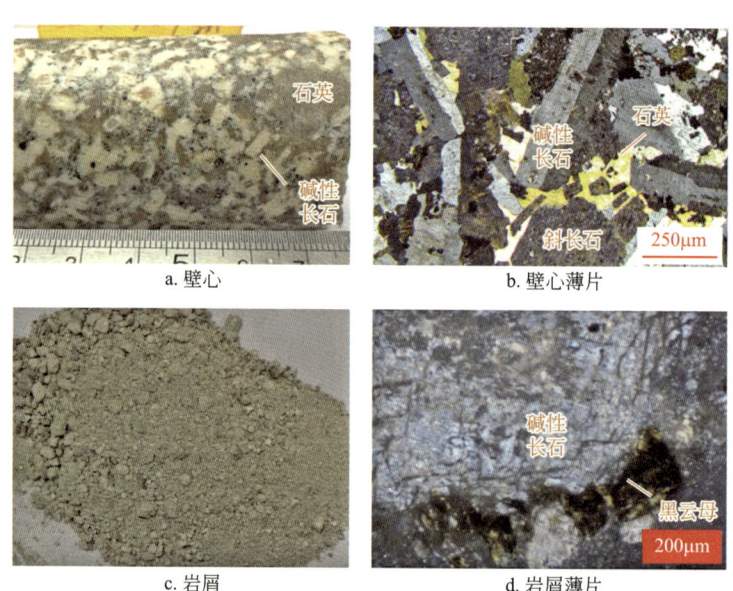

图4.6 Y1-1-A 井 3744m 正长岩照片

石英含量>5%，碱性长石含量>斜长石含量，岩屑较细时略带粉色或灰色，镜下以碱性长石为主，破裂，但未蚀变

4.1.2.4 二长岩

二长岩 QAP 相对矿物含量中石英含量较低，Q'<20%，碱性长石和斜长石含量均较高，都介于35%~65%之间，因此表现为石英可见或少见，碱性长石与斜长石大致相等。在岩心/壁心、岩屑中表现为具有油脂光泽的石英可见或少见，肉红色、灰白色的碱性长石与灰

白色、蚀变后呈淡绿色粉状的斜长石大致相当；在显微镜下则表现为表面干净、无双晶、正低突起、一级灰白（黄白）的石英可见或少见；具有卡氏双晶、正低突起、破碎较强的碱性长石与具有聚片双晶、正低突起、蚀变较强的斜长石大致相当（表4.5、图4.7）。在X衍射矿物含量和元素录井特征上表现为 $Q'<20\%$，$42.0\%<w(\mathrm{Si})<55.0\%$，$6.0\%<w(\mathrm{K+Na})<10.0\%$。

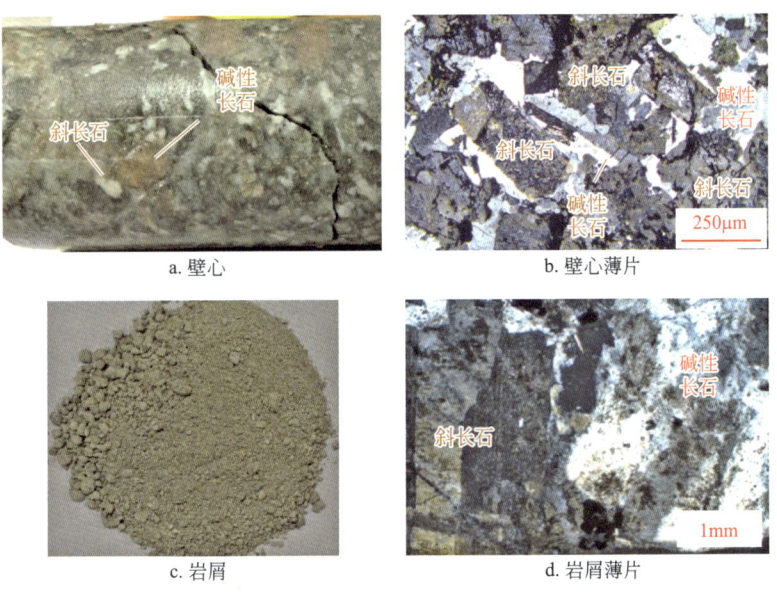

图4.7　Y1-1-A井3914~3916m二长岩照片

石英几乎不可见，碱性长石含量≈斜长石含量，岩屑较细时呈灰色、略带粉色，镜下以碱性长石、斜长石为主

4.1.2.5　脉岩类

脉岩类类型复杂，并且出现频次都较低，X衍射分析、元素录井都无法有效识别，必须基于岩心/壁心、结晶程度（结晶程度差），以及产状（夹于侵入岩之间）进行识别。若结晶程度较好，石英、长石可鉴别，并且具斑状结构，可命名为花岗斑岩（图4.8），无斑则为花岗质岩脉；若以石英为主或未结晶，则分别为石英脉或硅质岩脉。

图4.8　Y8-1-B井3343m花岗斑岩岩脉照片

斑状结构，斑晶为斜长石，基质为细晶结构，产状上夹于正长花岗岩围岩之间

4.1.2.6 碎裂岩类

碎裂岩类是原酸性侵入岩或中性侵入岩遭受动力变质作用改造形成的岩石,因此其结晶程度、化学组成、X衍射矿物含量、元素录井等特征与动力变质改造之前的原岩相似,主要区别在于具有碎裂结构或碎斑结构,即碎裂缝宽度不一、切割矿物颗粒,碎斑间具可拼合特征,并且在产状上靠近断裂带(表4.6、图4.9、图4.10)。因此,对于碎裂岩的识别,首先应根据结晶程度、矿物组合、X衍射矿物含量、元素录井等参数判定其原岩类型,然后结合其特有的结构构造和产状进行命名(表4.6)。

表4.6 碎裂岩类录井识别标志表

基本名称	岩心/壁心、岩屑鉴别特征及薄片特征	产状特征
根据矿物组合等特征,以相应的酸性侵入岩、中性侵入岩为基本名称	具有碎裂缝:切割矿物颗粒,碎斑间具可拼合特征,宽度不一,碎基可见定向	靠近断裂带

a. 壁心

b. 壁心薄片

图4.9 Y8-1-A井3024m碎裂(糜棱岩化)花岗岩照片
构造缝切割矿物颗粒、宽度不一,碎斑间具可拼合特征,碎基可见定向

图4.10 Y8-1-B井3367m碎裂二长花岗岩壁心薄片
构造缝切割矿物颗粒、宽度不一,碎斑间具可拼合特征

4.1.2.7 具风化特征的岩浆岩("风化岩")

风化岩类是原酸性侵入岩或中性侵入岩遭受风化作用改造形成的岩石,其结晶程度、矿物组合与风化之前的原岩相似,但在风化过程中易迁移元素的带出会形成大量黏土矿物,因此除了形成特征的风化裂缝以外,在X衍射矿物含量、元素录井等特征方面也有明显的响应,其产状则位于基底顶面(表4.7、表4.8、图4.11)。

表4.7 风化岩类录井识别标志表

基本名称	薄片特征	X衍射矿物含量特征	元素录井特征	产状特征
根据矿物组合等特征,以相应的酸性侵入岩、中性侵入岩为基本名称	具有风化裂缝;裂缝分布均匀,宽度不大,且环绕颗粒分布,单偏光下明显	具有高的黏土矿物总量,一般高于15%	$w(K+Na)<6.0\%$	位于基底(岩体)顶面

表4.8 Y8-3-B、Y8-3-A井X风化岩衍射矿物、元素录井数据表

井号	深度(m)	岩性	Si(%)	Na(%)	K(%)	K+Na(%)	黏土总量(%)
Y8-3-B	2883.30	风化二长花岗岩	25.299	0.168	2.142	2.310	46
Y8-3-B	2887.70	风化二长花岗岩	30.866	0.050	2.223	2.273	35
Y8-3-A	2830.00	风化二长花岗岩	35.981	0.726	3.303	4.030	31
Y8-3-A	2834.00	风化二长花岗岩	36.285	0.635	3.231	3.865	22

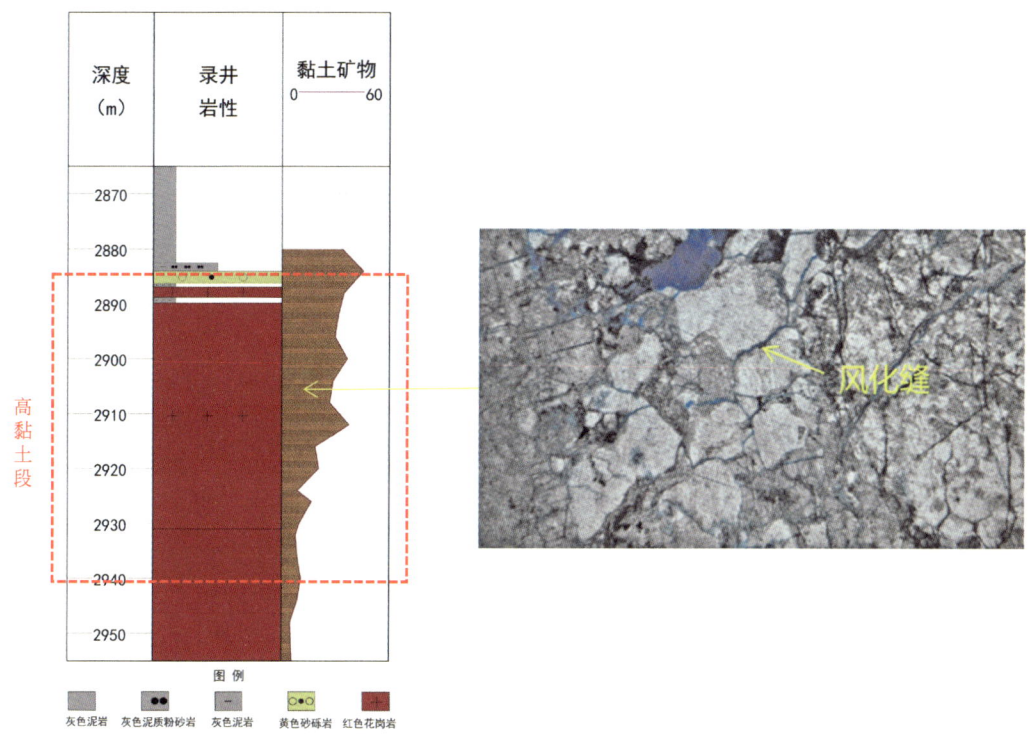

图4.11 Y8-3-B井2884~2940m风化二长花岗岩产状位置、黏土总量曲线及薄片照片
位于基底顶部,黏土总量高,具风化裂缝,裂缝分布均匀,宽度不大,且环绕颗粒分布

4.1.2.8 岩性录井主要特征和识别标志

综上所述,结合各类岩性出现的代表井段,综合建立了Y区潜山岩性录井主要特征和识别标志(表4.9)。

表 4.9　Y 区基底潜山岩性录井主要特征和识别标志表

岩性大类	基本岩石类型	主要矿物成分及含量、产状（变质岩为碎基含量及结构特征）		X 衍射、元素录井成分及含量	代表井段	
					井号	深度(m)
岩浆岩	酸性侵入岩	碱长花岗岩	斜长石比率 = 斜长石/(斜长石+碱性长石)<10%	石英/(长石+石英)>20%	—	Y8-1A	2912~2924
		正长花岗岩	10%<斜长石比率<35%		2.8%<w(K+Na)<6.0%，黏土总量<15%，w(S)>40.0%、斜长石<32%	Y8-3-A	2856~2892
		二长花岗岩	35%<斜长石比率<65%		2.8%<w(K+Na)<6.0%，黏土总量<15%，w(S)<40.0%、斜长石<32.0% 或 w(Si)>40.0%、斜长石>32.0%	Y8-1-B	3456~3529
		花岗闪长岩	斜长石比率>65%		—	Y13-1A	2631~2656
	中性侵入岩	正长岩	10%<斜长石比率<35%	石英/(长石+石英)<20%	42.0%<w(Si)<55.0%，6.0%<w(K+Na)<10.0%	Y1-1-A	3736~3769
		二长岩	35%<斜长石比率<65%			Y1-1-A	3814~3864
	脉岩	花岗斑岩	结晶相对较好，具斑状结构，矿物为石英、长石	结晶程度差，夹于花岗岩之间	—	Y8-1-B	3327、3332.5、3339、3343
		花岗质岩脉	结晶较小、均一，无斑晶，矿物为石英、长石		—	Y8-1-B Y8-3-A	3373.7、2883
		石英脉	结晶较为均一，几乎全为石英		—	Y8-1-A	2970
		硅质岩脉	几乎未结晶，隐约可见光性		—	Y8-3-B	2892.5
	具风化特征的岩浆岩("风化岩")	风化碱长花岗岩	具有风化裂缝：裂缝分布均匀，宽度不大，且环绕颗粒分布，单偏光下明显	位于基底(岩体)顶面 具有高的黏土矿物总量	w(K+Na)<6.0%，黏土总量>15%	Y8-1-A	2918、2974
		风化正长花岗岩				Y8-3B Y8-1-A	2894、2952
		风化二长花岗岩				Y8-3-B	2883~2890

续表

岩性大类		基本岩石类型	主要矿物成分及含量、产状（变质岩为碎基含量及结构特征）		X衍射、元素录井成分及含量	代表井段	
						井号	深度(m)
变质岩	动力变质岩	构造角砾岩	构造角砾岩	破碎角砾结构，岩石破碎较强烈，杂乱分布	无法完全判定具体矿物含量和原岩特征	—	Y8-1A	3039~3042
		碎裂岩	碎裂花岗岩	碎裂结构或碎斑结构：碎裂缝宽度不一、切割矿物颗粒，碎斑间具可拼合特征（靠近断裂带）	原岩为酸性侵入岩	—	Y8-1-A	3006~3018
			碎裂二长岩		原岩为中性侵入岩	—	Y1-1A	3902~3911
			碎裂（糜棱岩化）花岗岩		原岩为（糜棱岩化）花岗岩	—	Y8-1A	3054、3075
		糜棱岩	糜棱岩化花岗岩	塑性变形结构，石英长石定向明显	原岩为酸性侵入岩	—	YB-1A	3020

4.1.3 岩性录井识别工作流程和工作要点

以潜山常见岩性录井识别特征和标志为基础，结合录井现场所获取的资料情况，提出两种潜山岩性录井现场识别工作流程：

（1）对于有钻井取心、井壁取心和岩屑颗粒粗大的井段，可以直接进行观察分析，并结合现场薄片鉴定结果，直接完成岩性定名。必要时对岩屑进行元素录井和X衍射分析，进行更精准的岩性定名。

（2）对于没有钻井取心和井壁取心，并且岩屑颗粒细小的井段，直接对岩屑进行观察或现场薄片鉴定很难准确命名岩石类型，此时建议先进行元素录井和X衍射矿物含量分析。首先，根据录井岩性判别图版，初步进行岩性宏观分类，将（碎裂）中性侵入岩、（碎裂）正长花岗岩、（碎裂）正长花岗岩、风化岩划分出来；其次，根据X衍射矿物含量所获得的石英、碱性长石、斜长石含量，根据QAP图解确定基本岩石类型（原岩类型）；最后，根据岩屑和薄片观察结果，校验基本岩石类型，并根据结晶程度、结构构造及改造情况，分析其是否为脉岩、是否遭受动力变质或风化改造，从而最终确定岩石名称（图4.12）。

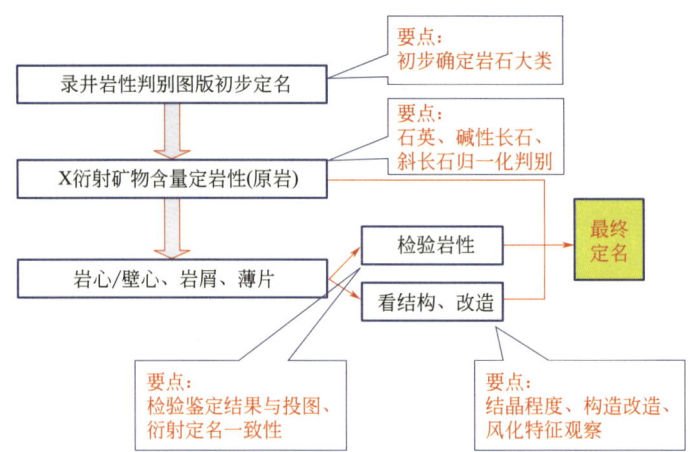

图 4.12　Y 区潜山岩性录井现场识别工作流程和工作要点图

4.2　垂向分带录井识别技术

潜山型油气藏是一种重要的油气藏类型，国内外油气勘探中均已取得重大的突破，发现了丰富的油气资源，如我国的华北油田、塔里木油田、克拉玛依油田、渤海油田、辽河油田等。组成潜山的岩石类型也较为丰富，包括碳酸盐岩、变质岩及花岗岩。在花岗岩潜山中所发现的油气藏包括也门的 Kharir 油气田、越南的白虎油气田、我国的蓬莱 9-1 油气田、锦州 25-1S 油气田、曹妃甸 1-6 油气田等。白虎油气田的储层由风化淋滤的裂缝型花岗岩组成，孔隙度 0.3%~3.8%，最大达 25%，油柱高达 879m，未见水；Kharir 油气田的储层为花岗岩风化壳及裂缝，其厚度达 400m 左右，储层连通性好，单井试油产量达 8400bbl/d，单井平均产油量 300~400t/d；曹妃甸 1-6 油气田潜山顶部平均孔隙度达 12%，最大可达 22%，下部溶蚀带平均孔隙度达 5%，最大可达 15%，有效渗透率达 6800mD，为底水块状潜山气藏。

对花岗岩潜山油气藏的研究表明，它具有如下几个成藏特点：（1）新生古储；（2）储量规模差异大，大者可形成亿吨级油气田，如白虎、锦州、蓬莱及 Kharir，而曹妃甸 1-6 仅为小残丘型油田，储量仅为千万吨级；（3）储层以双重介质孔隙结构为主，风化壳以孔洞为主，裂缝为辅，基岩较深部位以裂缝为主，伴有溶蚀孔洞；（4）纵向上储层具有明显的分带性，优质储层分布在风化壳附近 100m 以内（50m 以内最好）；（5）风化淋滤带不发育的潜山，油藏连通性差。

4.2.1　国内潜山垂向分带分类方案

关于花岗岩风化壳的组成模式国内已有很多学者进行了研究，代表性的垂向分带模式见图 4.13。

以海上蓬莱 9-1 油气田花岗岩潜山风化壳为例，纵向上由表及里可划分为土壤带、砂—砾质风化带、裂缝带和基岩带，其中砂—砾质风化带分异特征明显，清晰可辨，可进一步细分为砂质风化亚带、砾质风化亚带。

第4章 南海深水潜山储层岩性与垂向分带录井快速识别技术

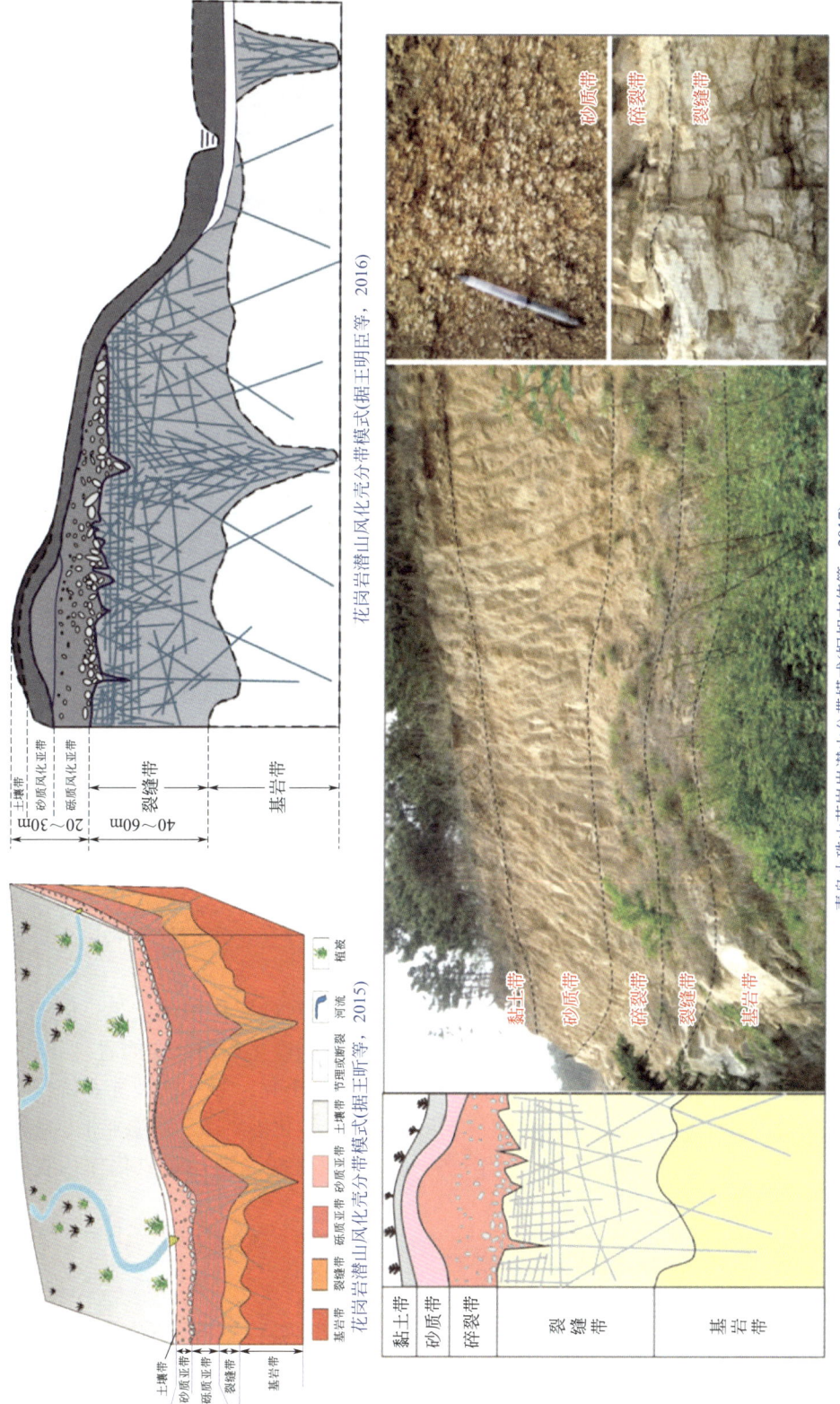

图 4.13 基于蓬莱 9-1 建立起来的花岗岩风化壳模式

（1）土壤带主要由黏土矿物组成，为红土、铁质壳或铝土质壳，颜色常呈红色或绿灰色。

（2）砂质风化亚带主要由砂质黏土或黏土质砂构成，以砂质岩屑为主，偶见残余花岗岩岩块，但含量小于5%，花岗岩的结构特征基本全部消失。矿物组成以石英和黏土矿物为主，含少量的绿泥石。该层的颜色以黄色、褐黄色为主。

（3）砾质风化亚带主要由花岗岩岩块、风化所形成的岩屑和黏土构成，岩石呈黄褐色、黄色，以岩屑为主，花岗岩砾质岩块次之，花岗岩岩块的含量小于50%。花岗岩岩块中的母岩结构仍然保留。该带最标志性的特征是具有层状构造，在成像测井中可见该带的暗色层状条带。

（4）裂缝带主要由花岗岩岩块构成，其含量介于50%~90%之间，可见10%~20%的黏土矿物。发育多种角度的裂缝，偶见垂直的节理。裂缝密度随深度的增加总体呈降低趋势，有时也可见裂缝相对密集发育带与裂缝相对不发育的带相间分布的特征。

（5）基岩带主要由新鲜的花岗岩基岩构成，发育少量裂缝，沿裂缝有明显的蚀变。黏土矿物主要分布于裂缝的两侧，含量一般小于10%。

根据王明臣等（2016）、胡志伟等（2017）分别对安徽黄山、青岛小珠山等花岗岩山体野外地质观察研究，将花岗岩潜山风化带自上而下分为5个带，即黏土带、砂质带、碎裂带、裂缝带以及基岩带。

（1）黏土带位于花岗岩潜山顶部，由于完全风化，黏土化严重，高岭土含量高，基本无储集空间。

（2）砂质带遭受高强烈风化程度，岩石呈砂状结构，储集空间以孔隙为主。

（3）碎裂带已进入花岗岩本体，属于较强风化程度，受长期风化溶蚀作用，岩石呈碎裂、碎斑结构，储集空间以裂缝—孔隙为主。

（4）裂缝带位于碎裂带之下，只受轻度风化溶蚀，主要发育构造缝或节理，储集空间以裂缝为主。

（5）基岩带基本未遭受风化溶蚀，伴随水平渗流作用，存在一定的化学风化，可见少量裂缝或节理，储集空间不发育。

以上不同带的厚度和储集空间类型有差异，同时，由于对砂化作用的定义、认识不统一，出现了砂质带（亚带）、砾质带（亚带）等的划分方案。砂化作用就是原岩（花岗岩）原地软化、水解、酸化的过程，导致原岩疏松、易溶矿物黏土化，原有的裂缝系统都因疏松、水化膨胀作用而闭合。从风化作用原理及定义上来看，砂化砾质层、砾质亚带、碎裂带均应划归为风化裂缝带，和裂缝系统是属于同一成因，只是裂缝带顶部风化作用更强烈而已。

4.2.2 南海深水潜山储层垂向分带方案

根据南海深水潜山钻探实际地质情况，综合前人的分类方案，考虑到风化壳不同部位的风化机理、所形成的孔隙类型及录井参数识别精度的差异，建立了本区花岗岩风化壳5个带的完整分类方案（表4.10），自上而下为土壤带→砂化带→风化裂缝带→裂缝破碎带→基岩带。在这个模式中，将顶部长期风化的黏土植被层称为土壤带；将上覆原地物理风化的残积层、发生极短距离运移的坡积层,以及下部软化、砂化的砂化带统称为砂化带;砂化带之下未软化、但裂缝发育的原岩,由于裂缝明显受到后期大气淡水的淋滤、溶蚀等影响,所以被冠以风化裂缝带的名称。

表 4.10 花岗岩风化壳垂向分带模式对比表

王昕等,2015		王明臣等,2016		胡志伟等,2017	本次研究	
					分类	识别标志
土壤带		土壤带		黏土带	土壤带	风化残留,以黏土、铝土矿为主,后期极易被改造带走
砂砾质风化壳	砂质亚带	砂质风化亚带		砂质带	砂化带	无分选的砂砾岩组成,由原地花岗岩物理破碎及风化而成的混杂堆积物,可能经过短距离搬运而成,在古地貌高部位及高陡斜坡带难以保存
	砾质亚带	砾质风化亚带				
裂缝带		裂缝带		碎裂带	风化裂缝带	保留花岗岩结构与构造,受大气淡水渗流溶解作用,使得原岩风化破碎;易溶组分能轻易带走
				裂缝带	裂缝破碎带	裂缝破碎原岩,沿着裂缝发生大气淡水渗入溶蚀,也为后期矿物充填提供通道;有指示元素的带入
基岩带		基岩带		基岩带	基岩带	基岩本体,内部可发育极少构造缝,遭受少量的溶蚀作用;各类元素呈现基线特征

(1) 土壤带:主要由黏土矿物组成,为红土、铁质壳或铝土质壳,颜色常呈红色或绿灰色,野外露头常被植被覆盖,后期极易被改造带走。

(2) 砂化带:位于风化壳的顶部,主要由无分选的砂砾石组成,厚度不等,是原地花岗岩强烈的物理风化及化学风化、破碎,残留在原地或经极短距离搬运的砂、泥、砾的混杂堆积物,可能经过短距离搬运而成,其保留与否与所处古地貌位置有关:高部位及高陡斜坡带花岗岩风化壳剥蚀殆尽难以存留;中等坡度部位的可局部保留;坡脚低部位风化壳则发育保存完整。

(3) 风化裂缝带:该带裂缝系统很发育,主要是由岩浆冷凝收缩、后期构造应力作用以及风化裂缝而成。沿着该类裂缝体系,大气淡水渗流溶解、溶蚀作用,导致沿裂缝系统的溶蚀及加宽,使得原岩破碎,虽然发育风化裂缝,但岩石整体较坚硬、完整。该系统属于开放—半开放体系,易溶组分能轻易带走。

(4) 裂缝破碎带:以构造裂缝发育为特征,只受轻度来自于地表的大气淡水风化溶蚀作用,主要是被构造缝和节理影响。该通道能为后期深部流体或者热液改造充填,为后期矿物充填提供通道,属于半封闭—封闭状态,识别标志是有指示元素的带入。

(5) 基岩带:基岩本体,主要由新鲜的花岗岩基岩构成,发育少量裂缝,遭受少量的溶蚀作用,沿裂缝可发生局部的蚀变。

根据实钻情况,绝大多数井都是处于花岗岩潜山的山头高部位,山顶(高部位)主要出露风化裂缝带,而难以保留土壤带和砂化带。因此,在本次研究过程中,重点是如何区分风化裂缝带、裂缝破碎带及基岩带。

4.2.3　Y 区潜山储层垂向分带录井识别特征

研究区钻井都处于山头（古地貌高部位），花岗岩垂向分带主要发育风化裂缝带、裂缝破碎带与基岩带。该三个带的录井识别特征如下：

4.2.3.1　风化裂缝带

潜山风化壳顶部往往遭受较强的风化作用，在原来岩浆岩的基础上遭受风化改造，形成具有明显风化特征的岩浆岩，如风化缝—裂缝分布均匀，宽度不大，且环绕颗粒分布，单偏光下明显。同时，随着风化过程中易迁移元素的带出，形成大量黏土矿物，在 X 衍射矿物含量、元素录井等方面有明显响应。风化裂缝带的特征表现为：靠近风化壳顶部，花岗岩原地破碎，发育风化缝，黏土含量高（图 4.14）。

4.2.3.2　裂缝破碎带

裂缝破碎带位于风化裂缝带的下方，该带发育构造裂缝和节理，岩石具有碎裂结构或碎斑结构，即碎裂缝宽度不一、切割矿物颗粒，碎斑间具可拼合特征，并且在产状上靠近断裂带。该通道能被后期深部流体或者热液改造，为后期矿物充填提供通道，可被方解石、白云石、硅质等矿物充填，属于半封闭—封闭状态。裂缝破碎带的特征表现为：裂缝破碎花岗岩，发育构造（溶）缝，见后期矿物充填（图 4.15）。

实际上，上述两个带的裂缝都是构造作用产生，前者受风化溶蚀作用强，缝宽；后者风化作用影响小，且处于断裂附近，多期次改造成网状相互交切。

4.2.3.3　基岩带

基岩本体，主要由新鲜的花岗岩基岩构成，发育少量裂缝、少量晶间残留孔隙及晶格细纹等（图 4.16）。

4.2.3.4　垂向分带录井响应特征

基于上述分析，综合风化壳不同部位的风化机理、矿物充填特征及深部花岗岩体弱改造等特征，总结了风化带垂向分带的录井响应特征如下。

（1）风化裂缝带：因风化作用较强烈，X 全岩衍射表现为黏土矿物含量高，向下降低；斜长石易风化，含量向下增加。元素录井表现为：①元素 K、Na、Ca、Mg、Si、Al、Fe 曲线横向抖动最厉害；②易迁移元素（K、Na、Ca、Mg）流失降低，难迁移元素（Si、Al）富集升高；③Na/Al 比值低，Rb/Sr 比值增大。

（2）裂缝破碎带：因有白云石、方解石与硅质等矿物在裂缝内充填，X 全岩衍射显示黏土矿物、斜长石纵向表现出稳中有降，铁白云石出现。元素录井表现为：①元素 K、Na、Ca、Mg、Si、Al、Fe 曲线横向抖动中等；②裂缝充填矿物（铁白云石、方解石、硅质等）的指示元素（Fe、Mg）带入；③Na/Al 比值与 Rb/Sr 比值稳中略升。

（3）基岩带：因改造较弱，保持花岗岩本体的特征，因此各类元素大致呈现基线。因局部发育构造裂缝，可能具备矿物的充填作用。X 全岩衍射黏土矿物、长石曲线平直，零星出现方解石。元素录井表现为：①元素 K、Na、Ca、Mg、Si、Al、Fe 曲线较平直；②Na/Al 比值平稳。

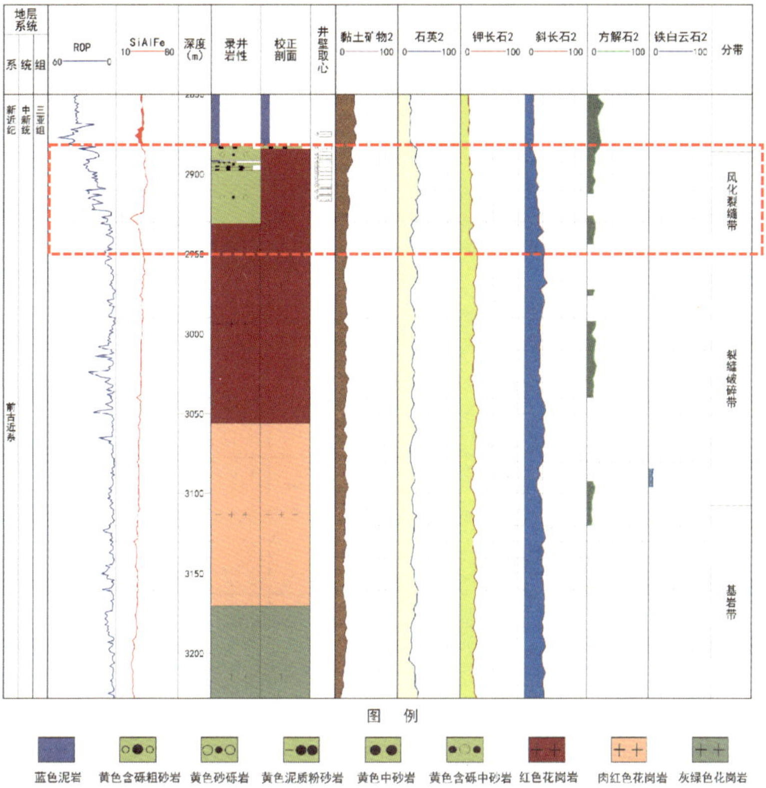

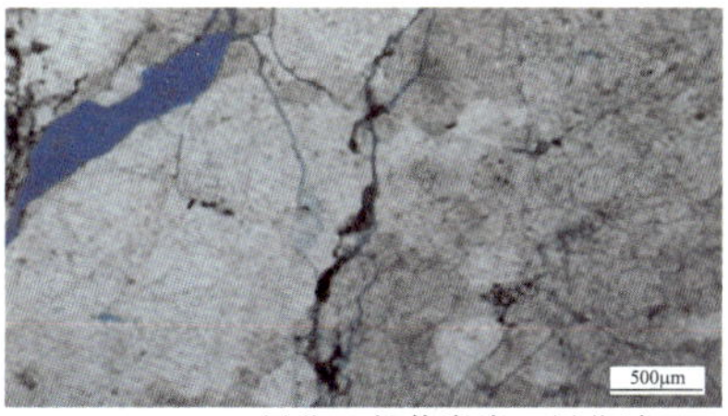

a. 2895m，风化二长花岗岩，风化缝

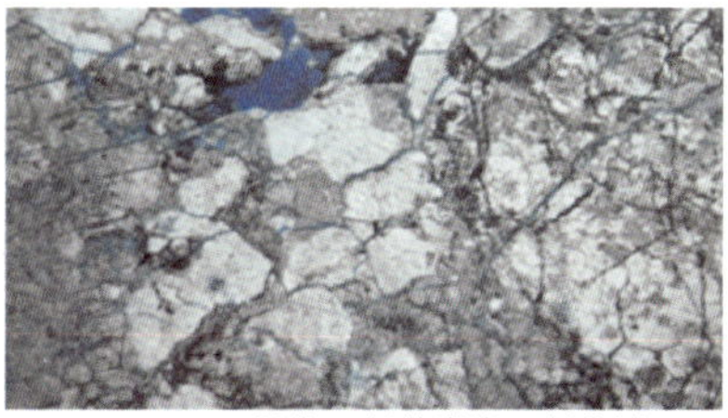

b. 2906.5m，风化二长花岗岩，风化缝

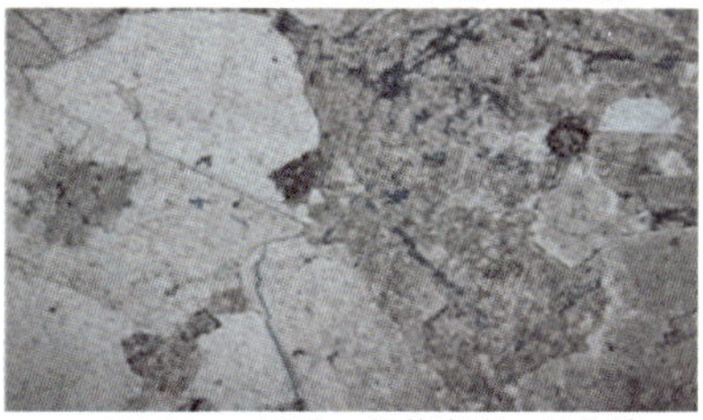

c. 2896.3m，风化二长花岗岩，风化缝

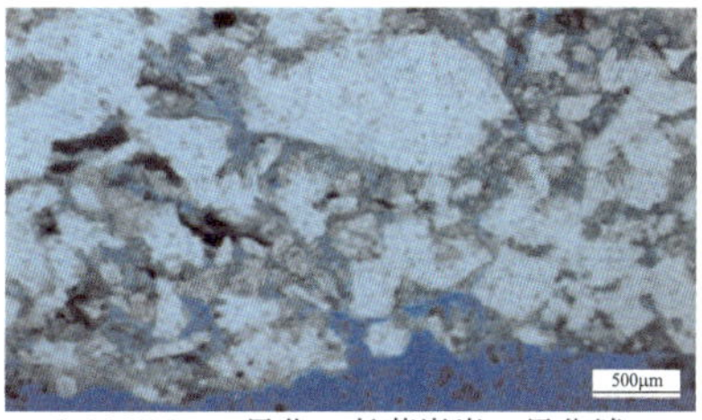

d. 2907.9m，风化二长花岗岩，风化缝

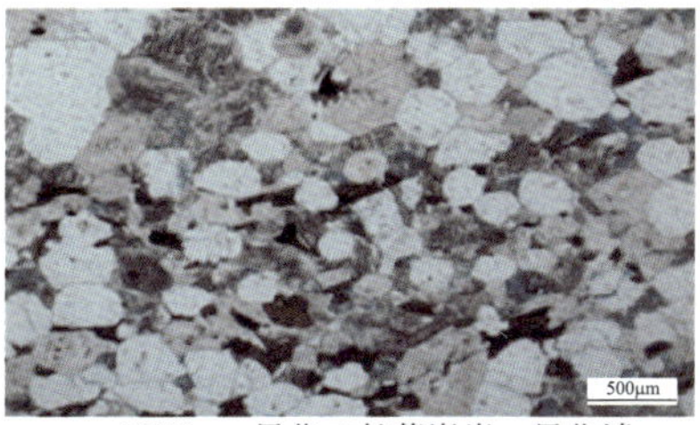

e. 2897m，风化二长花岗岩，风化缝

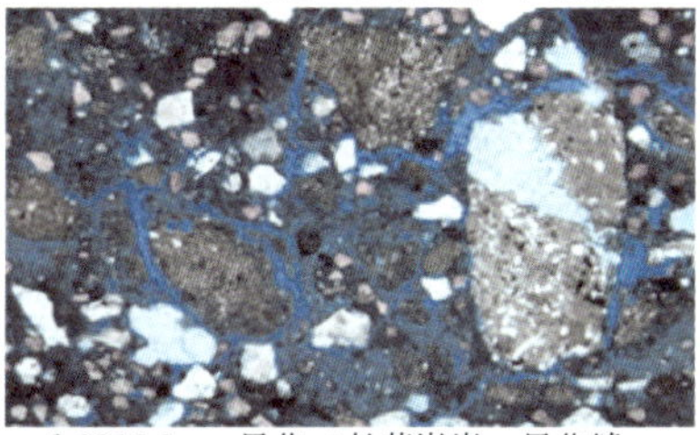

f. 2915.3m，风化二长花岗岩，风化缝

图 4.14　Y8-3-B 井风化裂缝带典型特征

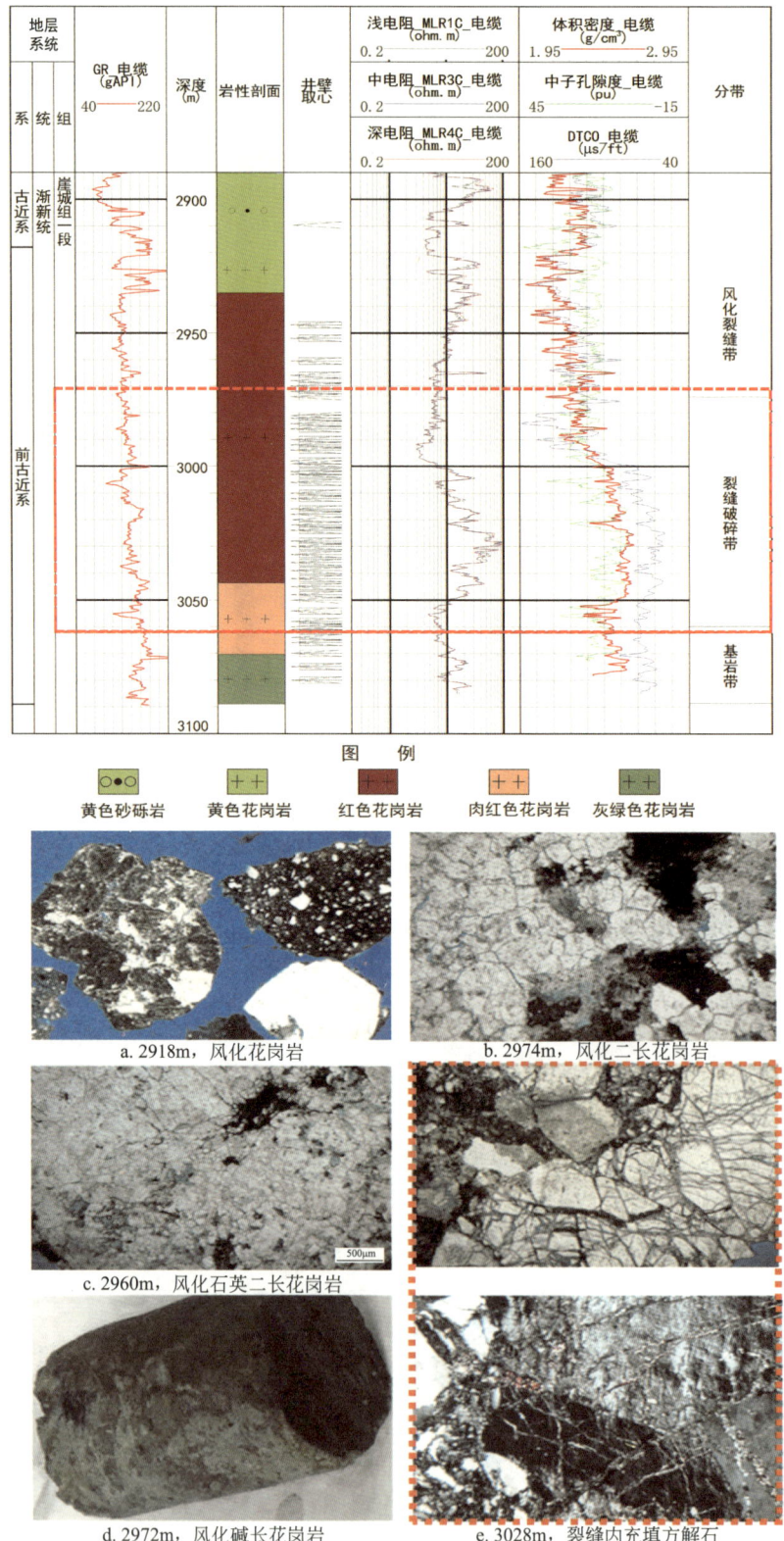

图 4.15　Y8-1-A 井裂缝破碎带典型特征

a. Y1-1-A井，3823m，二长岩　　b. Y1-1-A井，3737m，正长岩　　c. Y8-3-A井，2920m，二长花岗岩

图 4.16　基岩带典型微观特征

4.2.4　Y 区潜山储层垂向分带案例

4.2.4.1　单井潜山垂向分带特征

综合衍射矿物分析、岩心与薄片等资料，对研究区 Y8-3-A、Y8-3-B、Y8-1-B、Y1-1-A 共 4 口井的潜山花岗岩垂向分带进行了划分，具体特征如下。

1. Y8-3-A 井

该井于 2830m 进入花岗岩潜山，潜山顶部被三亚组直接不整合覆盖。2829～2854m 风化作用较强，壁心宏微观表现出风化缝发育，裂缝分布均匀，宽度不大，且环绕颗粒分布，划归为风化裂缝带；往下 2854～2991.35m 为裂缝破碎带，有方解石、铁白云石、石英等矿物的裂缝充填，表现出指示元素的带入；2991.35～3105.6m 归纳为基岩带，表现出花岗岩本体的特征（图 4.17）。

2. Y8-3-B 井

该井于 2882m 进入花岗岩潜山，潜山顶部被三亚组直接不整合覆盖。从 2882～2914m 井壁取心中可见有含粗大花岗岩砾石的疏松砂泥质，这种疏松的含花岗岩砾石的砂泥质沉积物不具备很好的固结程度，也未见分选性与层理构造，不具备牵引流搬运沉积的特点。2914～2930.5m 仍为黑色疏松的砂泥质，分选差，砂质部分主要为石英颗粒，见有花岗岩砾石，粒间为泥质充填。

2882～2948m 风化作用较强，为风化裂缝带；向下 2948～3107.5m 为裂缝破碎带；3107.5～3258.7m 为基岩带，内部也发育裂缝，裂缝发育程度较裂缝破碎带低（图 4.18）。

3. Y8-1-B 井

该井于 3308m 进入潜山，潜山顶部已被崖城组覆盖；往下至 3322m，风化作用较强，视为风化裂缝带；3322～3480m 见矿物充填作用，指示元素也有加入，为裂缝破碎带；至井底 3541.88m，为花岗岩本体的特征，归纳为基岩带（图 4.19）。

4. Y1-1-A 井

该井于 3686m 钻遇固结程度较高的花岗岩，于 3930.63m 完钻，在这段岩层中获得了多次的井壁取心，所揭示出的岩性为二长岩、正长岩与二长花岗岩。

3686～3731.3m 为风化裂缝带，该带裂缝发育，局部呈碎裂状；3731.3～3873.9m 为裂缝破碎带，在 3054.1m 及 3058.2m 处的井壁取心上见溶蚀孔洞，内部被半充填；3873.9～3930.63m 岩性致密，可视为没有风化的基岩带（图 4.20）。

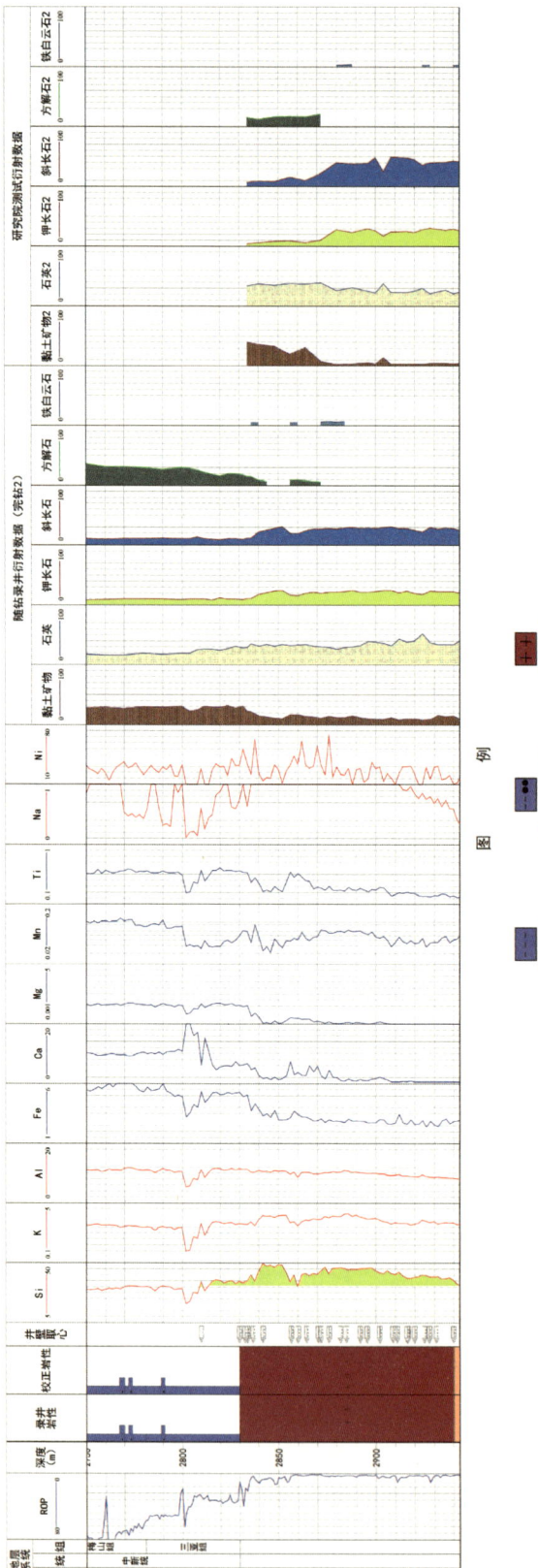

图 4.17　Y8-3-A 井基底垂向分带综合柱状图

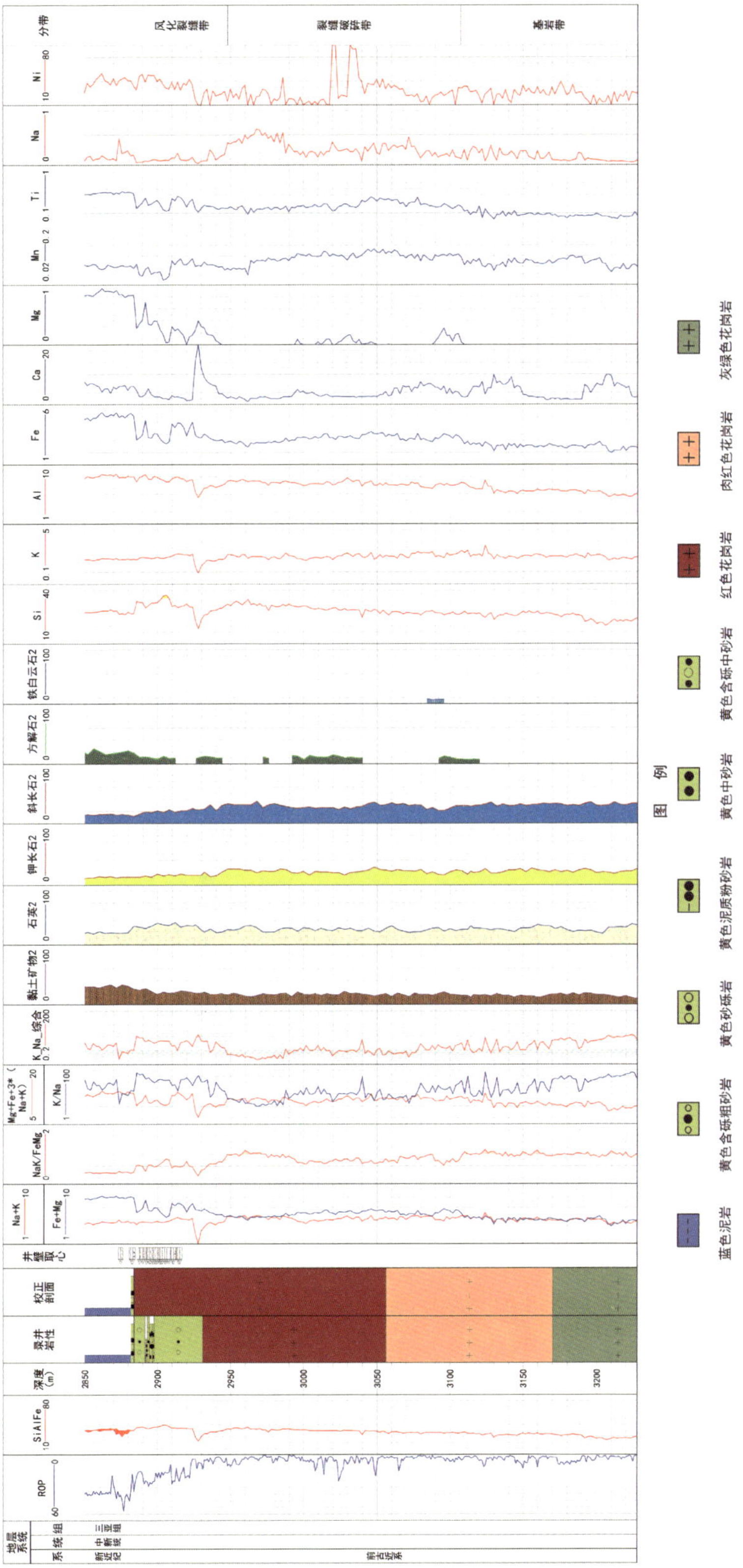

第4章 南海深水潜山储层岩性与垂向分带录井快速识别技术

图4.18 Y8-3-B井基底垂向分带综合柱状图

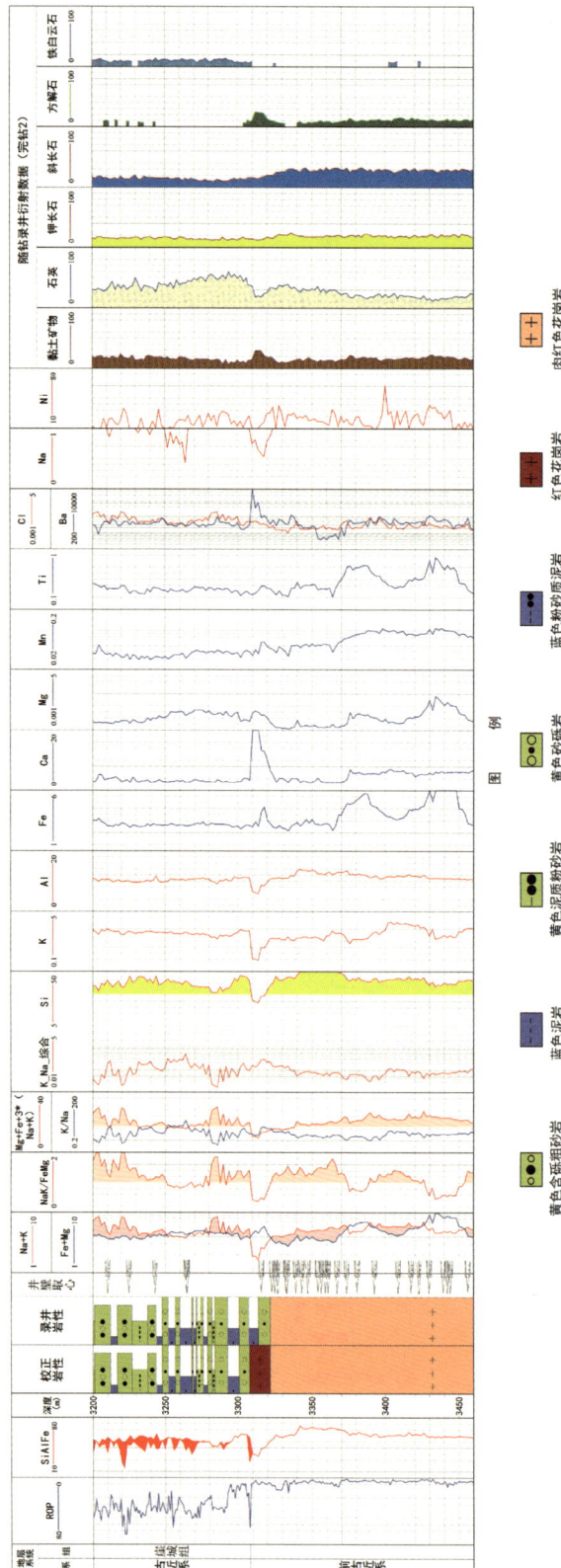

图 4.19 Y8-1-B 井基底垂向分带综合柱状图

第4章 南海深水潜山储层岩性与垂向分带录井快速识别技术

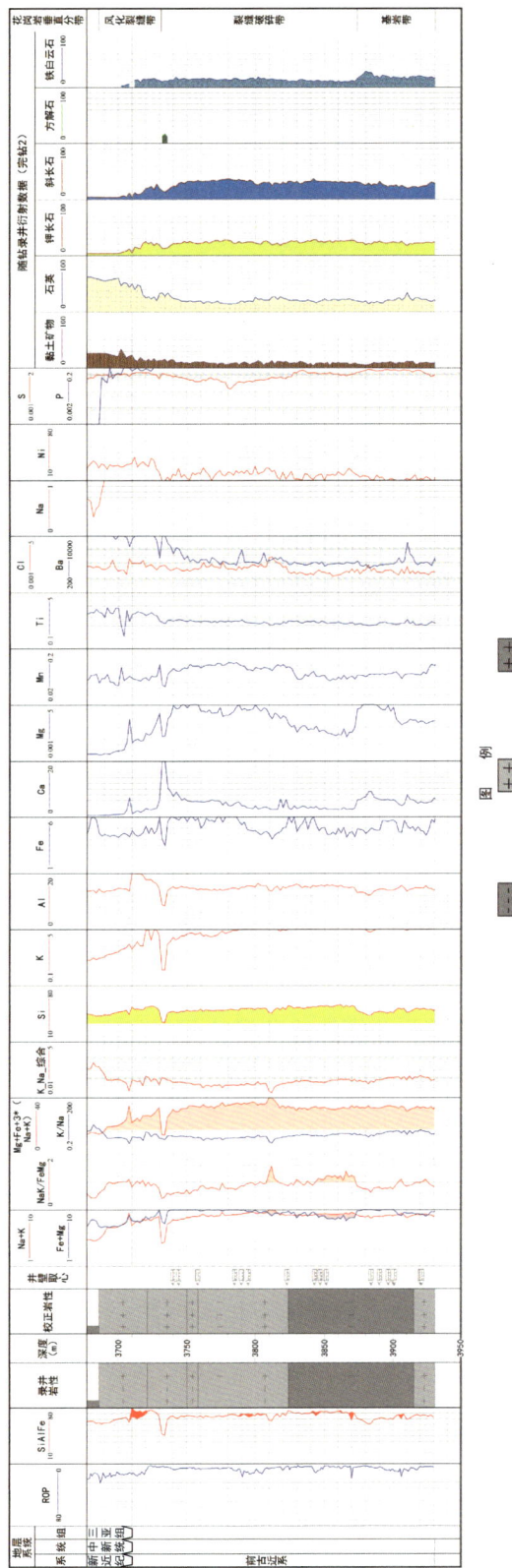

图4.20 Y1-1-A井基底垂向分带综合柱状图

4.2.4.2 垂向分带横向展布特征

在单井潜山花岗岩体垂向分带划分的基础之上，开展了横向的对比研究（图4.21）：采用元素录井参数，综合壁心、薄片及 X 全岩衍射等资料，Y8-1-B、Y8-3-B、Y8-3-A、Y1-1-A 井风化壳垂向分带横向上具可对比性，风化裂缝带分布厚度约13~56m，裂缝破碎带107~158m。根据潜山储层具有良好垂向分带、横向可对比性的特征，结合实际测试效果，可以认为优质潜山储层主要分布在风化壳顶部100m以内，以50m以内最好。

以 Y8-3-A 井为例，其测试段为2828.8~2936m，位于风化裂缝带与裂缝破碎带的内部，获得无阻流量为 $2395×10^4m^3/d$ 的测试产能。又如 Y8-3-B 井，其测试段为2918~3258.6m，主体位于风化裂缝带与裂缝破碎带的内部，储层物性好，但产气微量，日产气428~1974m^3，日产水102.72~643.78m^3。由此可见，风化裂缝带与裂缝破碎带具备较好的储集物性，可以成为油气富集的有利场所。

4.2.5 潜山储层风化壳顶界面录井卡层技术

风化壳顶面的识别，是研究基底潜山垂向分带及锁定勘探目的层的关键。研究区基底的上覆地层为古近系崖城组，局部为古地貌高部位，渐新统未能超覆到花岗岩体高部位，因此，局部山顶（高部位）上覆地层为中新统下部的三亚组。区域地质特征显示，渐新统自下而上分为崖城组与陵水组。崖城组是以滨—浅海/扇三角洲沉积的碎屑岩为主，其下部为砂砾岩等粗粒沉积，中部为中深湖暗色泥岩沉积，上部为三角洲和滨浅湖沉积，泥质含量高，多为杂砂岩，反映出近物源快速堆积的特点；陵水组是三角洲和滨浅湖沉积，自下而上正旋回特征明显，下部为大套砂岩夹泥岩，上部为黑灰色泥岩与灰色砂岩不等厚间互出现。三亚组整体分为上下两段。上段地层以砂泥岩互层为特征；下段以砂岩为主，部分地区间夹红色或杂色岩层。

综上所述，难点就是崖城组底部不等粒的砂砾岩如何与基底潜山顶面的风化壳相区分。考虑到本区钻井均处于山顶（高部位），首先钻遇风化裂缝带花岗岩，因此，风化裂缝带以上的残积—坡积层、土壤层因风化剥蚀保留的可能性较低。而崖城组底部砂砾岩的归属问题，要利用钻井、录井、测井及地震资料综合判别。

4.2.5.1 风化壳顶界面录井卡层方法

潜山风化壳顶界面录井卡层方法如下：

（1）利用岩屑、壁心及宏观微观照片，开展沉积盖层与基底顶面界线划分，在此基础上寻找钻井过程中的工程与录井数据，开展相关特征参数的挖掘；

（2）利用已选定参数，开展其他井的验证；

（3）总结出钻录井的录井响应识别特征。

现以 Y8-3-A 井为例，说明基于录井响应识别特征卡取潜山界面的方法。

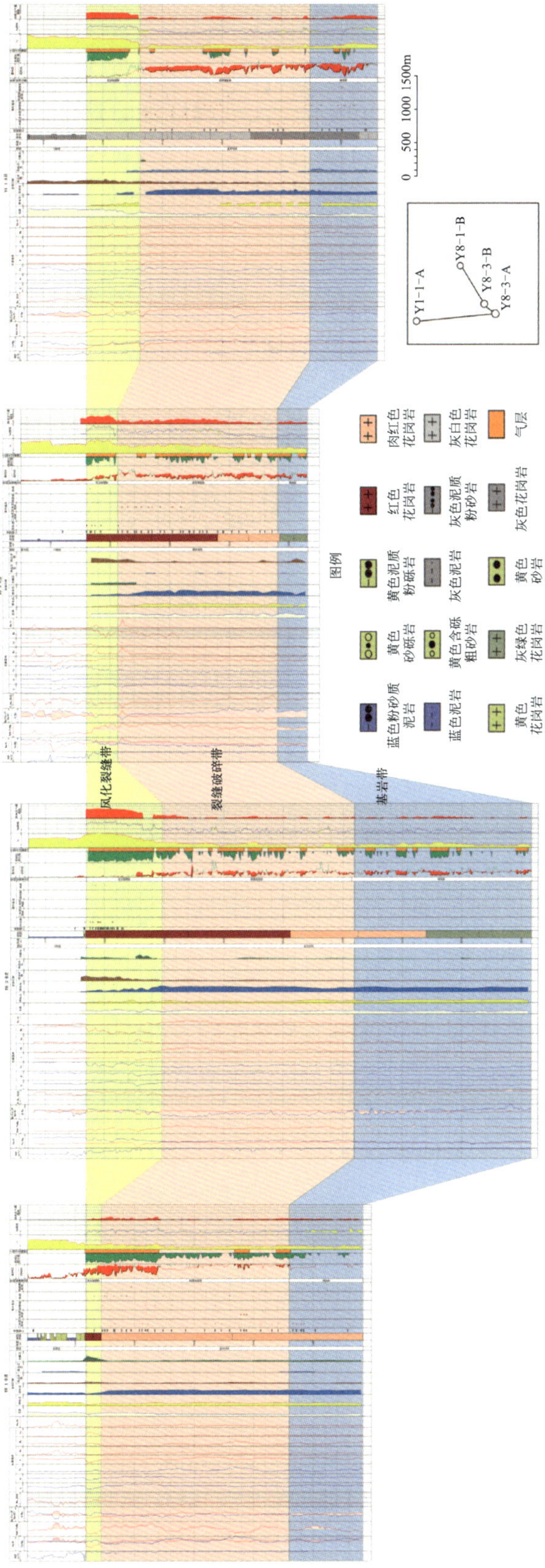

第4章 南海深水潜山储层岩性与垂向分带录井快速识别技术

图 4.21 Y8-1-B、Y8-3-B、Y8-3-A、Y1-1-A 井潜山储层垂向分带及横向对比图

1. 岩屑资料初步定范围

基于颜色、粒度与矿物成分及组合，确定层界面的大致范围。Y8-3-A 井 2828~3015.6m 百格盒岩屑特征显示出，自 2836m 以下出现肉红色的颗粒，同时也能见到油脂光泽的石英颗粒（图4.22），自上而下岩屑的颜色由出现红色到以红色为主逐渐过渡。2828~2836m 之间为颜色、岩性的分界区域，上部主要是以浅灰色为主，出现红色，最后以红色基调为主（图4.22）。

图 4.22　Y8-3-A 井 2828~3015.6m 潜山界面上下岩屑特征变化

2. X 衍射补充锁定范围

X 衍射主要是通过岩屑样品开展的分析，因现场岩屑的粒径小、呈粉末状，X 衍射很大程度能弥补岩屑样品不易观察识别的问题。从 X 衍射录井图可以看出，随钻录井衍射数据和研究院钻后测试衍射数据，在形态上基本是一致的，局部的数值存在一些差异，因此在现场工作可能要加强仪器的样品校正。从随钻录井衍射数据可以看出，在 2830~2836m 之间，上部与下部矿物的组成具有差异，主要表现为上部的黏土矿物含量较大，往下出现降低陡坎；石英含量上部低、下部高，斜长石和钾长石含量都明显升高；方解石含量陡降（图4.23），显然与基底岩石富含长石、石英等矿物是密不可分的。因此，利用 X 全岩衍射数据，基于沉积盖层与基底界面上下矿物成分的明显差异，可基本确定 Y8-3-A 界线在 2830~2836m 附近。

3. 壁心和薄片落实界面

Y8-3-A 井在 2810m 出现灰色泥岩，薄片下见少量石英；从 2830m 以后出现花岗岩，镜下见长石与石英斑晶，呈花岗结构；在 2833m 见二长花岗岩岩脉（图4.24）。由此可见，自 2830m 以下进入花岗岩基底，分界线在 2830m 附近。

4. 钻录井方法探究

提出采用以下方法流程开展界面识别：

（1）选取工程参数——钻时曲线，钻时代表钻进 1m 所需要的时间。一般情况下，花岗岩地层较沉积岩地层更难钻进，因此钻时曲线能较好地反映出沉积盖层与基底花岗岩的界面。

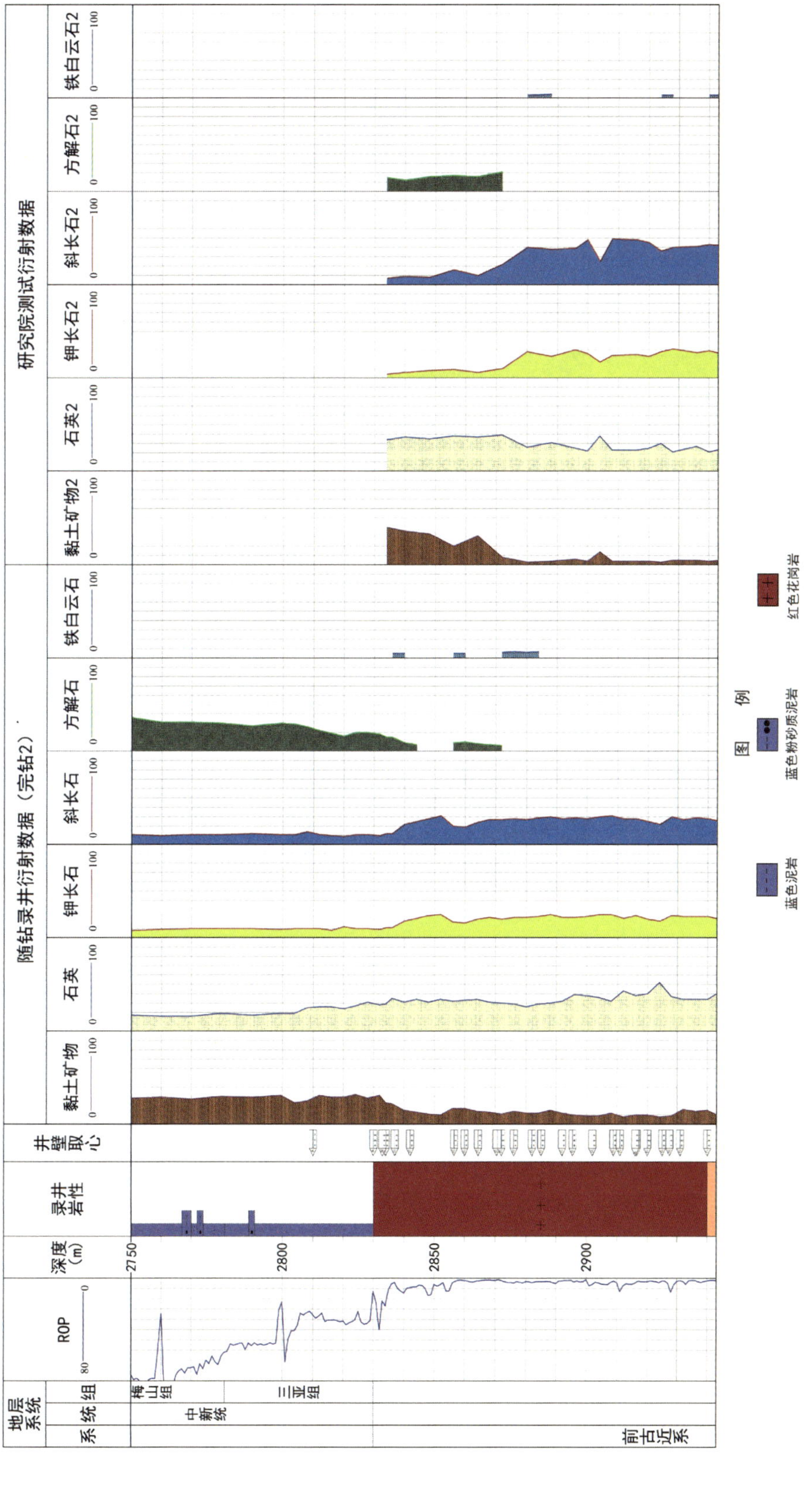

图 4.23 Y8-3-A 井 2828~3015.6m 潜山界面上下岩屑 X 全岩衍射录井图

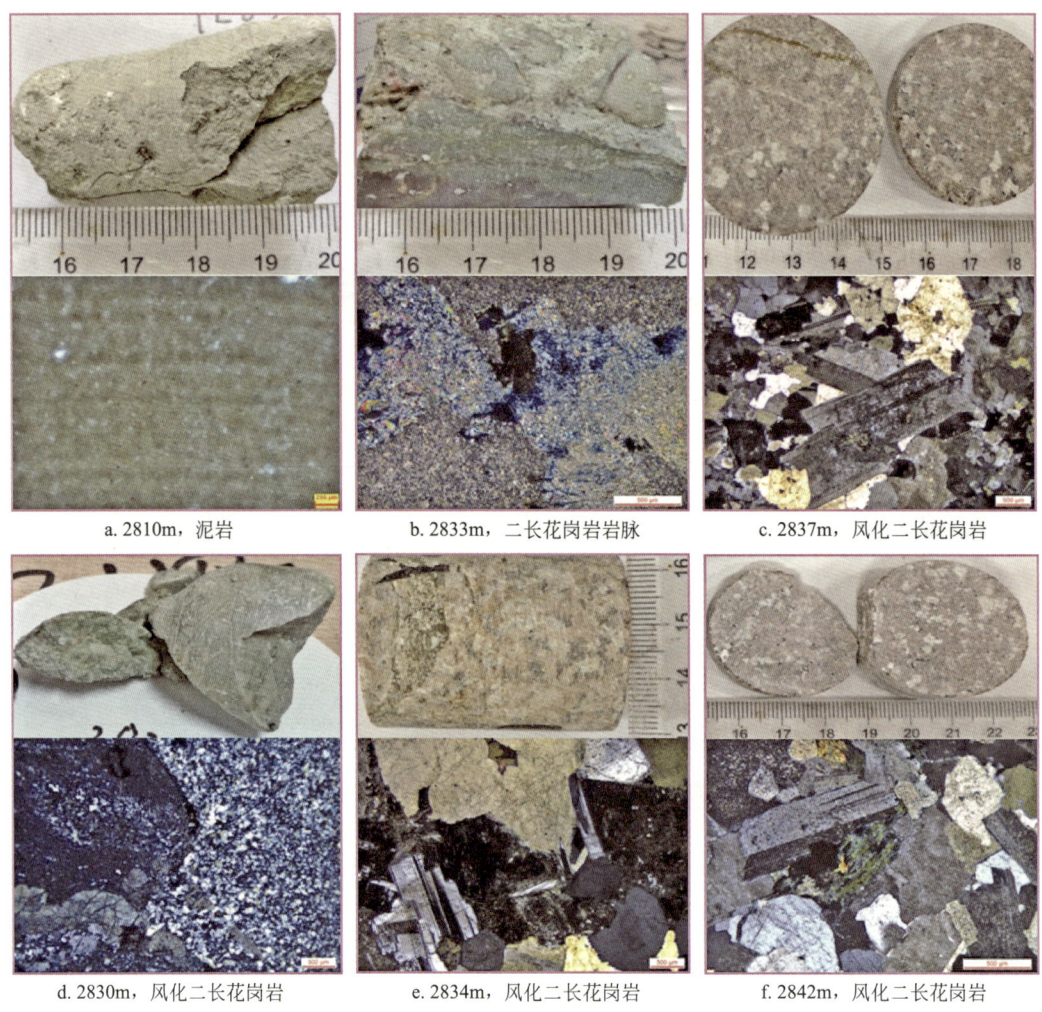

图 4.24 Y8-3-A 井 2810~2842m 潜山界面上下井壁取心宏观微观照片

（2）合成 SiAlFe 曲线，绘制 SiAlFe 曲线与钻时曲线的交会，甄别曲线突变处（图 4.25）。

（3）优选 $w(Na+K)/w(Fe+Mg)$ 比值、$w(K/Na)/w[Fe+Mg+3\times(Na+K)]$ 比值绘制曲线，将该两条曲线与钻时曲线、SiAlFe 曲线综合判别，划分花岗岩基底顶界面（图 4.25）。

Y8-3-A 钻录井综合柱状图（图 4.25）揭示出：钻遇古近系下伏花岗岩基底，钻时曲线出现陡坎，钻时增大，钻速降低；与沉积盖层相比，$w(Fe+Mg)$ 含量降低，$w(Na+K)$ 略有上升，K/Na 比值降低；$w(Na+K)/w(Fe+Mg)$ 比值、$w(K/Na)/w[Fe+Mg+3\times(Na+K)]$ 比值曲线均出现陡坎值；SiAlFe 曲线与钻时曲线交会曲线也表现出异常。因此，最终将 Y8-3-A 井前古近系花岗岩潜山顶界面锁定为 2835m，但与前述岩心岩屑及 X 衍射方法确定的层界面 2830m 相差 -5m。究其原因可能如下：（1）现场钻井节奏快，岩屑的捞取是 2m 取样 1 个；（2）元素录井测试基于样本点的质量，然而在界面处样本点必然出现混杂的现象。

综上所述，元素录井确实能开展沉积盖层与基底花岗岩界面识别工作，因影响因素较

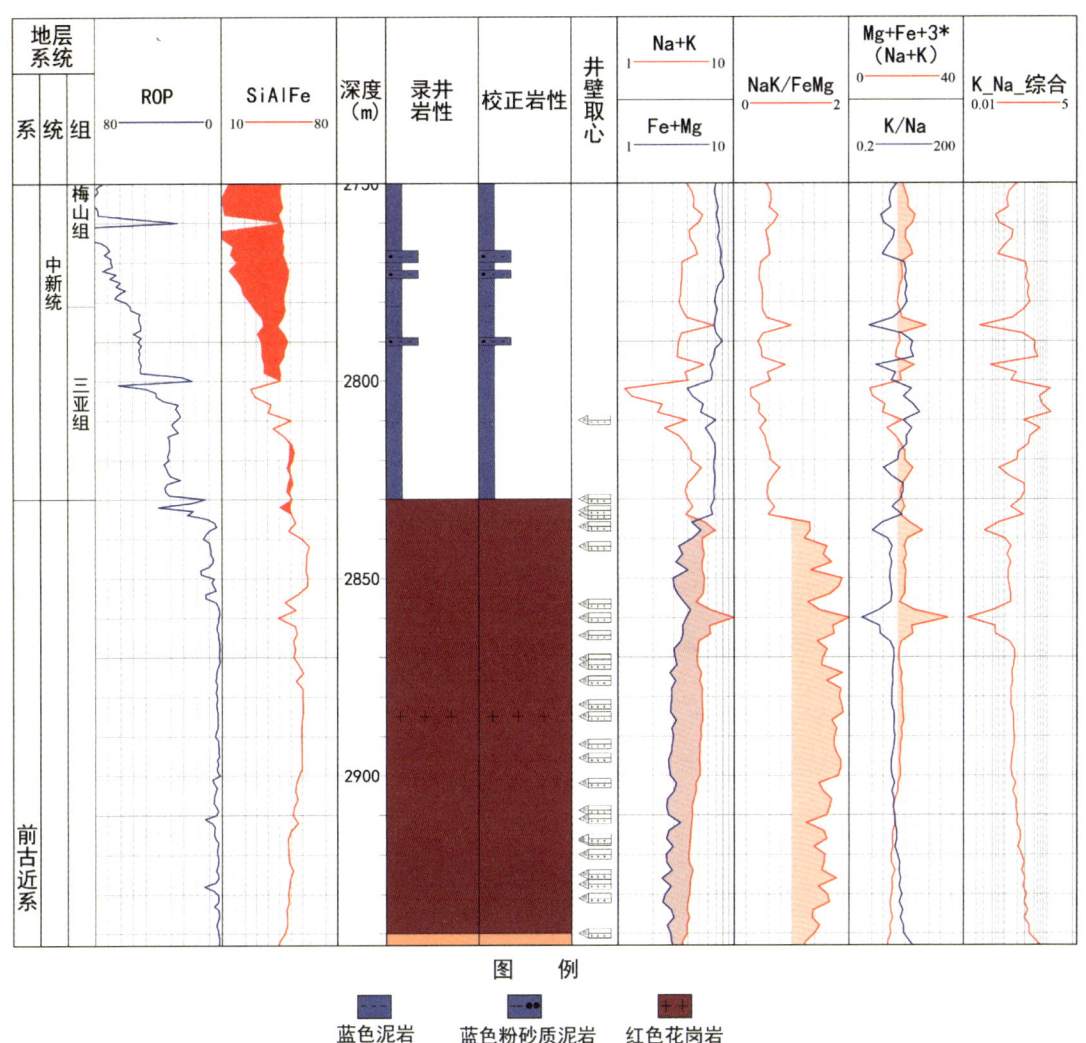

图 4.25 Y8-3-A 井潜山界面上下钻录井综合柱状图

多,仍存在较大不确定性。因此,在钻进过程中,还是要综合岩屑、现场薄片、X 全岩衍射以及钻井工程参数等多种因素综合分析。

4.2.5.2 风化壳顶界面录井对比特征

1. 单井风化壳顶界面录井

对研究区有元素录井资料的 Y8-3-A、Y8-3-B、Y8-1-B、Y1-1-A 四口井,进行了风化壳顶面的研究,绘制了相应的单井钻录井综合柱状图。

(1) Y8-3-A 井。综合钻井钻时、录井 X 全岩衍射、井壁取心特征及元素录井参数,确定 Y8-3-A 井前古近系潜山花岗岩顶面为 2830m(图 4.26)。自上而下,钻时依次增大,$w(Na+K)/w(Fe+Mg)$ 比值、$w(K/Na)/w[Fe+Mg+3×(Na+K)]$ 比值曲线在界面处均有变化(图 4.26)。

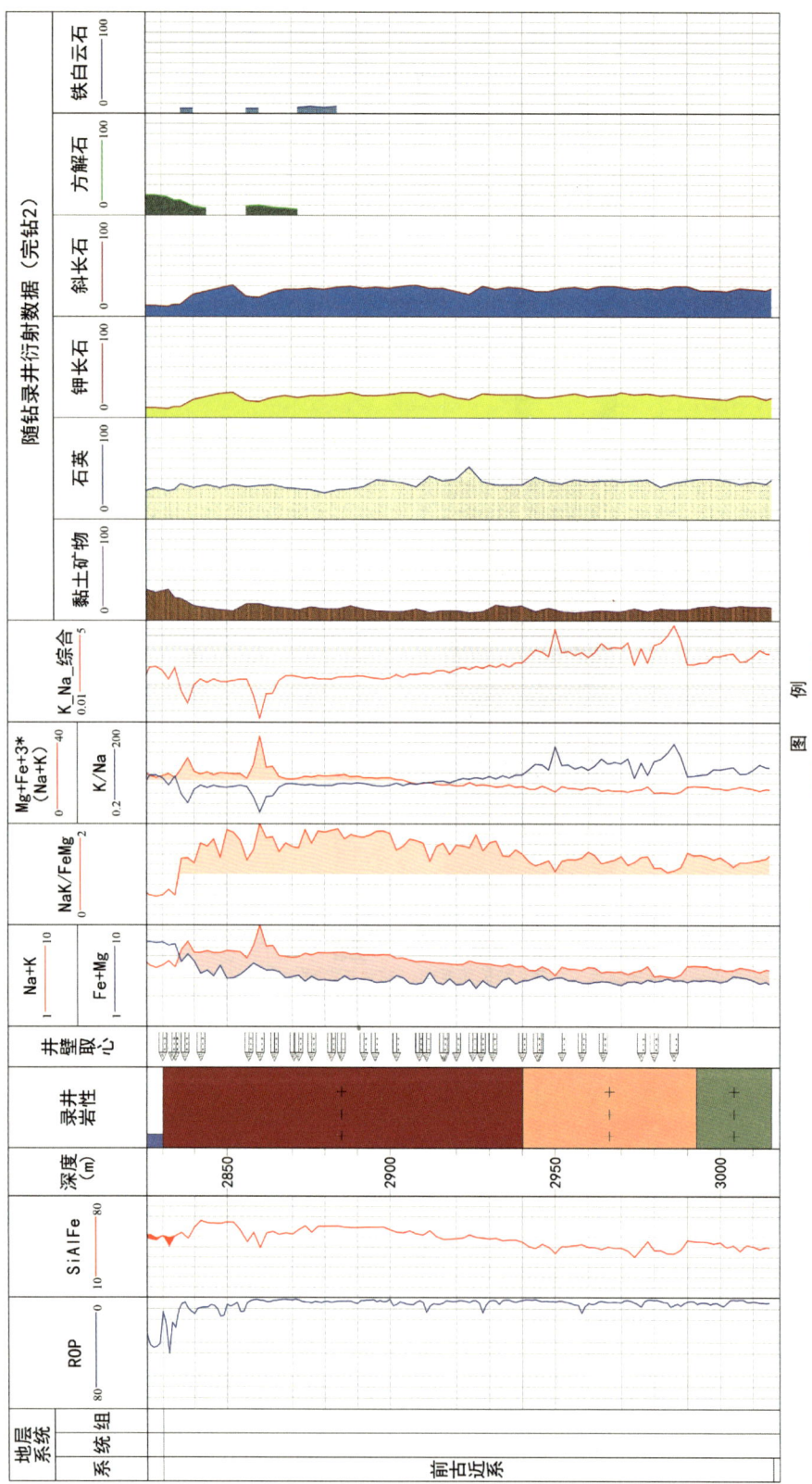

图 4.26 Y8-3-A 井潜山顶界面钻录井综合柱状图

（2）Y8-3-B 井。Y8-3-B 井最初认为风化壳顶界面为 2929m，后依据上述方法，将界面向上提 47m，确定为 2882m 较为合适（图 4.27），主要依据是：①在 2896.3m 壁心及镜下，岩性主要为风化二长花岗岩（图 4.28）；②钻时（ROP）与上覆地层相比增大，$w(Na+K)/w(Fe+Mg)$ 比值、$w(K/Na)/w[Fe+Mg+3\times(Na+K)]$ 比值曲线有陡坎；③与上覆地层相比，X 全岩衍射表现出黏土矿物减少，石英、钾长石和斜长石都增加的趋势，且向下上述矿物的含量变化趋势较为一致。

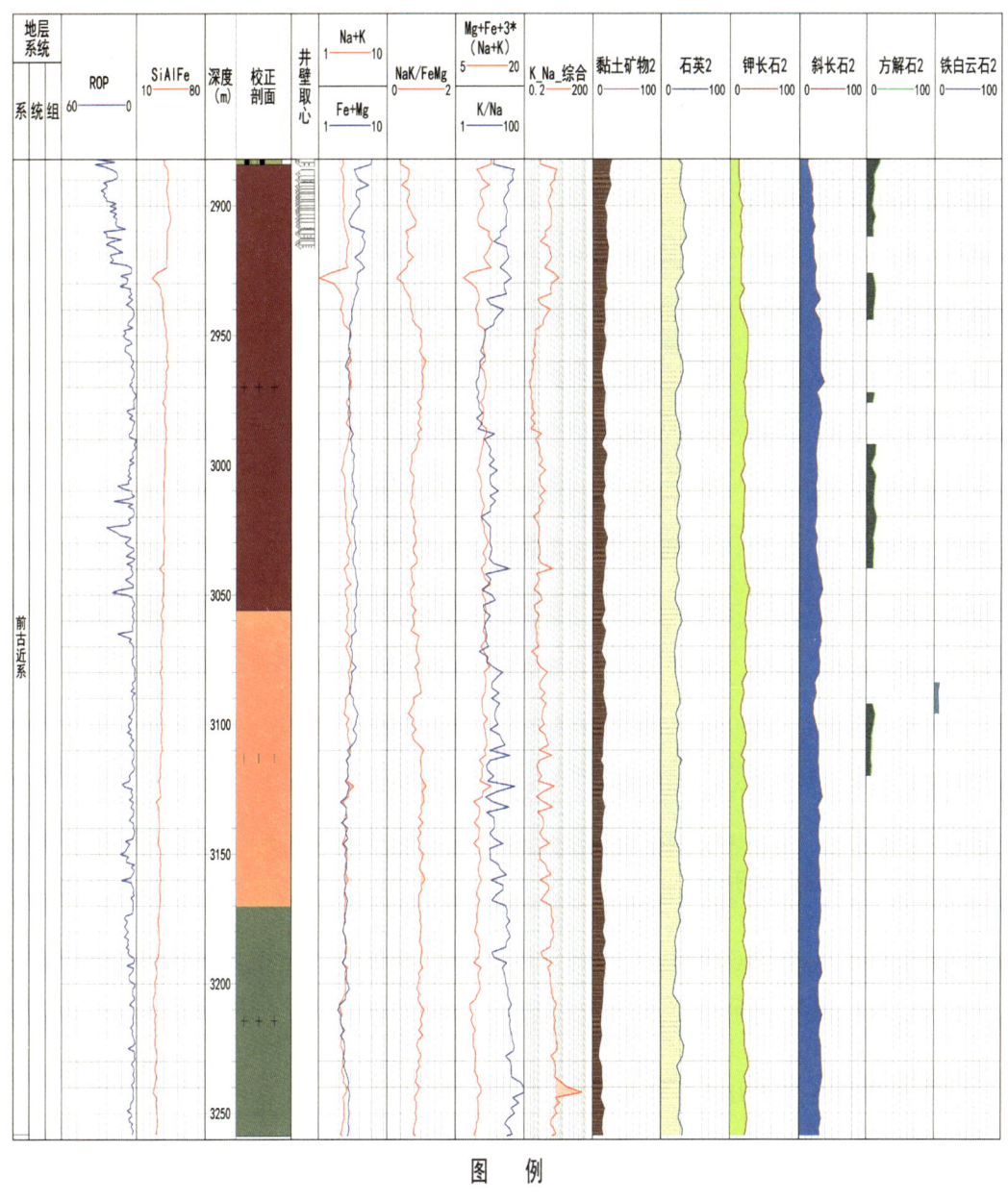

图 4.27　Y8-3-B 井潜山顶界面钻录井综合柱状图

a. Y8-3-B井2896.3m风化二长花岗岩　　　　　　b. Y8-1-B井3316m正长花岗斑岩

c. Y1-1-A井3736m黑云母石英正长岩

图4.28　各井基底壁心及微观镜下特征

（3）Y8-1-B井。Y8-1-B井最初认为风化壳顶界面为3322m，后依据上述方法，将界面向上提14m，确定为3308m较为合适（图4.29），主要依据是：①在3316m壁心为正长花岗斑岩（图4.28）；②与上覆地层相比，钻时（ROP）增大，$w(Na+K)/w(Fe+Mg)$比值、$w(K/Na)/w[Fe+Mg+3\times(Na+K)]$比值曲线有陡坎；③界面之下，X全岩衍射表现出石英减少，黏土矿物、钾长石和斜长石都增加的趋势，因风化作用较强，长石风化蚀变为黏土矿物，导致黏土矿物含量增加。

（4）Y1-1-A井。Y1-1-A井风化壳顶界面为3686m（图4.30），主要依据是：①在3736m壁心为黑云母石英正长岩（图4.28）；②与上覆地层相比，钻时（ROP）增大，$w(Na+K)/w(Fe+Mg)$比值、$w(K/Na)/w[Fe+Mg+3\times(Na+K)]$比值曲线有陡坎；③界面之下，X全岩衍射表现出黏土矿物、石英减少，钾长石和斜长石都增加的趋势。

2. 多井风化壳顶界面横向对比特征

在单井潜山顶界面划分的基础上，开展了横向的对比研究（图4.31），从图中可以看出，连井对比图上钻时曲线、$w(Na+K)/w(Fe+Mg)$比值曲线、$w(K/Na)/w[Fe+Mg+3\times(Na+K)]$比值曲线和SiAlFe曲线具有较好的可对比性，表明元素录井的方法对识别潜山风化壳顶界面具有一定的指示意义。

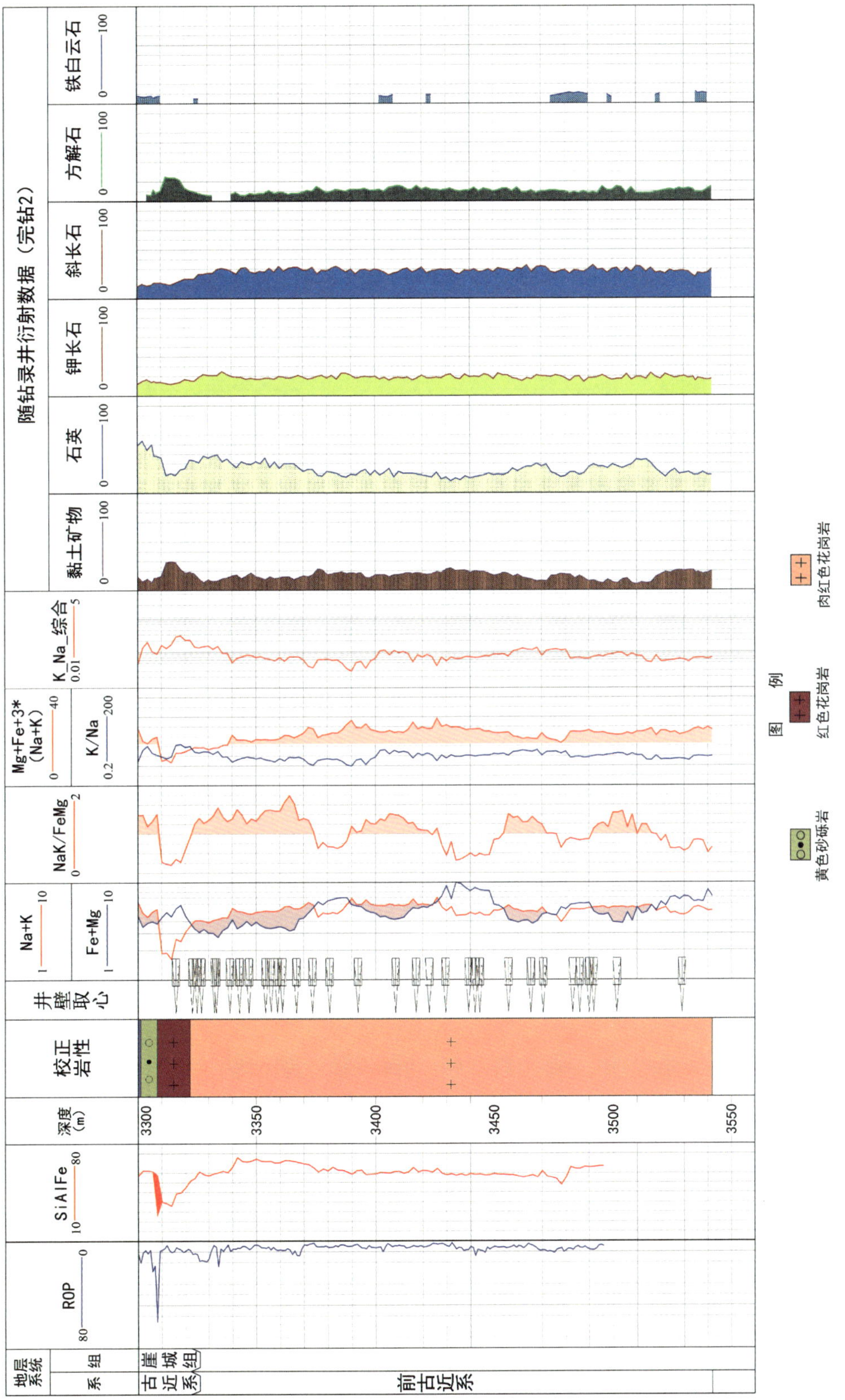

第4章 南海深水潜山储层岩性与垂向分带录井快速识别技术

图 4.29 Y8-1-B 井潜山顶界面钻录井综合柱状图

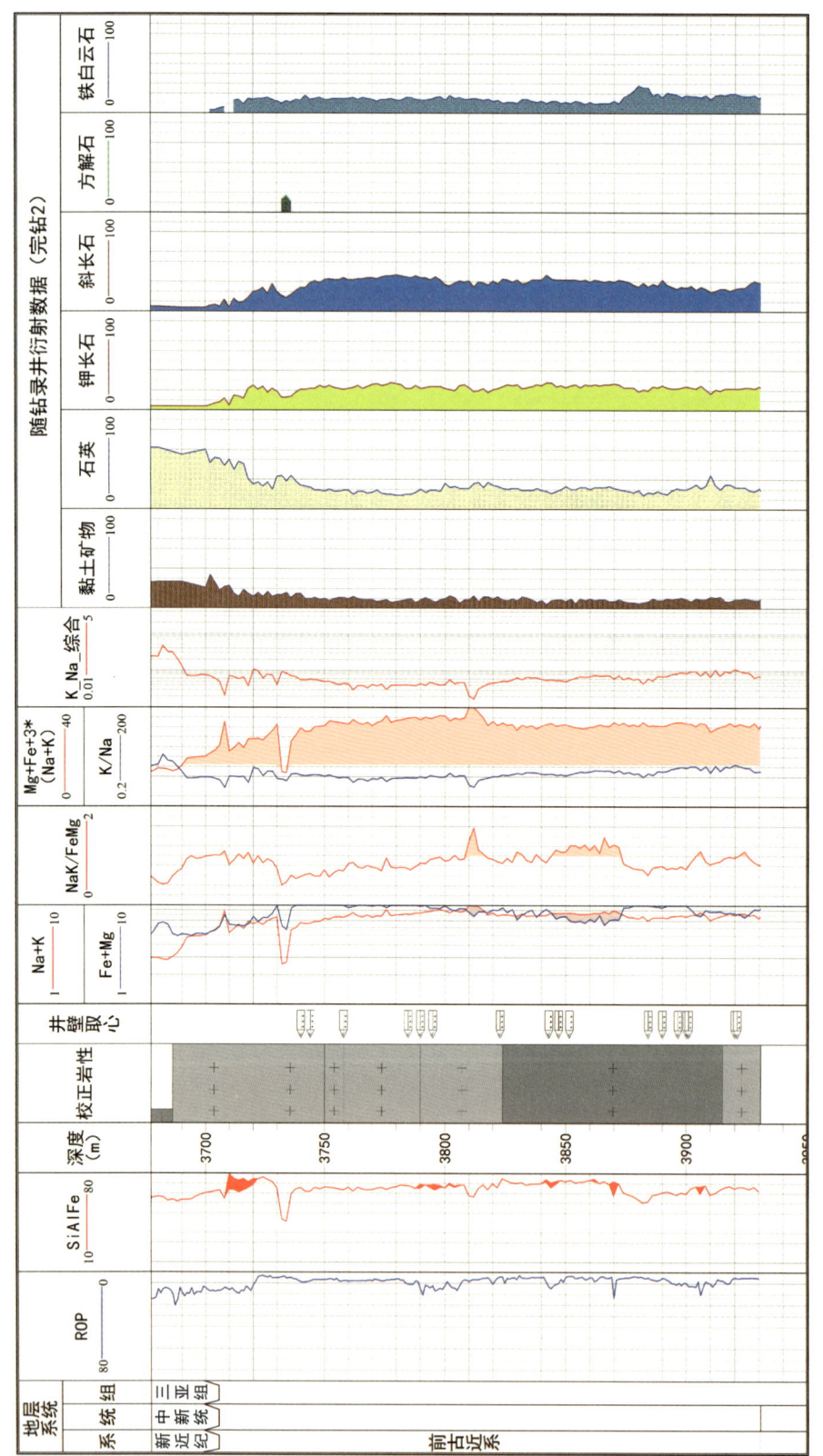

图 4.30　Y1-1-A 井潜山顶界面钻录井综合柱状图

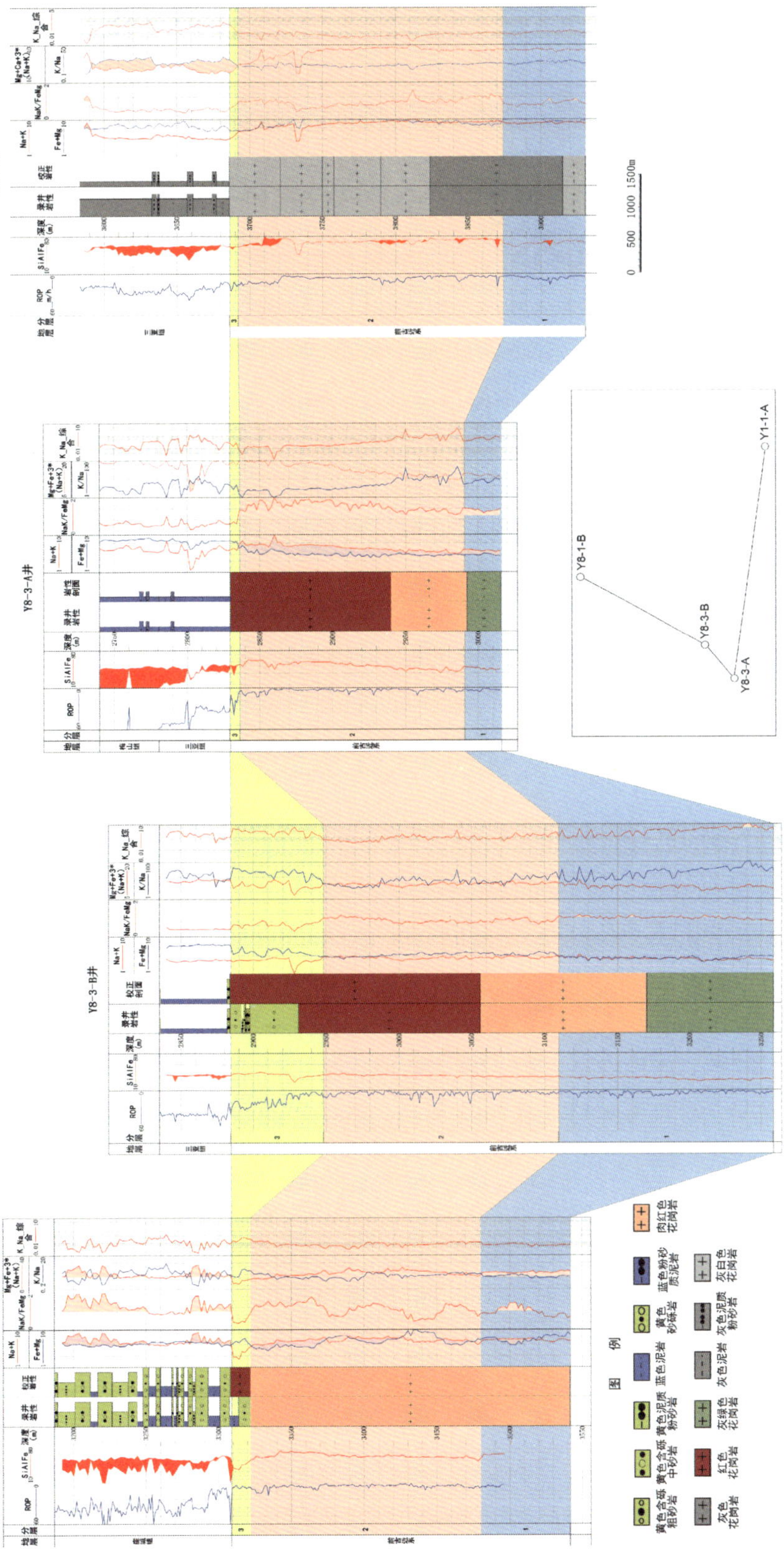

第4章 南海深水潜山储层岩性与垂向分带录井快速识别技术

图 4.31　Y8-1-B、Y8-3-B、Y8-3-A、Y1-1-A 井潜山顶界面元素录井连井对比图

第5章 南海深水潜山有效储层钻录井快速识别技术*

潜山油气的富集很大程度上取决于潜山储集空间发育情况，受岩石性质、所处构造位置、断裂活动强度及风化、剥蚀程度等多种地质因素影响，潜山储集空间发育具有明显的非均质性。南海深水潜山（以 Y 区基底潜山为例）储层储集空间类型多为裂缝—孔隙型，具有较强的非均质性，复杂的储层特征使得潜山储层物性录井快速评价较为困难。目前，录井现场深水潜山储层物性评价常用的方法包括岩心孔洞、裂缝实物观察、钻时快慢等方法，但多为"定性"评价。工程录井参数在钻遇潜山裂缝地层有一定响应，以往利用钻时分析进行物性判断，但单一参数受工程因素影响大且敏感性不强，工程参数对于随钻物性的指示意义挖掘空间还很大。因此，亟需探索一种既能基于录井现场数据进行储层发育段快速识别，又能保证较高准确度的储层物性评价方法。

机械比能比值法

机械比能理论（M_{SE}）是描述钻头性能的概念，它提供了一种实时评价钻井性能的方法。目前，机械比能理论已广泛应用于钻进过程监测与预测、钻井工程设计优化、钻井技术经济评价分析与决策、钻井方法评价、新型钻具评价以及地层岩石力学特性评价等方面，并取得了很好的应用效果。前人研究表明，钻进时机械比能的大小可反映储层的可钻性与疏松程度。岩石越疏松、缝洞越发育，机械比能越小；岩石越致密，机械比能越大。

5.1.1 机械比能基本原理

机械比能指钻头在钻压和扭矩作用下，单位时间内破碎单位体积岩石时所需的机械能。目前录井现场主要使用的是 Teale 模型，公式如下：

$$M_{SE} = \frac{480 \times TOR \times RPM}{D_{ia}^2 \times ROP} + \frac{4 \times WOB}{D_{ia}^2 \times \pi} \tag{5.1}$$

---

* 本章中的"综合柱状图""综合解释图""测井解释图""处理成果图""解释成果图""响应特征图""计算结果图""识别柱状图"等均是利用地质专业软件生成的图形文件，其表头文字仅作描述用，通常不标注单位。除非个别用错的术语、符号作了修正，其余保持原样。

式中　M_{SE}——机械比能，psi；
　　　TOR——扭矩，lbf·ft；
　　　RPM——转盘转速，r/min；
　　　ROP——机械钻速，ft/h；
　　　D_{ia}——钻头直径，in；
　　　WOB——钻压，lbs。

5.1.2　机械比能比值法储层识别

根据 Teale 模型计算的机械比能，其数值大小可以定性反映单井钻遇储层物性的优劣，但不能定量评价储层物性。在实钻过程中，受岩石强度、钻头类型、钻井工程参数、井筒环境等因素影响，即使破碎相同岩性，机械比能值可能存在差异。

为建立机械比能定量评价方法，降低环境因素对物性评价的影响，提高潜山储层纵向、横向可比性，首先确定机械比能基值线作为对比参照的标准，再将机械比能与其基值线作比，利用机械比能比值 K_b 表征储层发育段储层物性好坏，机械比能比值越小，储层物性越好：

$$K_b = \frac{M_{SE}}{机械比能基值线} \tag{5.2}$$

对于机械比能基值线的求取，主要有两种方法：一是利用测井数据或试验数据求取的岩石强度数值作为基值线；二是利用拟合趋势线的方法计算基值线。其中岩石强度的近似值可利用测井声波与岩石单轴抗压强度线性相关关系进行计算，但是 Y 区基底缺少岩石力学参数，因此不宜采用岩石强度数值作为基值线。本次研究尝试开展了利用拟合趋势线的方法计算基值线，即选取目标井段机械比能数值，分别进行其与深度之间的线性、对数、指数和幂函数关系拟合，将拟合度最大的关系式作为表达式。受岩性、钻井参数的影响，机械比能的变化趋势不可能始终不变，因此一口井通常需要做多条趋势线。

以 Y8-3-A 井为例，首先尝试了基底全井段趋势线拟合，即将基底整体作为目标井段，对其机械比能数值与其深度之间进行拟合，如图 5.1 中"M_{SE} 基线 1"中蓝实线所示。将其与机械比能（红实线）作比较发现，测井解释的储层段机械比能高于基值线，这与机械比能比值与储层关系的初始定义矛盾。其次，项目组又尝试了分段趋势线拟合，即将风化裂缝带作为目标井段，对其机械比能数值与深度进行拟合，如图 5.1 中"M_{SE} 基线 2"中蓝实线所示。将其与机械比能（红实线）作比较发现，测井解释的储层段机械比能也高于基值线，并且与测井解释的储层段匹配度较差（图 5.1 中的"机械比能比值"曲线）。从潜山储层形成的机理和过程看，基岩带是基础，裂缝破碎带是在基岩带基础上改造的产物，而风化裂缝带则是裂缝破碎带进一步改造的结果，因此可以尝试以基岩带作为目标井段，对其机械比能数值求取几何平均值，并且将该平均值作为基底全井段的基值线（图 5.1 中"M_{SE} 基线 1"中的蓝虚线）。将其与机械比能（红实线）作比较可以发现（图 5.1 中"机械比能比值 3"），测井解释的储层段机械比能比值小于 1，符合机械比能比值与储层关系的初始定义，同时与测井解释的储层段具有较好的匹配度，应用机械比能比值可以直观判别储层物性好坏。

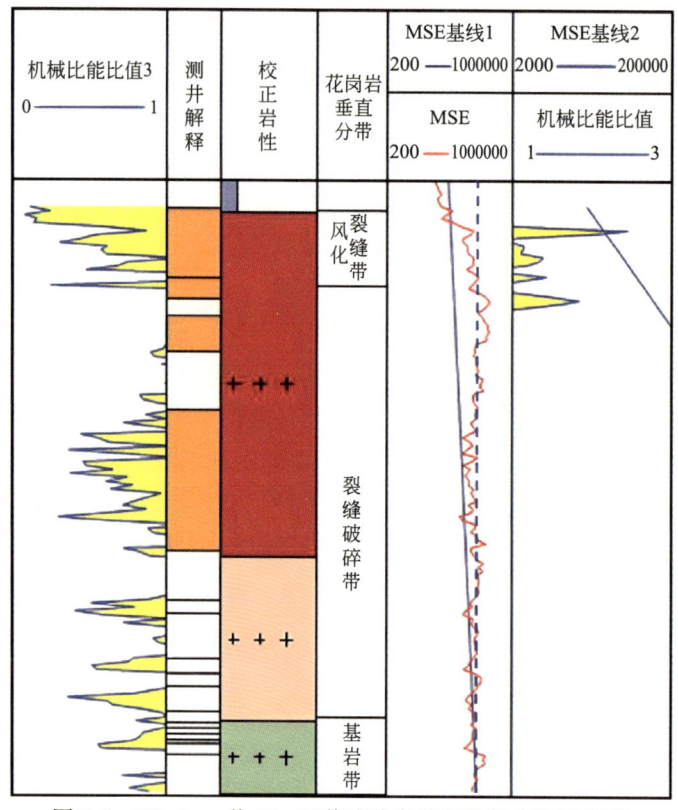

图 5.1 Y8-3-A 井 M_{SE} 基值线确定储层物性方法示意图

5.2 垂向功与切向功交会法

根据钻头破岩原理，钻头破岩时，先是在钻压作用下将钻头压入岩石表面产生裂纹破碎，进而在扭矩作用下扩大裂纹，将岩屑从岩体上切削下来，即破岩过程中一部分为钻压所做的垂向功 M_H，另外一部分为扭矩所做的切向功 M_L。计算公式如下：

$$M_H = \frac{4 \times WOB}{D_{ia}^2 \times \pi} \tag{5.3}$$

$$M_L = \frac{480 \times TOR \times RPM}{D_{ia}^2 \times ROP} \tag{5.4}$$

式中 M_H——垂向功，MPa；
M_L——切向功，MPa；
WOB——钻压，kN；
TOR——扭矩，kN·m；
RPM——转盘转速，r/min；
ROP——机械钻速，m/h；
D_{ia}——钻头直径，mm。

在储层物性较差段，垂向功与切向功曲线趋向重合，物性较好段切向功降幅较垂向功明显，会产生交会包络面，切向功与垂向功两条曲线间的包络面面积越大表明储层物性越好（图5.2）。

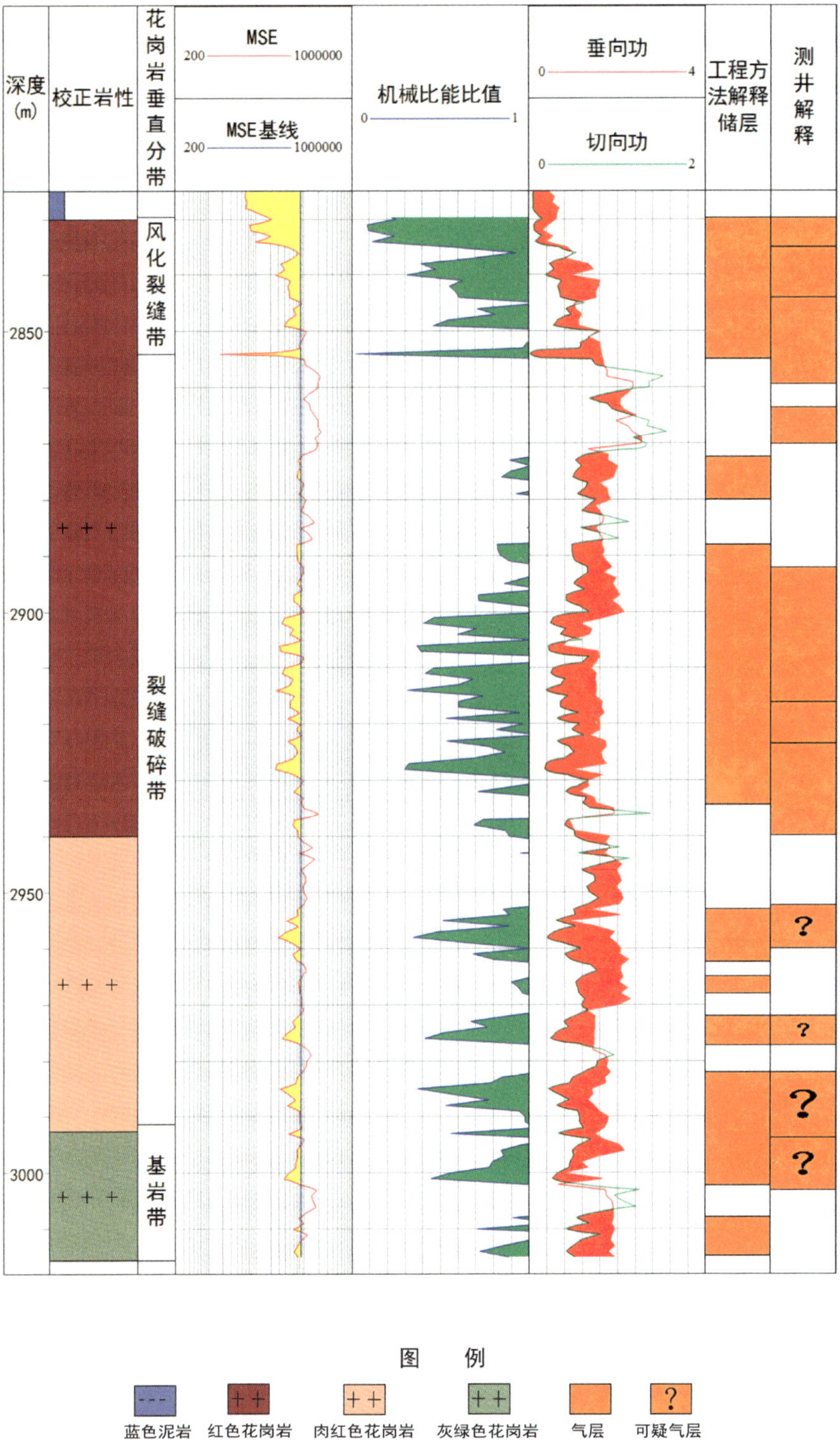

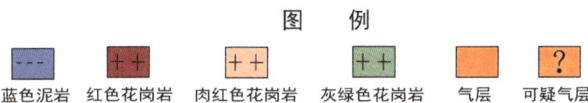

图 5.2　Y8-3-A 井潜山储层物性录井识别柱状图

垂向功与切向功交会法可以在钻井和录井过程中对储层进行识别，在具体的录井现场储层识别过程中必须解决的关键问题是垂向功与切向功交会时两者的刻度分别取多少，才能最有效地识别储层。

对于不同的岩石类型，破岩过程中所需的垂向功和切向功显然存在差异，表现为垂向功与切向功的数值差异。例如，准噶尔盆地滴南地区火山岩、火山碎屑岩的垂向功和切向功较为接近，两者取相同的刻度（0~10）时可以获得较好的交会效果。但是，滴南地区火山岩的经验并不适合 Y 区基底潜山以侵入岩为主的储层，当垂向功与切向功取相同刻度时交会效果不甚理想。为了寻求适合 Y 区基底潜山垂向功与切向功交会的最佳刻度，对 5 口井的垂向功和切向功数值进行了相关性分析。垂向功与切向功相关性散点图（图 5.3）表明，两者之间具有较好的相关性，并且垂向功大致等于切向功的 2 倍。结合垂向功与切向功具体数值，最终在进行垂向功与切向功交会时选择垂向功的刻度为 0~4，切向功的刻度为 0~2，此时交会效果最好。

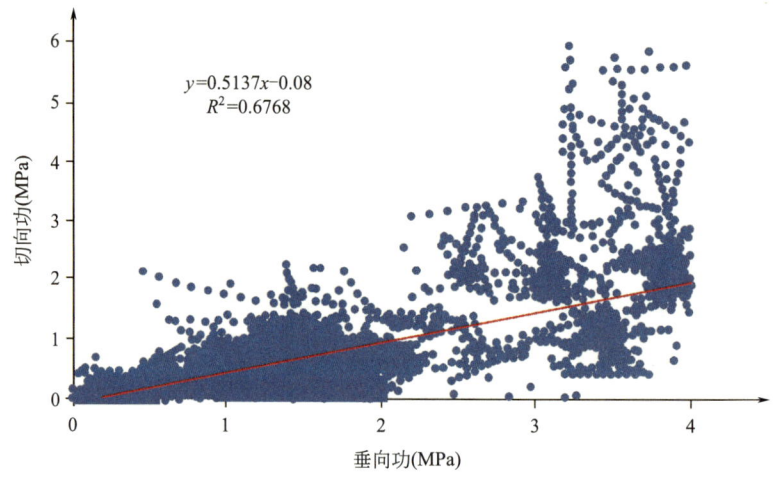

图 5.3　Y 区潜山储层垂向功与切向功相关性散点图（5 口井，$N=37146$）

5.3　潜山储层物性定性判别原则

机械比能比值法和垂向功与切向功交会法分别从不同的角度对潜山储层进行了初步评价，两者既有相关性也有差异性。在进行潜山储层识别时，可以出现 4 种不同的组合类型："组合-Ⅰ"——两者均指示为储层；"组合-Ⅱ"——机械比能比值指示为储层，交会法指示为非储层；"组合-Ⅲ"——机械比能比值指示为非储层，交会法指示为储层；"组合-Ⅳ"——两者均指示为非储层。针对以上 4 种情况，以测井解释的储层为参照标准，对两种方法相互印证识别储层进行了分析。研究结果表明，对于风化裂缝带，无论交会法是否显示为储层，只要机械比能比值法指示为储层，则它与测井解释的结果就具有较好的一致性；对于裂缝破碎带和基岩带，只有机械比能和交会法均指示为储层时，解释结果才能与测井解释结果具有较好的一致性（图 5.4~图 5.7）。

5.4 Y区潜山储层识别

5.4.1 单井潜山储层识别

根据机械比能、机械比能比值、垂向功、切向功的计算结果，遵循垂向功和切向功刻度选取原则，以及两种方法储层判别原则，对Y区钻遇基底的5口钻井进行了基于钻录井工程参数的单井储层识别（图5.2、图5.4~图5.7）。

为了更好地反映钻录井工程参数解释储层的准确性和可靠性，本次研究利用解释储层厚度比和漏失率两个参数进行评价。其中，厚度比是钻录井工程方法解释储层总厚度与测井解释储层总厚度的匹配程度，漏失率是钻录井工程方法未解释出的储层厚度相对测井解释储层厚度的占比。假定测井解释的单层储层厚度自上而下用 H_1、H_2……H_n 表示，钻录井工程方法解释的单层储层厚度自上而下用 h_1、h_2……h_n 表示，则两者的含义如式（5.5）和式（5.6）所示：

$$厚度比 = (h_1+h_2+……+h_n)/(H_1+H_2+……+H_n) \quad (5.5)$$

$$漏失率 = 工程方法未解释出的测井储层厚度/(H_1+H_2+……+H_n) \quad (5.6)$$

单井潜山储层录井识别柱状图直观、定性地表明，工程参数解释的储层与测井解释的储层具有较好的匹配度（图5.2、图5.4~图5.7）。测井解释储层厚度、工程方法解释储层厚度、工程方法未解释出的测井储层厚度、储层厚度比、测井解释储层漏失率等参数的定量统计和计算也表明，基于钻录井工程参数的单井储层具有较高的可靠性（表5.1）。从两种方法解释的储层厚度看，5口井的储层厚度都非常接近，厚度比在86%~116%之间，厚度误差多在15%以内。相较于测井解释出的储层，工程方法解释的储层漏失率也较低，其中3口井的漏失率不大于15%，Y1-1-A井和Y8-3-B井的漏失率分为31%和38%（表5.1）。

表5.1 Y区潜山储层不同方法解释储层厚度对比

井号	测井解释储层厚度（m）	工程方法解释储层厚度（m）	工程方法未解释出的测井储层厚度（m）	储层厚度比（%）	储层漏失率（%）
Y1-1-A	94.00	84.32	29.10	90	31
Y8-1-A	63.90	73.96	2.24	116	4
Y8-1-B	90.40	87.63	13.52	97	15
Y8-3-A	117.80	124.10	17.90	105	15
Y8-3-B	237.60	204.96	89.70	86	38

5.4.2 潜山储层连井对比

在5口单井钻录井工程参数储层识别的基础上，以潜山风化壳顶界面为基准，对Y1-1-A、Y8-1-B、Y8-1-A、Y8-3-B、Y8-3-A井进行了连井储层对比（图5.8）。

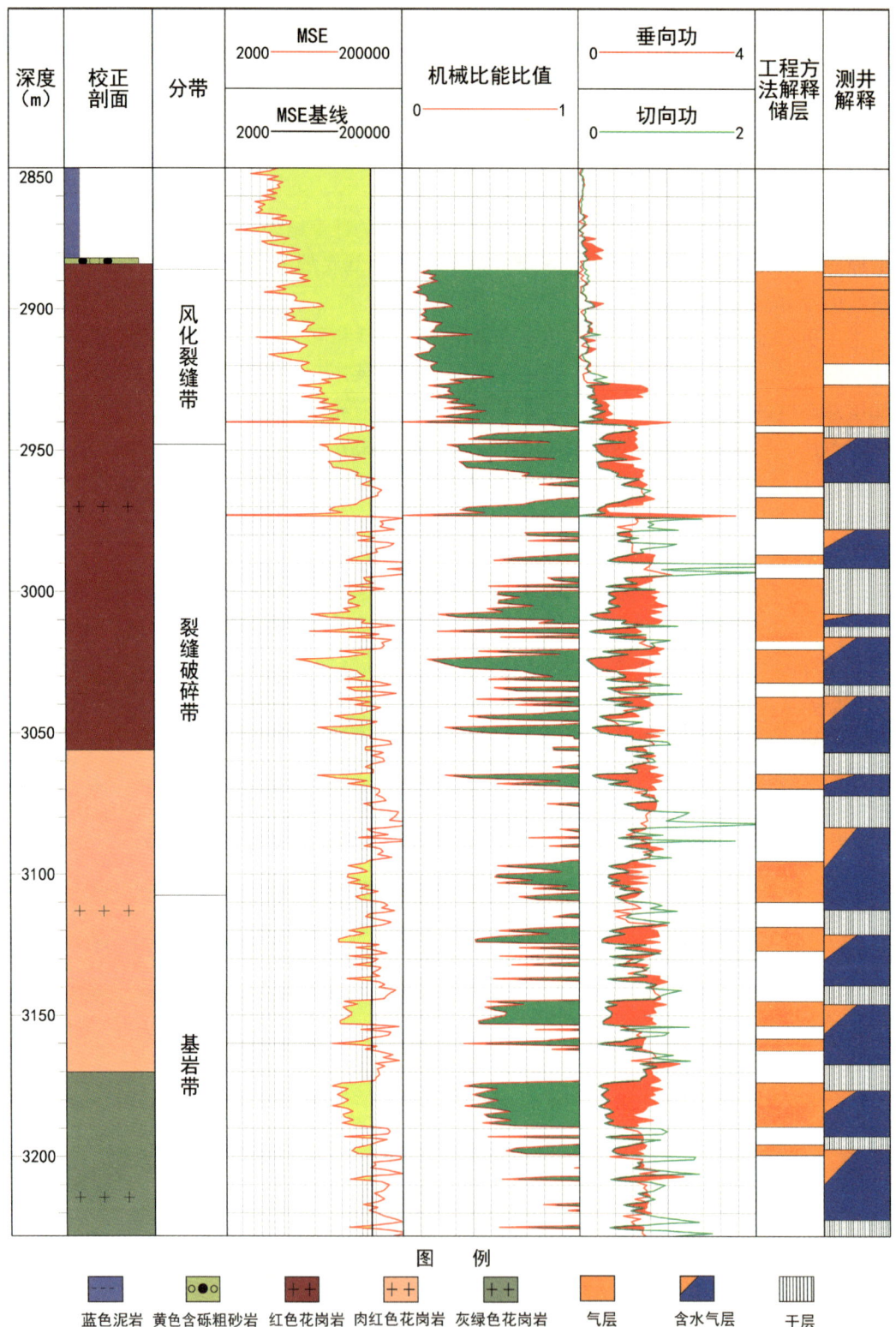

图 5.4　Y8-3-B 井潜山储层录井识别柱状图

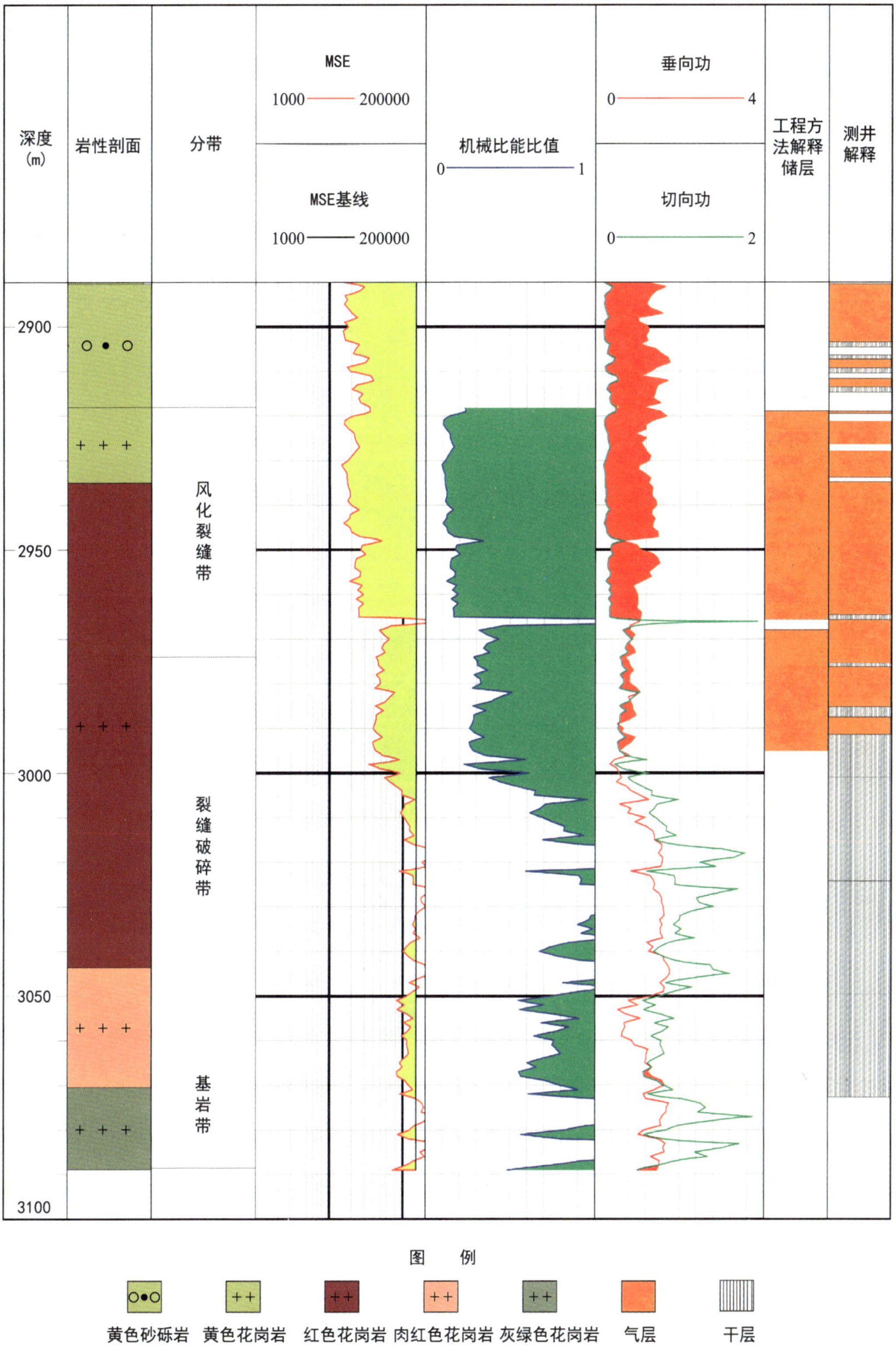

图 5.5 Y8-1-A 井潜山储层录井识别柱状图

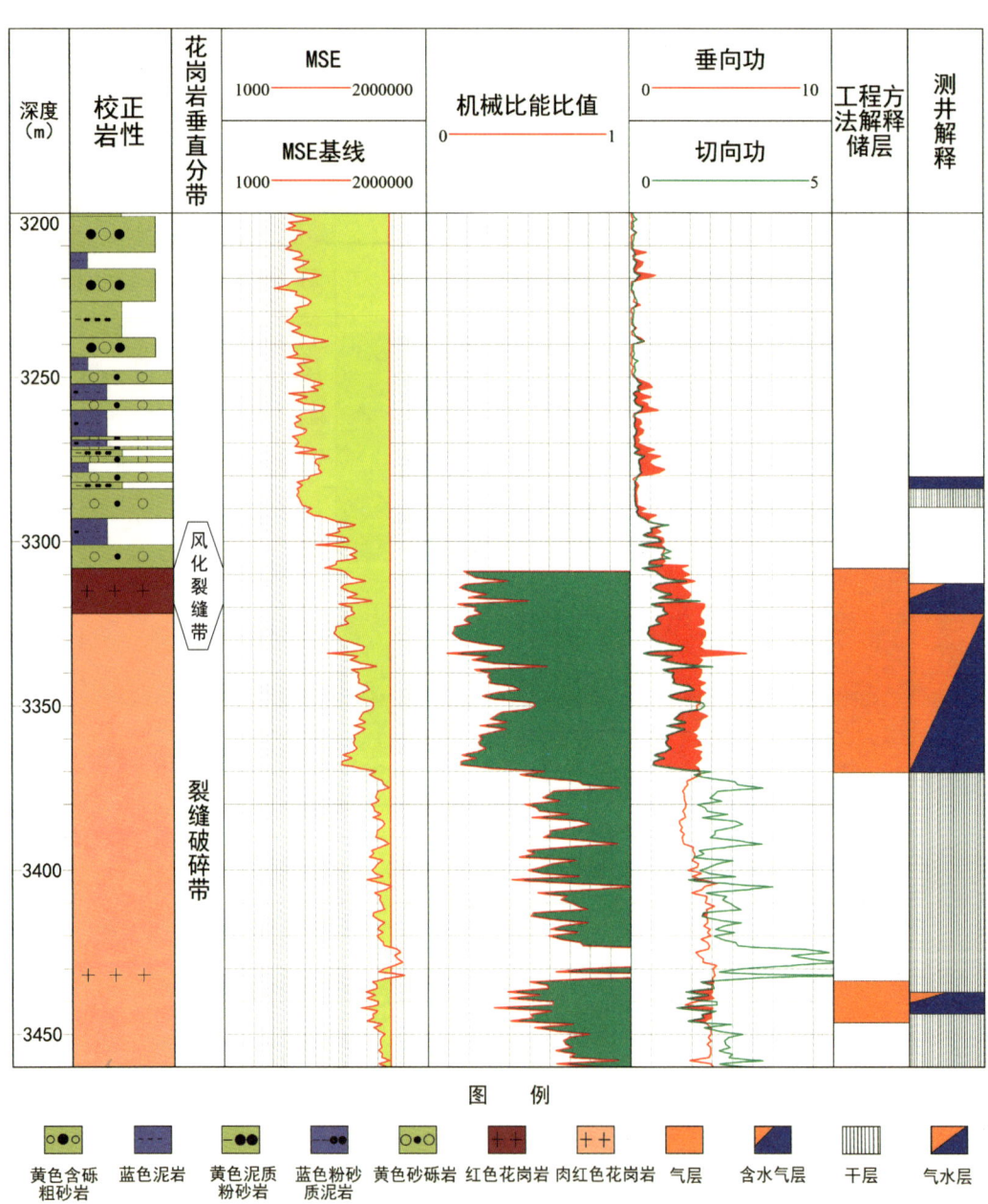

图 5.6　Y8-1-B 井潜山储层录井识别柱状图

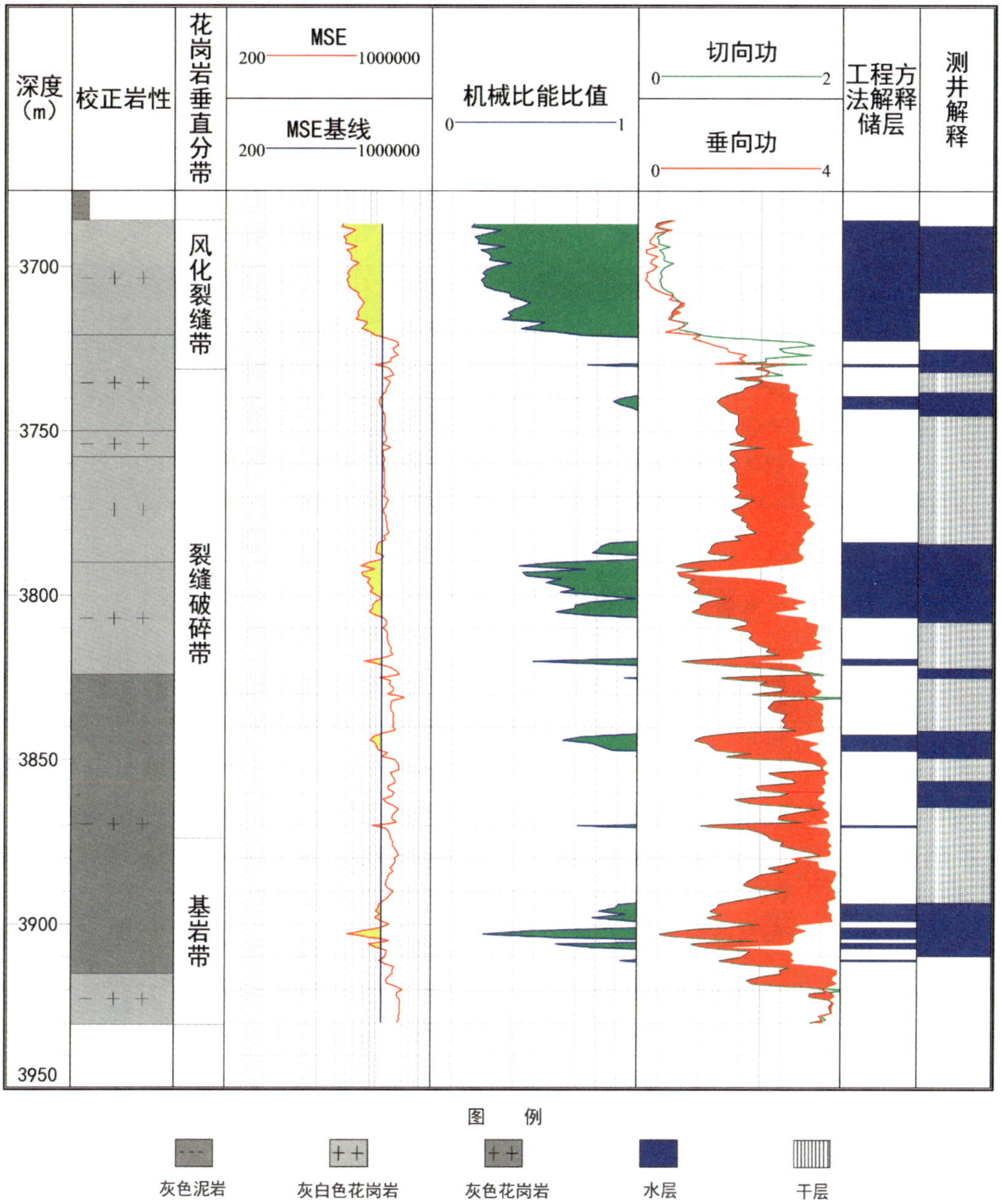

图 5.7 Y1-1-A 井潜山储层录井识别柱状图

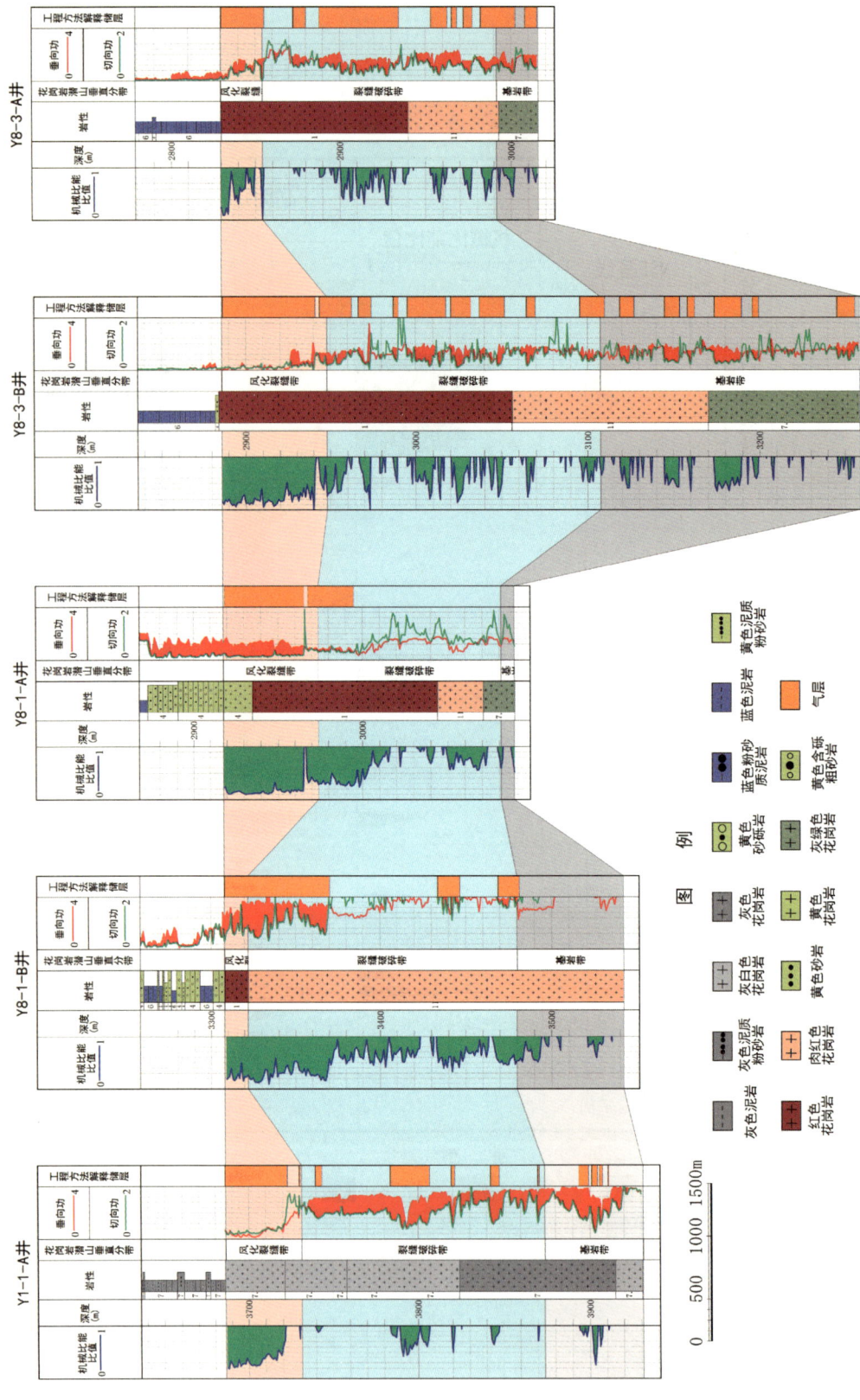

图 5.8 Y1-1-A、Y8-1-B、Y8-1-A、Y8-3-B、Y8-3-A 多井储层录井解释连井对比图

钻录井工程参数解释的储层在纵向上呈现出三段特征,即风化裂缝带发育厚层储层,裂缝破碎带发育多套薄—中层状储层,基岩带储层零星分布(表5.2、图5.8)。风化裂缝带发育储层厚度5.6~59.2m,储地比分布范围为83%~100%,最大储地比分布在Y8-1-B、Y8-3-A井,最小储地比在Y1-1-A井。裂缝破碎带发育储层厚度21~91.7m,储地比分布范围为20%~61%,最大储地比分布在Y8-3-A井,最小储地比在Y8-1-A井。基岩带发育储层厚度0~54.1m,储地比分布范围为0~67%,最大储地比分布在Y8-3-A井,最小储地比分布在Y8-1-A、Y8-1-B井。

表5.2　Y区潜山储层工程方法解释储层厚度、地层厚度与储地比统计表

井号	风化裂缝带			裂缝破碎带			基岩带		
	储层(m)	地层(m)	储地比(%)	储层(m)	地层(m)	储地比(%)	储层(m)	地层(m)	储地比(%)
Y1-1-A	37.44	44.9	83	35.12	142.6	24	11.6	57.1	20
Y8-1-A	53.01	56	95	20.95	107	20	0	7.62	0
Y8-1-B	13.95	13.95	100	73.68	158	47	0	61.88	0
Y8-3-A	24.3	24.3	100	83.12	137.35	61	16.35	24.25	67
Y8-3-B	59.18	62	95	91.68	159.5	57	54.1	151.2	36

钻录井工程参数解释的储层在横向上表现为:风化裂缝带储层发育程度最优,储层分布在距离基底顶面最深达59m;裂缝破碎带次之;基岩带最差。

不同井区储层发育的程度存在差异:Y8-3井区(Y8-3-A、Y8-3-B井)储层发育程度最高,储地比为63%~76%;Y8-1井区(Y8-1-A、Y8-1-B井)储层发育程度次之,储地比为38%~49%;其他井区(Y1-1-A)储层发育程度较差,储地比为42%。

综上所述,5口单井在风化裂缝带内储层发育程度最高,裂缝破碎带次之,基岩带储层零星分布。推测以山头(古地貌高部位)为单位,风化裂缝带内部的储层在横向上是连通的。

机械比能比值与储层孔隙度关系

在钻录井工程参数储层识别的基础上,为达到定量化评价储层目的,构建了Y区潜山储层测井孔隙度与机械比能比值交会图,其中机械比能比值对应深度段内的几何平均值(表5.3)。分别对Y区5口钻井的潜山储层机械比能比值与测井孔隙度进行相关性分析,发现二者存在较好的线性相关关系(图5.9)。

为进一步查明Y区潜山储层机械比能比值与测井孔隙度的对应关系,对5口井中存在的异常数据进行了筛选和剔除,主要剔除同一个孔隙度值对应多个M_{SE}值,且个别M_{SE}值与其他值差别较大者,共计剔除83组数据中的13组。再次对5口井70组数据进行相关性分析,表明Y区潜山储层机械比能比值与测井孔隙度存在较好的负相关性(图5.10):

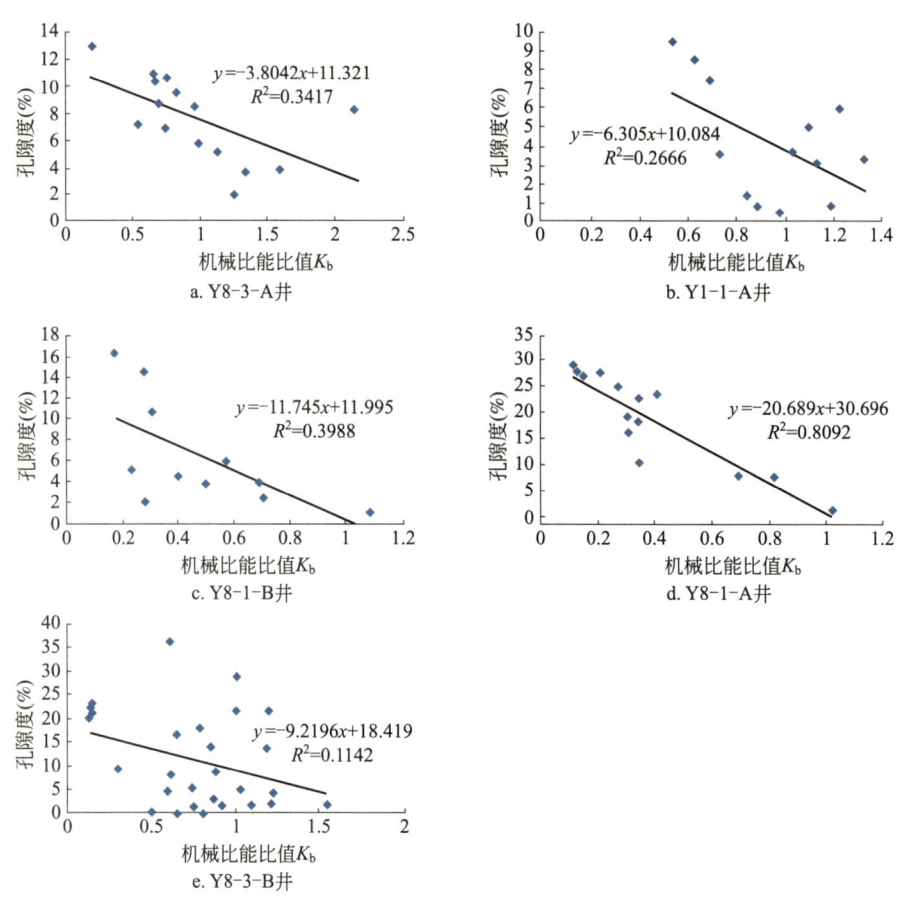

图5.9 Y区潜山储层单井测井孔隙度与机械比能比值 K_b 关系散点图（未剔除异常点）

$$\phi = -1.959K_b + 22.843, R^2 = 0.4661 \tag{5.7}$$

式中 ϕ——孔隙度，%；

K_b——机械比能比值。

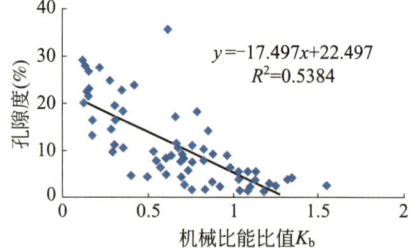

图5.10 Y区潜山储层测井孔隙度与机械比能比值 K_b 关系散点图（5口井，$N=70$）

由于Y区只有Y8-3-A井有测试资料，且潜山风化壳储层与碎屑岩储层的差异明显，因此暂未建立潜山储层基于测井孔隙度大小的储层分类评价标准。待测试资料充分后，在统一的测井孔隙度和储层类别划分标准下，以钻录井工程参数的储层识别为基础，可以利用式（5.7）进行基于钻录井工程参数的潜山储层孔隙度初步评价。

表 5.3　Y8-3-B 井潜山储层孔隙度与机械比能比值（K_b）关系

顶深(m)	底深(m)	孔隙度(%)	解释结论	机械比能比值 K_b
2882.4	2887.2	20.3	气层	0.13
2888.1	2892.9	22.6	气层	0.14
2892.9	2899.7	23.2	气层	0.15
2899.7	2919.1	21.3	气层	0.15
2926.5	2941.3	9.4	气层	0.30

第6章
南海深水潜山储层裂缝测井识别及有效性分析*

　　裂缝是南海深水潜山储层储集空间主要类型之一，由于埋藏深、地层压力大，裂缝宽度一般在微米级，给测井识别带来了很大困难。针对这一难题，基于电成像测井、阵列声波测井和超声波成像测井等开展了裂缝识别方法探讨，进而对潜山储层的有效性进行了分析。

　　1989年，范·高尔夫-拉特在《裂缝油藏工程基础》一书中，按裂缝长度、裂缝开度、产状和穿层性等将砂岩裂缝分为四类：Ⅰ级缝（大型裂缝），长度介于几十米至几百米，开度为厘米级，类似断层级的裂缝；Ⅱ级缝（中型裂缝），长度多为几米至十几米，开度为几十微米至毫米级，包括高角度缝、网状缝、斜交缝等；Ⅲ级缝（小型裂缝），长度介于几厘米至几十厘米，开度为几微米至几十微米级；Ⅳ级缝（微型裂缝），长度为毫米级、微米级，开度为纳米级至几微米级。目前测井技术发展水平主要识别中型裂缝和小型裂缝。对于测井技术能够识别的裂缝尺度，可以分为以下三种尺度：（1）岩心尺度，指在岩心刻度下的电成像、井周声波成像可识别的裂缝及裂缝参数计算；（2）储层尺度，由常规测井、阵列声波测井等技术拾取的裂缝参数按储层厚度进行分析评价；（3）地层尺度，基于前两种尺度下裂缝参数的地层统计对比分析。

　　在裂缝识别的测井技术中，由于受到地层背景值与钻井液电阻率两者差别的影响，相同情况下，电成像测井评价方法在碳酸盐岩潜山储层中的应用效果要优于砂泥岩地层，可以直观显示裂缝发育情况，定量评价裂缝张开度、裂缝孔隙度等参数，是目前最有效、可信度最高的一种裂缝识别方法。阵列声波（交叉偶极子）测井受井眼环境的影响较小，适用范围比电成像测井要广，提取的斯通利波能量衰减等信息可以有效评价裂缝有效性。常规测井技术作为裂缝识别的补充，可以对储层的渗透性有进一步的认识。因此综合使用常规测井、电成像测井和阵列声波测井等信息，可以形成一套多因子、多级次裂缝有效性评价方法，并给出有效性评价结果。

---

　　* 本章中的"综合柱状图""综合解释图""测井解释图""处理成果图""解释成果图""响应特征图""计算结果图""识别柱状图"等均是利用地质专业软件生成的图形文件，其表头文字仅作描述用，通常不标注单位。除非个别用错的术语、符号作了修正，其余保持原样。

6.1 电成像测井裂缝识别及储层有效性分析

电阻率成像测井是识别和评价裂缝的主要手段,能直观地描述裂缝的形态,识别裂缝的类型,在火成岩、变质岩及碳酸盐岩等潜山地层裂缝评价中具有不可替代的作用。

6.1.1 裂缝类型识别

南海 Y 区潜山储层采集有丰富的电成像资料,从电成像测井图中能够见到的裂缝类型主要有网状裂缝、高角度裂缝和溶蚀扩大缝三类。网状裂缝是潜山地层在复杂构造背景下形成的复杂缝网;高角度裂缝属于以构造作用为主形成的天然裂缝;溶蚀扩大缝是在前两类裂缝的基础上,沿裂缝溶蚀形成的储渗条件更好的裂缝。

此外,在 Y 区电成像测井图上还能观察到闭合缝和层界面等易和有效裂缝混淆的"假裂缝"。闭合缝是由于地层的压溶作用形成的,往往充填有高阻物质如方解石等;层界面是由于界面上下地层电阻率不同,在电成像图片上表现为正弦线。

各类裂缝在电成像图像上的特征如下。

(1) 网状裂缝:是几种产状不同的开启裂缝交织在一起形成的,主要表现为多条正弦线相互交织(图 6.1)。

(2) 高角度裂缝:高角度甚至平行于井眼的开启裂缝显示为与井轴夹角很小甚至平行的黑色线条(图 6.2)。

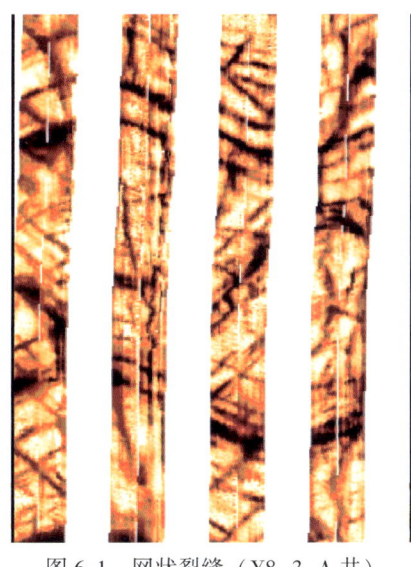
图 6.1 网状裂缝(Y8-3-A 井)

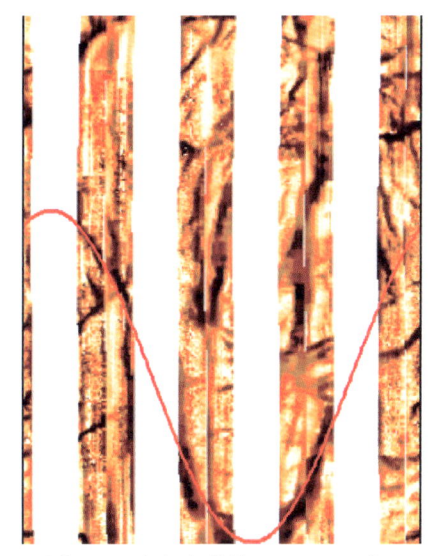
图 6.2 高角度裂缝(Y8-3-B 井)

(3) 溶蚀扩大缝:呈现沿暗色的正弦线能观察到溶蚀扩大产生的暗色斑块(图 6.3)。

(4) 闭合缝:显示为全部或部分高阻浅色的曲线,但当泥质充填时,表现为暗色的正弦曲线(图 6.4)。

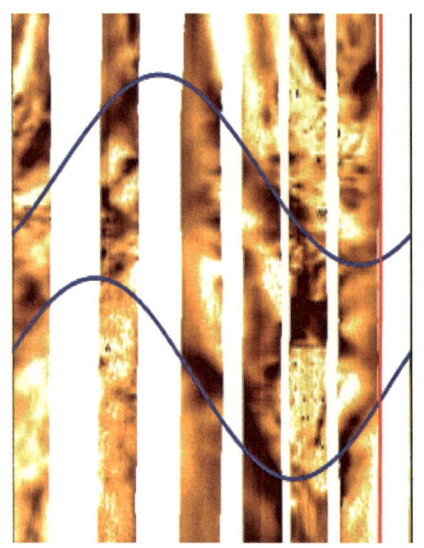
图 6.3　溶蚀扩大缝（Y8-1-B 井）

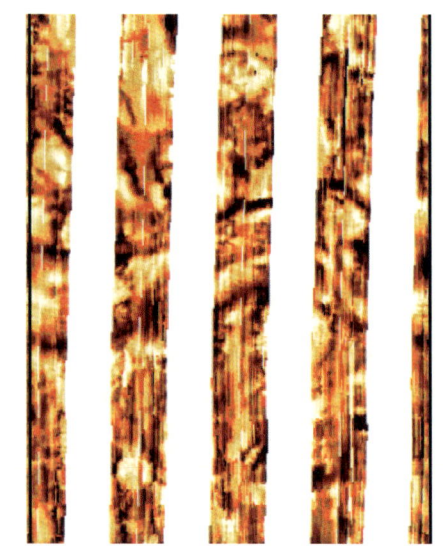
图 6.4　闭合缝（Y8-3-B 井）

6.1.2　裂缝参数定量计算

裂缝参数定量计算主要采用电成像测井资料，另外利用双侧向测井电阻率的大小与幅度差异也可以确定裂缝的发育程度，并计算裂缝孔隙度的大小。

在电成像图像上，通过人机交互解释，可以识别裂缝并计算裂缝的产状及物性等有关参数。裂缝参数的定量计算包括在统计窗长内对裂缝视参数的连续计算和分层计算。对裂缝主要参数的含义及计算公式介绍如下。

6.1.2.1　裂缝长度

裂缝长度表示在单位面积内井壁所见到的裂缝长度，单位为 m^{-1} 或 m/m^2，由下式计算：

$$L_f = \sum \frac{L_i}{2\pi RH} \tag{6.1}$$

式中　R——井眼半径，m；
　　　H——统计窗长，m；
　　　L_i——第 i 条裂缝的长度，m。

6.1.2.2　裂缝密度

基于成像测井主要有 2 种裂缝密度表示方法：线密度和面密度。

（1）线密度表示单位长度井段中裂缝的条数，单位为条/m，由下式计算：

$$D_L = \frac{N_f}{H} \tag{6.2}$$

式中　D_L——视裂缝密度，条/m；
　　　N_f——统计窗长内的裂缝总条数；
　　　H——评价井段长度，m。

（2）面密度表示在单位面积内裂缝的条数，单位为条/m²，由下式计算：

$$D_S = \frac{N_o}{2\pi RL} \tag{6.3}$$

式中　D_S——裂缝面密度，条/m²；
　　　N_o——统计窗长内的裂缝总条数；
　　　R——井眼半径，ft；
　　　L——评价井段长度，m。

6.1.2.3　裂缝张开度

电成像测井计算的裂缝张开度实质上是井壁表面上裂缝发育程度的综合指示。在电成像测井图上，张开的裂缝响应为颜色相对较暗的高电导率异常。但由于裂缝的张开度通常比电成像测井的分辨率要小得多，因此，不能直接从图像上读出裂缝的张开度，但可根据裂缝在电成像图像上的电导率异常来计算。斯伦贝谢公司基于实验及数值模拟给出了对应的经验公式：

$$W = aAR_m^b R_{xo}^{1-b} \tag{6.4}$$

式中　W——裂缝张开度，mm；
　　　A——由裂缝造成的电导率异常的面积，mm/(Ω·m)²；
　　　R_{xo}——地层电阻率，Ω·m；
　　　R_m——钻井液电阻率，Ω·m；
　　　a、b——与仪器有关的常数，$a = 0.004801$，$b = 0.863$。

由裂缝造成的电导率异常的面积 A 的计算式为：

$$A = \frac{1}{V_e} \int_{h_0}^{h_n} [I_b(h) - I_{bm}] \, dh \tag{6.5}$$

式中　V_e——测量电极与上部回流电极之间的电位差，V；
　　　$I_b(h)$——深度为 h 处电极的电流值，μA；
　　　I_{bm}——天然裂缝处的电流测量值，μA；
　　　h_0——裂缝对电极测量值开始有影响的深度，m；
　　　h_n——裂缝对电极测量值影响结束的深度，m。

研究表明：当裂缝的倾角在 0°~40° 的范围内，A 值基本上与裂缝的倾角无关；裂缝倾角超过 40°后，随着裂缝倾角的增加，A 值有减少的趋势。A 值的大小和电极与井壁接触程度基本无关。

电成像测井计算张开度方法的精度极大程度取决于裂缝拾取的正确与否，即能否准确鉴别真裂缝与假裂缝、天然裂缝与诱导缝，能否准确分辨微细裂缝等。

6.1.2.4 裂缝孔隙度

基于电成像测井的裂缝孔隙度计算方法最早由斯伦贝谢公司提出，O. Serra 在其 *Schlumberger Formation Micro Scanner Image Interpretation：Schlumberger Educational Services* 一文中针对 FMS 成像资料，对电成像裂缝孔隙度计算方法进行了叙述。

（1）电成像测井资料自动处理计算。

电成像裂缝孔隙度表示统计窗长内裂缝的视开口面积与图像的面积之比，单位为%，可由以下公式计算：

$$VPA = \frac{\sum(W_i \cdot L_i)}{\pi DH} \times 100 \tag{6.6}$$

式中　VPA——裂缝视孔隙度，%；

　　　W_i——第 i 条裂缝的平均宽度，m；

　　　L_i——第 i 条裂缝在统计窗长内的长度，m；

　　　D——井径，m；

　　　H——统计窗长，m，一般 H 选为 1m 或者 0.5m。

电成像测井资料自动处理计算可以得到连续的裂缝孔隙度，但此裂缝孔隙度只反映宏观裂缝，且受井壁状况和泥质影响较大，因此处理结果误差较大。

（2）电成像测井资料手工拾取计算。

电成像测井资料经过手工拾取裂缝后，使用 Geoframe、Techlog、EGPS、Forward. NET、Ciflog 等软件可根据手工拾取的裂缝计算出裂缝孔隙度（*FVPA*）、裂缝长度（*FVTL*）、裂缝张开度（*FVA*）和裂缝密度（*FVDC*）等参数。由于从电成像测井图像上所拾取的裂缝为大于电成像测井分辨率的裂缝，部分微裂缝在电成像测井图像上是不能直接反映出来的。因此，利用电成像测井手工拾取裂缝计算的裂缝孔隙度为宏观裂缝的裂缝孔隙度。

虽然电成像测井资料手工拾取裂缝计算得到的裂缝孔隙度曲线不连续，而且手工拾取裂缝受电成像测井分辨率的限制，只反映宏观裂缝，不能反映微裂缝，但该方法的计算结果相对其他方法更为可靠和实用，建议优先使用该方法计算裂缝的孔隙度。

图 6.5 为 Y8-3-A 井电成像测井（FMI）处理成果图。经过手工拾取裂缝后，根据手工拾取的裂缝计算出裂缝孔隙度（*FVPA*）、裂缝长度（*FVTL*）、裂缝张开度（*FVA*）和裂缝密度（*FVDC*）等参数。

对 Y 区 Y8-1-B、Y8-3-A、Y8-3-B 等 3 口井的裂缝参数进行定量计算，统计了不同井中潜山储层中裂缝的产状、条数、密度，见表 6.1。分析对比 Y 区不同井裂缝倾角、平均方位、裂缝密度条数、裂缝密度，可以看出，Y 地区裂缝倾角较大，裂缝有效性好，这是由于裂缝倾角越大，越不容易被压实，裂缝就越有效。

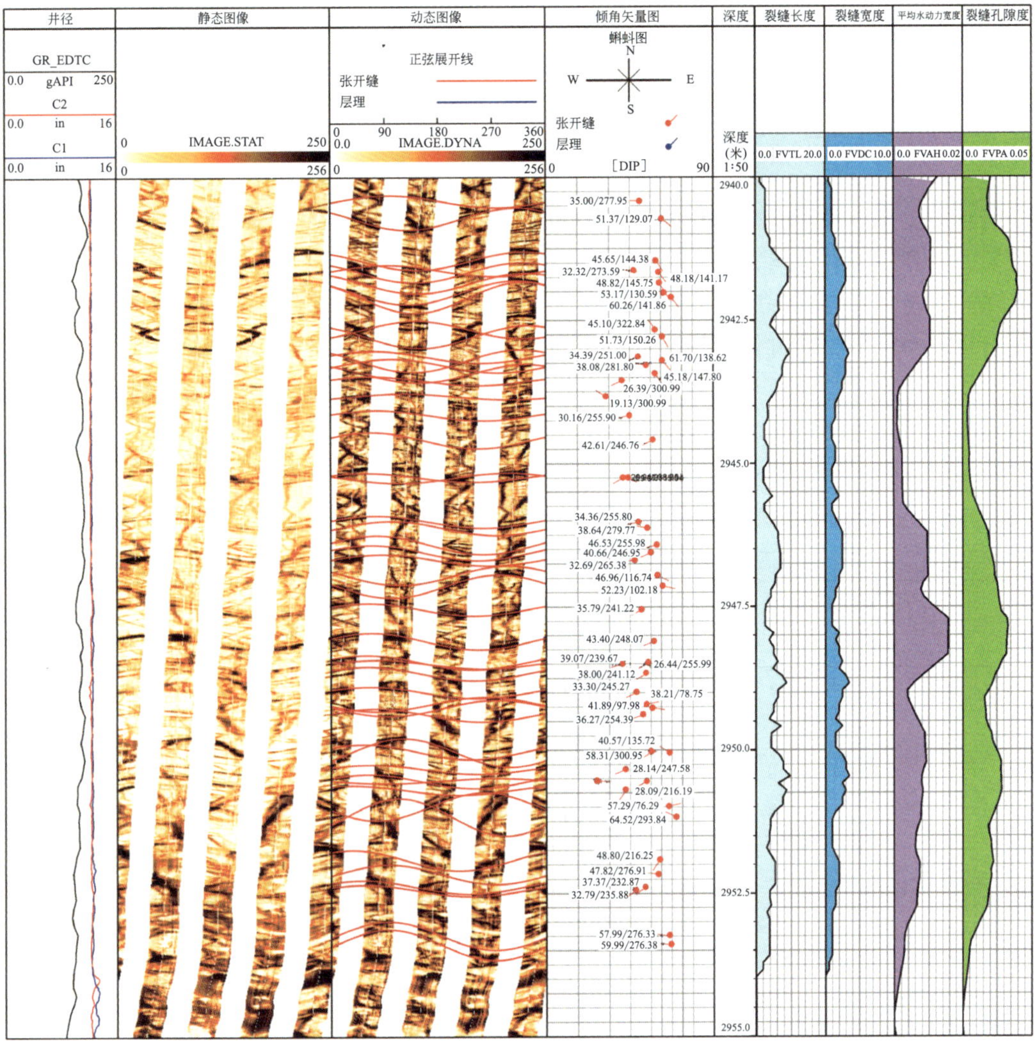

图 6.5　Y8-3-A 井电成像测井（FMI）裂缝处理解释成果图

表 6.1　Y 区潜山储层裂缝参数统计表

井名	深度段(m)	平均倾角(°)	平均方位(°)	裂缝条数	裂缝平均密度(条/m³)
Y8-1-B	3420~3442	45.38	210.84	23	1.05
Y8-3-A	2907~3007	46.57	196.47	137	1.37
Y8-3-B	2934~3250	52.22	189.77	110	0.35

阵列声波测井裂缝识别及储层有效性分析

裂缝是油气运移的渗流通道和主要储集空间，直接影响着储层的储集性能。国内外已有不少学者开展了裂缝对纵横波、斯通利波以及偶极横波的衰减规律研究，明确证实了声波测井中的波形成分与裂缝参数之间存在着密不可分的联系。建立裂缝特征参数与波形成分之间的响应关系，可实现对储层裂缝有效性的判别。

6.2.1 斯通利波检测裂缝

斯通利波是一种管波，它在井筒中的传播近似于活塞运动，造成井壁在径向上的膨胀和收缩，这时若有效裂缝与井壁相通，则将使钻井液沿着裂缝流进和流出，从而消耗能量，使幅度降低，其幅度衰减程度随渗透率的增强而增强，随声波发射频率的增强而减弱。斯通利波在钻井液中产生，通过仪器外壳和井壁间的钻井液传播，其能量以低频及低衰减的形式传播，这些特性决定了斯通利波对井壁的刚性和地层的渗透性非常敏感，可以利用斯通利波计算的渗透率反映地层裂缝发育情况。

图6.6是Y8-1-B井3320~3500m深度段斯通利波渗透率处理效果图。图中倒数第二道有三种渗透率，红色为岩心渗透率，蓝色为斯通利波渗透率，褐色为基于孔隙度—渗透率经验公

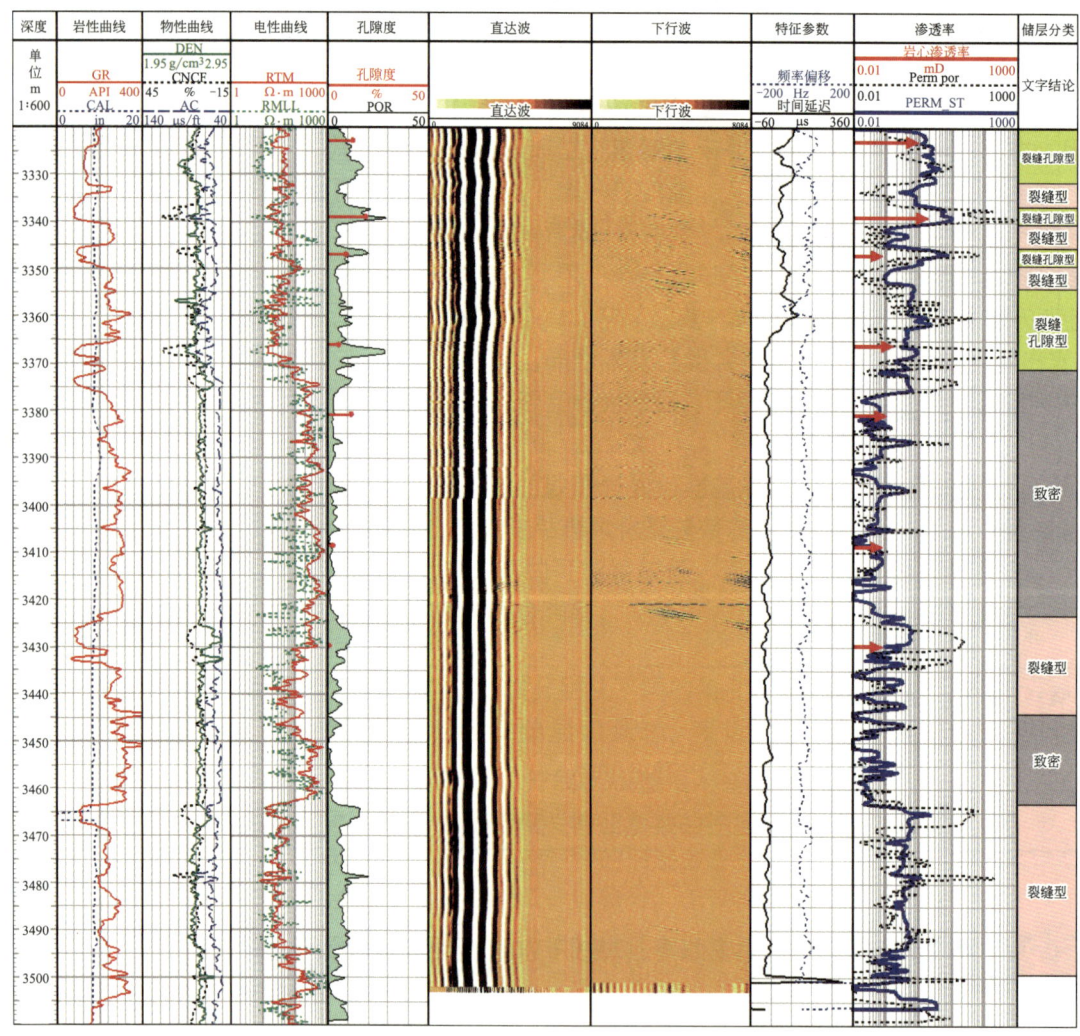

图6.6 Y8-1-B井潜山储层斯通利波处理成果图（3320~3500m）

式计算的渗透率。从整个井段对比效果来看，斯通利波渗透率与岩心渗透率匹配关系要更好；同时发现 3376m 以上地层明显斯通利波渗透率数值大，表明地层连通性好，裂缝发育。Y8-1-B 井潜山储层渗透率统计分析表见表 6.2。

表 6.2　Y8-1-B 井潜山储层渗透率统计分析表

深度 （m）	岩心渗透率 （mD）	斯通利波渗透率 （mD）	斯通利波 相对误差
3323.0	0.64	1.41	121
3339.0	1.25	9.41	652
3347.0	0.05	4.32	8539
3367.0	0.11	0.30	184
3380.8	0.07	0.05	36
3408.6	0.05	0.03	32
3429.7	0.05	0.15	191

图 6.7 是 Y8-3-A 井 2820~2940m 深度段斯通利波渗透率处理成果图。因采集的斯通利波信号弱，对最终的计算结果有一定影响，但总体上与基于岩心及孔渗关系计算的渗透率趋势是吻合的，能够为地层评价提供技术支撑。

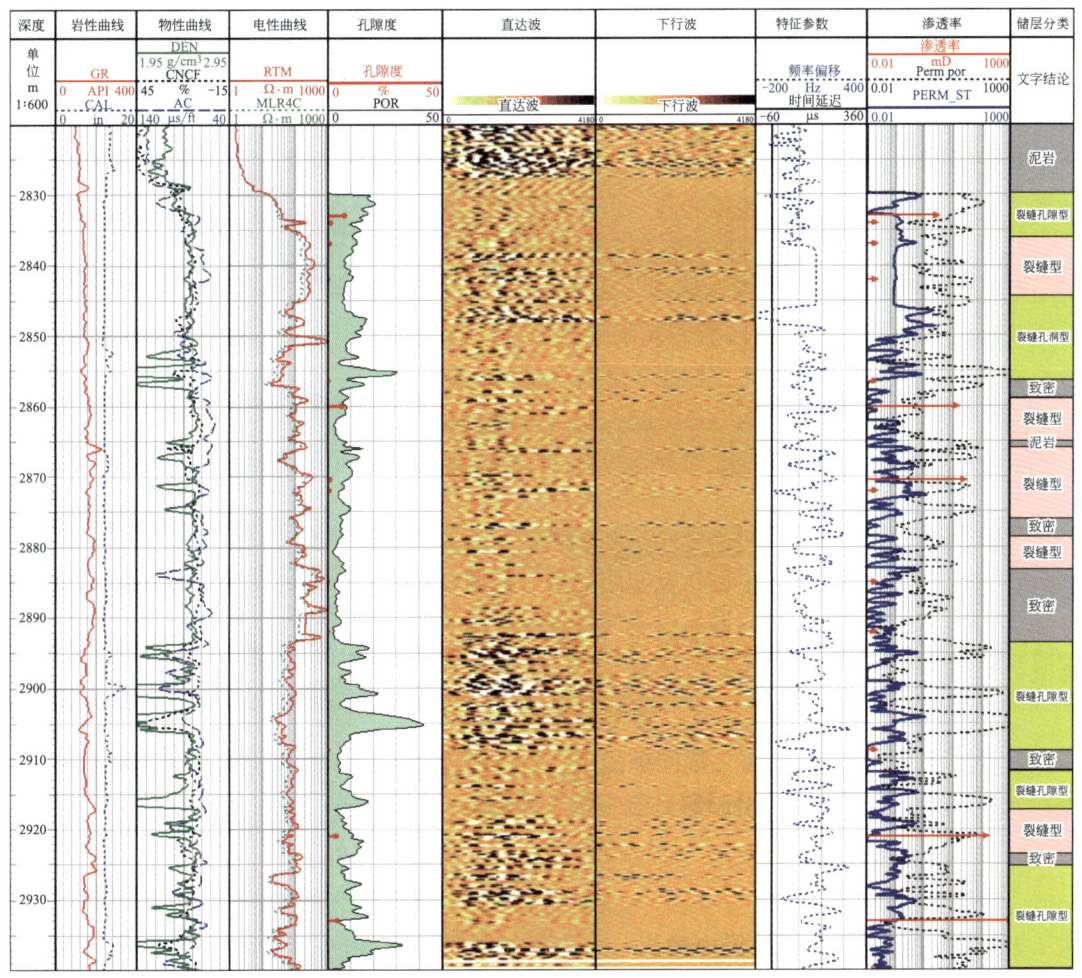

图 6.7　Y8-3-A 井潜山储层斯通利波处理成果图（2820~2940m）

6.2.2 交叉偶极子声波检测裂缝

一般而言，地层岩石由于沉积、应力、裂缝及井眼轨迹等因素，在沿井轴的纵向或横向上表现出不同的地球物理属性，也即各向异性。对于复杂地层，可以看作是上面两个方向各向异性的组合叠加。

对于各向异性地层，横波速度通常表现出方位的差异性，即当一束横波信号入射到各向异性地层（如裂缝性地层），入射横波会分裂成质点与裂缝走向平行和垂直的两种极性正交横波，在传播方向上以不同速度传播，这种现象叫横波分裂现象。因此可以通过具有方位探测特性的声波测井对地层的各向异性进行评价（图6.8）。一般横波质点平行于裂缝走向的振动传播速度比垂直于裂缝走向的振动传播速度要快，前者称为快横波，后者为慢横波（图6.9）。通常的处理流程如下所述。

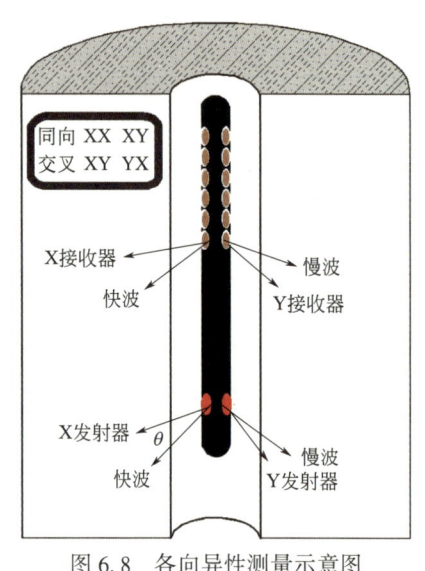

图 6.8 各向异性测量示意图

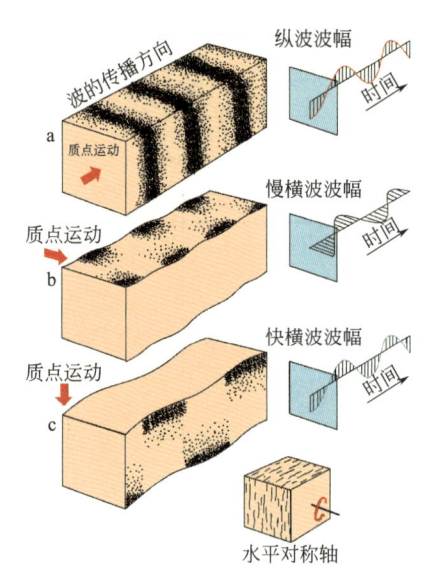

图 6.9 横波分裂示意图

6.2.2.1 偶极横波信号接收

在以井轴为坐标轴的各向异性介质的井眼中，与快横波方向成 θ 角的偶极子发射信号在进入地层后分裂成两个偶极子信号，即质点偏振方向不同的快横波信号和慢横波信号。

具有四极子接收器的交叉偶极声波测井仪可以接收到与发射信号平行的信号分量和垂直的信号分量。当 $\theta=0°$，即发射源方向与横波方位（裂缝方向）一致时，与发射方向一致的接收器接收到信号反映地层快横波传播特征；当 $\theta=90°$ 时，则与发射方向一致的接收器接收到信号反映地层慢横波的传播特征。

6.2.2.2 快、慢横波信号分离

在交叉偶极声波测井仪器中，有两个互相垂直的偶极子发射源，这样每个四极子接收单元可以接收四条波形 $u_{xx}(t)$、$u_{xy}(t)$、$u_{yx}(t)$、$u_{yy}(t)$（四参数中第一下标表示发射源发射方向，第二下标表示接收源接收方向）。

在实际井处理过程中，采用逐步计算方式，寻找使垂直波型分量 U'_{xy}、U'_{yx} 能量最小的角

度 $\theta=\theta_0$，这时的 $U'_{xx}(\theta_0)$、$U'_{yy}(\theta_0)$ 就分别表示地层快、慢横波的传播信号。

偶极横波测井仪器具有两个偶极声源和八个四极子接收单元，每个深度点可以记录 32 条波形数据。由于相邻的两个偶极声系间存在物理间隔（相隔 0.5ft），因此在进行上述计算之前需对波形进行深度匹配，使得两个垂直偶极源和七个垂直偶极接收系统在同一深度位置上。

6.2.2.3　快、慢横波时差提取及方位确定

利用 STC 方法分别对 $U'_{xx}(\theta_0)$、$U'_{yy}(\theta_0)$ 分量进行处理，可得到快、慢横波的时差和波至时间 d_{tf}、d_{ts}、t_{tf}、t_{ts}。若分量 $U'_{xx}(\theta_0)$ 所对应的时差小于 $U'_{yy}(\theta_0)$，则快横波的方位角为 θ_0，否则快横波方位角为 $\theta_0+90°$。

6.2.2.4　各向异性系数

快、慢横波在传播速度上的差异反映地层的波阻抗各向异性，在潜山地层常与裂缝发育情况相关。快、慢横波的时差为 d_{tf}、d_{ts}，其各向异性系数为：

$$时差各向异性系数 = \frac{d_{ts}-d_{tf}}{d_{tf}+d_{ts}} \times 100\% \tag{6.7}$$

图 6.10 为 Y8-1-B 井的快慢横波时差、各向异性处理成果图。倒数第二道为各向异

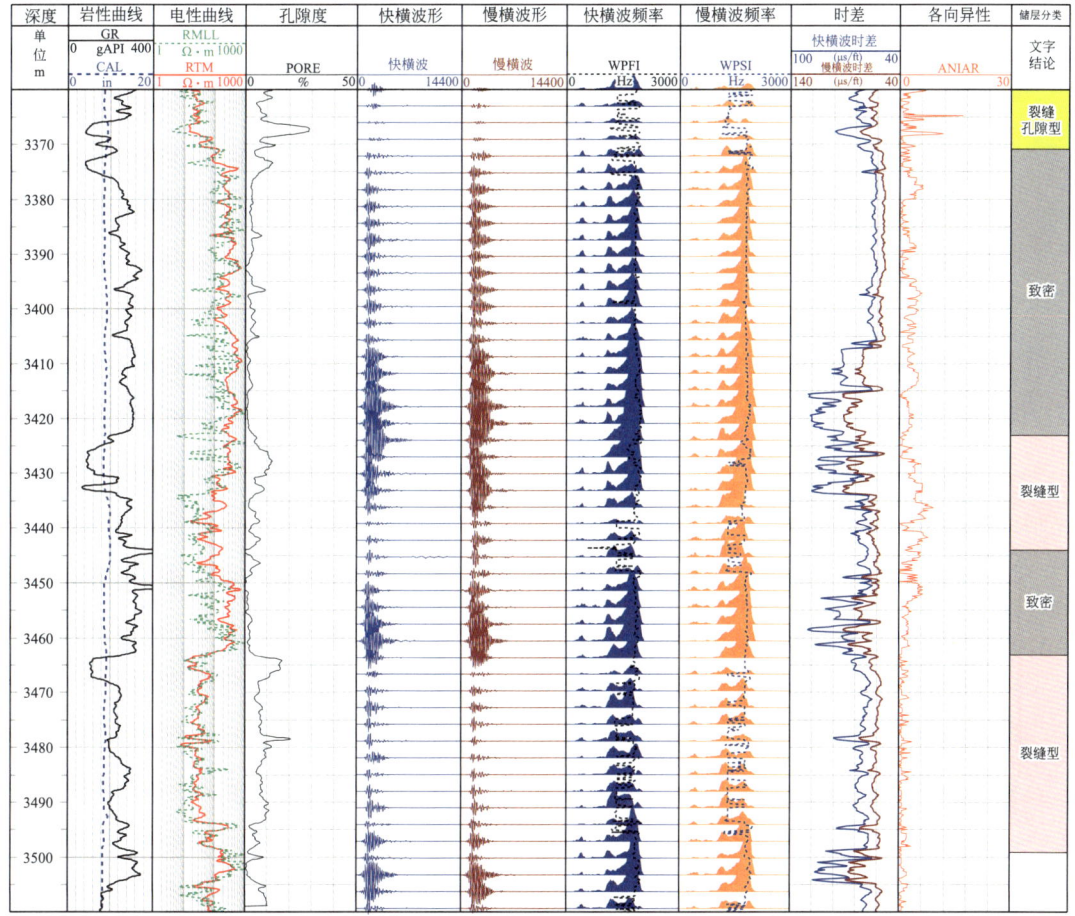

图 6.10　Y8-1-B 井交叉偶极子测井处理效果图（3360~3500m）

性曲线。依据该曲线，发现3460m是一个分界线，该深度以上的各向异性明显大于下部地层。但是在3460m以上地层中裂缝发育到底在哪里，或者进一步细分，则存在很大困难。这里也表明当地层各向异性不是由单一的裂缝引起时，很难仅用各向异性曲线将其识别出来。对比该井段的裂缝发育与致密层段的波列主频信息（快横波频率道、慢横波频率道）可见，在致密地层段，快慢横波主频均比较稳定，而在裂缝发育地层，其主频是离散波动的。所以，根据地层主频是否发生偏移，可以大致将裂缝发育地层识别划分出来。

偶极横波是一种具有频散特征的复合模式波。在裂缝发育地层，频率的变化将改变偶极横波的速度。选取Y8-1-B井3360~3371m（裂缝发育段）和3380~3385m（致密段）深度段绘制了时差—频散曲线。从图6.11、图6.12可以看出，裂缝发育地层横波频率与时差具有明显相关性；而在致密层段，声波速度随频率变化则很小。通过该方法也可以进一步判断识别裂缝发育井段。

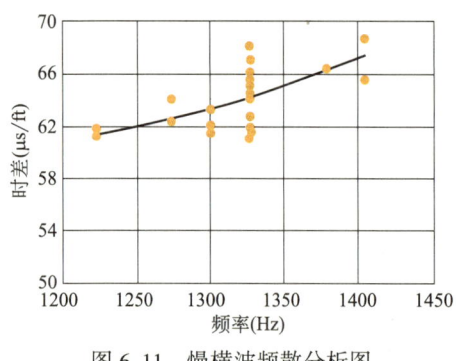

图6.11 慢横波频散分析图
（3360~3371m，裂缝发育地层）

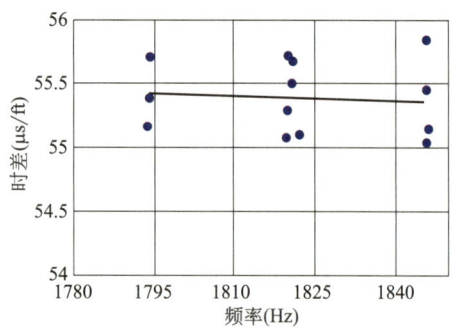

图6.12 慢横波频散分析图
（3380~3385m，致密地层）

6.2.3 纵横波检测裂缝

纵横波是体波，能够反映井旁地层特征，一般认为纵波对孔隙流体性质较为敏感，横波与孔隙形态更为密切相关。如图6.13所示，若井旁地层中发育裂缝，由于裂缝的存在势必会导致波形能量的耗散，则远近两个接收器的波列能量信息必然会存在差异。若地层致密，则对于相同的激发能量，远近接收器的声波能量耗散仅反映传播距离的能量衰减。同理，裂缝的存在也会在波形频率形态上产生非规律性的差异。

为了评价潜山地层的裂缝发育情况，筛选表征波形能量及频谱特征的能量差、谱相关系数作为评价参数，计算公式如下所示。

（1）能量差计算公式：

$$DifEng = \sum_{i=n_1}^{n_2} \left[WF_{FS}^2(i) - WF_{SS}^2(i) \right] \tag{6.8}$$

（2）谱相关系数计算公式：

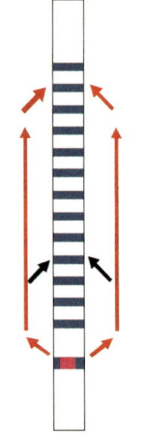

图6.13 声波在井眼中传播示意图

$$CO\_WP = \frac{n\sum_{i=1}^{n}A_{FS}(i) \cdot A_{SS}(i) - \sum_{i=1}^{n}A_{SS}(i) \cdot A_{SS}(i)}{\sqrt{n\sum_{i=1}^{n}A_{FS}^{2}(i) - \left(\sum_{i=1}^{n}A_{FS}(i)\right)^{2}} \cdot \sqrt{n\sum_{i=1}^{n}A_{SS}^{2}(i) - \left(\sum_{i=1}^{n}A_{SS}(i)\right)^{2}}} \tag{6.9}$$

在以上的计算式中，$WF_{FS}(i)$、$WF_{SS}(i)$ 为近、远端声波探头的波形；$A_{FS}(i)$、$A_{SS}(i)$ 为近、远端声波探头的频谱。

图 6.14 为 Y8-3-A 井声波处理成果图。利用 1、4 号接收器数据进行近、远波形分析，主频差异曲线（第 9 道）对裂缝的发育指示效果不够直观明显。而利用前述方法计算的能量差、谱相关曲线（分别为第 10、11 道），相对于基质地层而言，由于裂缝的发育导致近、

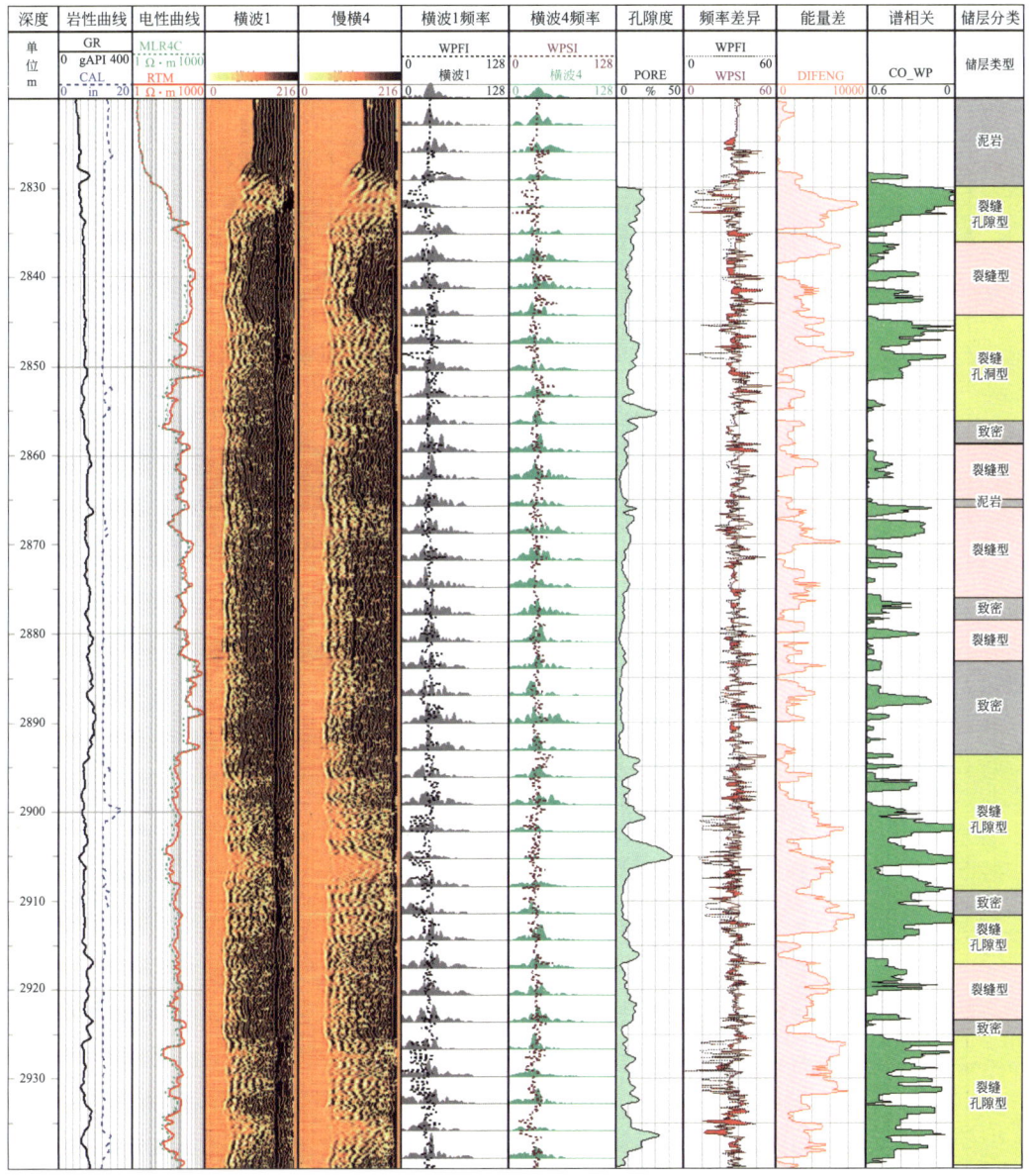

图 6.14　Y8-3-A 井潜山储层单极子横波资料处理成果图

远接收波形的能量差变大,而裂缝的非均值性导致波谱形态的非均值性变化,也即相关性降低。利用两者的变化,可以有效地划分评价裂缝发育有效储层。

图 6.15 为 Y8-3-B 井单极子横波资料处理成果图。从图中可见,裂缝孔隙发育的储层段与波形能量及谱相关系数具有较好的相关性,具体表现为近远波形能量差增大,而谱相关系数变小。

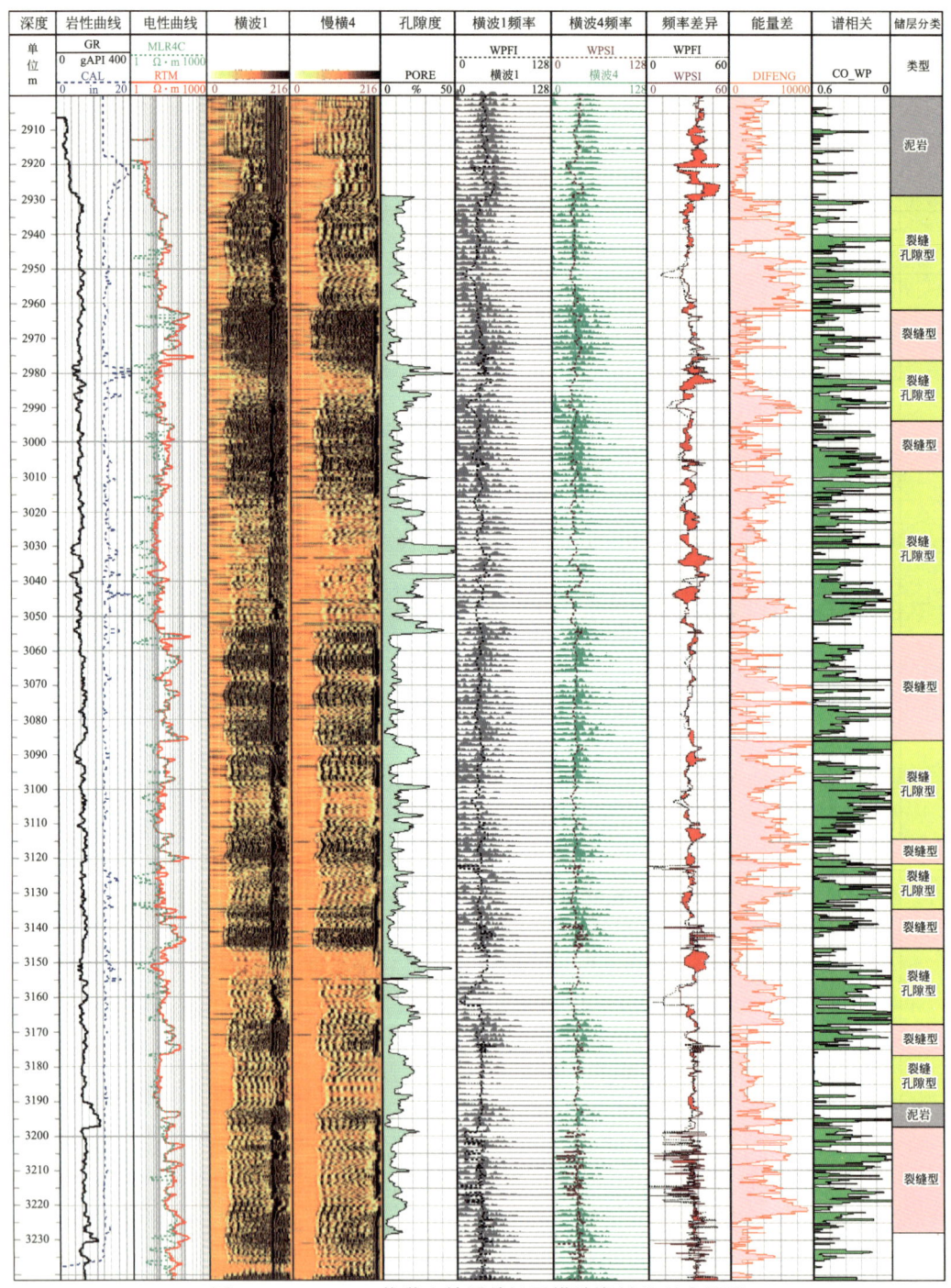

图 6.15　Y8-3-B 井潜山储层单极子横波资料处理成果图

6.2.4 声成像测井裂缝参数定量计算

6.2.4.1 超声成像测井原理

超声成像测井是通过记录超声波探头在不同深度不同方位处的井壁回声信号幅度和传播时间来反映井壁的声阻抗和井径变化,从而提供高分辨率环井壁 360°全方位的岩石物理二维图像信息,把地层岩性、裂缝、孔洞和层理等地层特征引起的声阻抗差异,转换成图像上的不同色标显示,对声成像图进行处理即可获得裂缝发育信息。声成像的物理基础是不同介质的声阻抗和表面粗糙程度不同,则对声波的反射能力不同。声成像测井仪主要有阿莫科的 BHTV、斯伦贝谢的 UBI(用于裸眼井测井)和 USI(用于套管井测井)、阿特拉斯的 CBIL、贝克休斯的 UXPL、哈里伯顿的 CAST 和中海油服的 CBIT。它们的测量原理基本一致,都是利用超声波反射波能量的强弱和声波双程传播时间与反射界面的物理性质及井眼几何形态有关的原理,评价井壁岩石特性、井眼及套管状况。下面主要介绍常用的两种仪器。

CBIL 是新一代井眼声波成像测井系统,它可以在复杂井眼条件下提供高质量高分辨率的井眼图像。CBIL 声波井周成像测井测量方式是居中测井,以脉冲回波的方式对整个井壁进行扫描,记录回波幅度图像和回波传播时间图像,扫描采样 250 个点/转或 192 个点/转,扫描频率 6r/s,两个 250kHz 的聚焦陶瓷换能器,一个直径为 1.5in,另一个直径为 2.0in。

UXPL 是新一代井眼声波成像测井系统,它可以在油基钻井液复杂井眼条件下提供高质量高分辨率的井眼图像。UXPL 超声波成像测井采用旋转式超能换能器,对井眼四周进行扫描,扫描采样 192 个点/转或 128 个点/转,并记录回波波形。该仪器在旋转时扫描整个井壁,将测量的反射波幅度和传播时间按井眼 360°方位显示成图像。UXPL 可与油基钻井液电成像测井仪组合测量。

CBIL、UXPL 换能器与井内流体直接接触,以降低传播路径可能产生的波阻抗不匹配问题概率,并且换能器接近井壁,以减低钻井液信号产生的影响。另外,直径可变且能快速卸换的扫描探头使它们能用在不同的井径和钻井液中,仪器的井眼覆盖率为 100%,垂向分辨率达到 0.2in。

通常对于波形幅度图像,在由数据转换为色标时,遵循幅度由低到高(阻抗由小到大)、色标由深到浅(由黑到白)的原则;对于传播时间图像,则遵循时间由长到短(距离由远及近)、色标由深到浅(由黑到白)的原则。着色效果如图 6.16 所示,可以看出,CBIL 幅度图与时间图在 2168m 均看见裂缝,呈非均匀暗色正弦曲线。

6.2.4.2 声成像测井数据预处理

声波成像在测井过程中,由于仪器偏心、非匀速运动、与电成像组合测井时其方位不一致等问题,在预处理时必须要对声成像测井数据进行相位校正、偏心校正、方位校正和加速度校正。

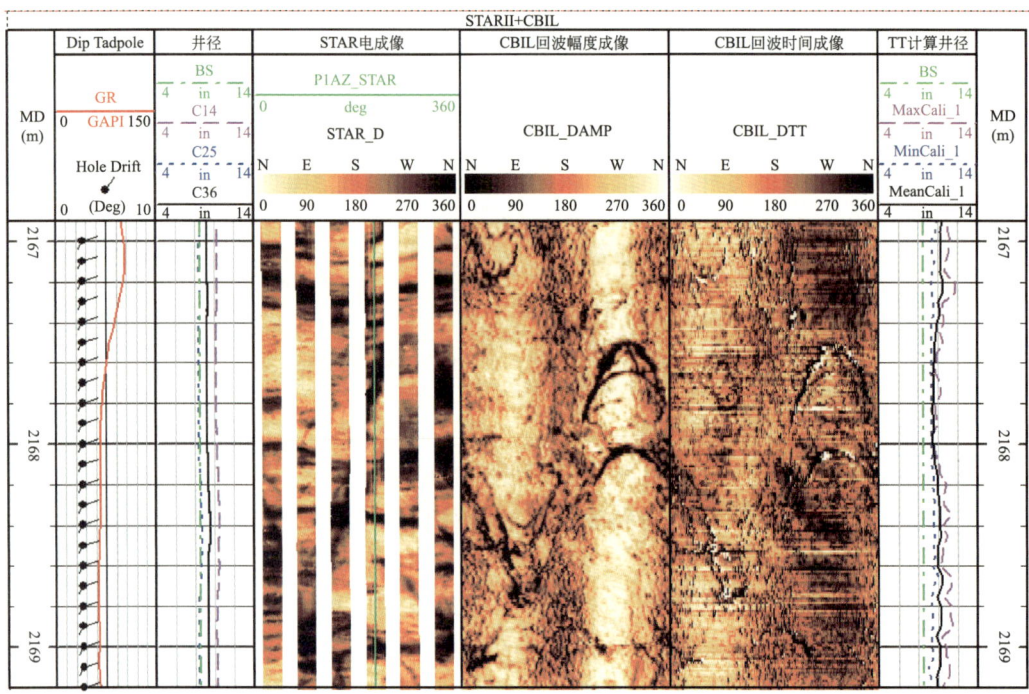

图 6.16 声电成像（CBIL 与 STAR）组合成像测井图

1. 测井数据解编与加载

声波成像测井数据在进行处理之前，必须先在平台上进行测井数据解编与加载。选择合适的成像测井系列及曲线，填写实际正确的测井、井眼、钻井液信息，以确保后续处理工作正确。

2. 偏心校正方法原理

声成像测井通常测有回波幅度（AMP）和回波时间（TT）。回波幅度与地层的硬度和路径有关，而回波时间只与路径有关。仪器在测井时不居中，测量对称点的回波时间就不相等，利用时间计算的半径也不合理，因此要进行偏心校正。一般在声成像预处理时 TT 和 AMP 都要进行偏心校正。

通过偏心校正，可以使幅度和时间数据恢复到仪器居中状态下的测量效果，使图像仅反映由于地层变化而导致的图像变化。图 6.17 和图 6.18 为声波成像幅度偏心校正前后对比图像，从图中看出，声波幅度做偏心校正后其图像清晰度提高了，对地质事件的刻画更清晰合理，且地质事件产状不变，说明声波幅度做偏心校正是合理的。

6.2.4.3 声成像测井裂缝特征描述与分析

有效裂缝（张开缝）发育处声阻抗差异较无裂缝井壁处小，故声成像回波幅度相对较小，可以清晰地在声成像图像上以暗色反映出来。在井壁声成像测井图像中，通常输出的幅度图像是沿井壁正北方向顺时针展开的，完整的平直有效缝在声成像图上是一个波长的黑色正弦曲线。根据正弦曲线的特征和分布，可以确定有效缝的方位和倾角。这样，在声成像测

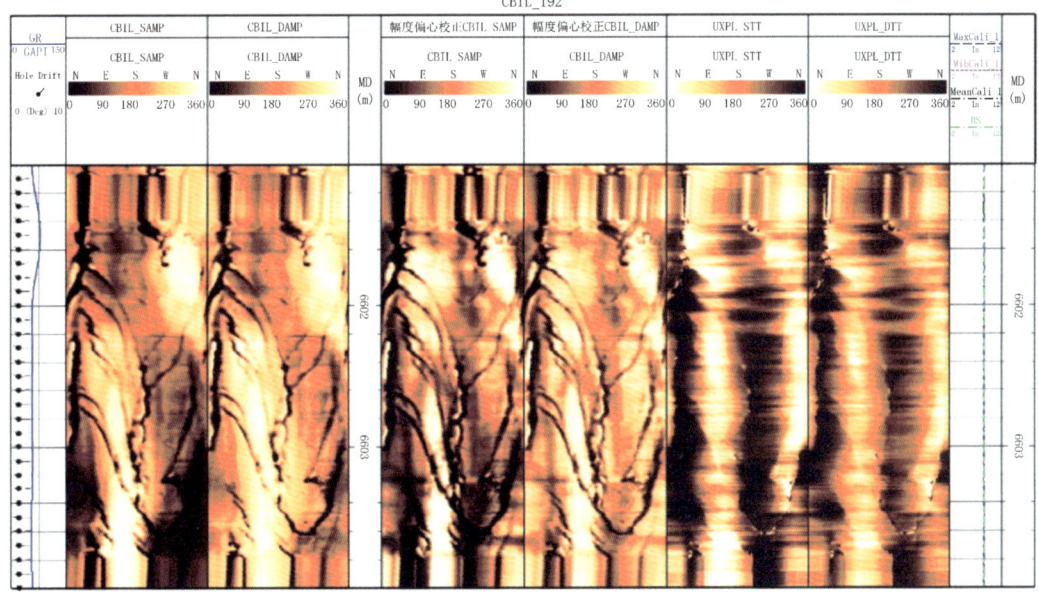

图 6.17 CBIL 声波成像幅度和时间偏心校正对比图

第 2 道为未校正的静态幅度图像；第 3 道为未校正的动态幅度图像；第 5 道为校正后的静态幅度图像；第 6 道为校正后的动态幅度图像；第 7 道为未校正的静态时间图像；第 8 道为未校正的动态时间图像

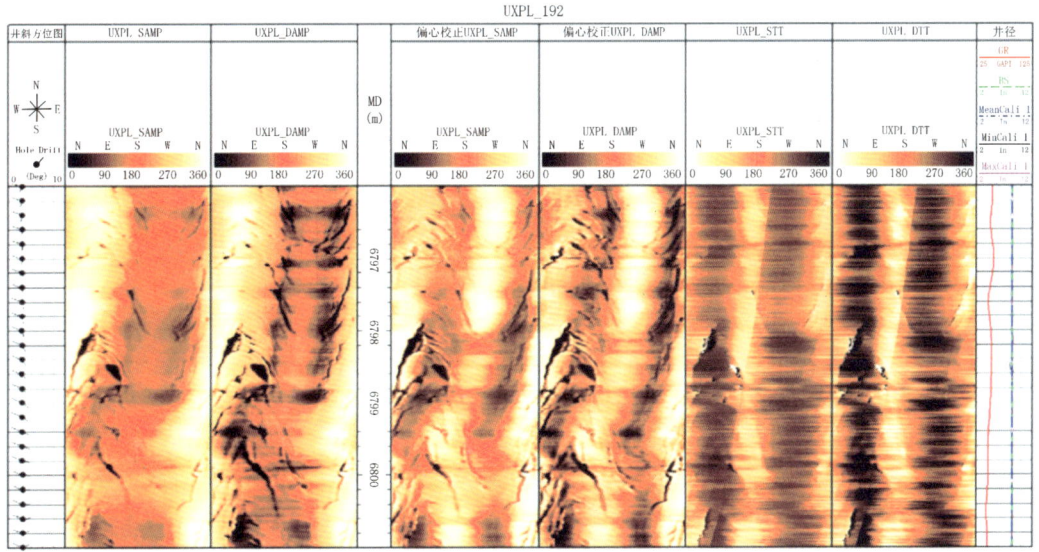

图 6.18 UXPL 声波成像幅度和时间偏心校正对比图

第 2 道为未校正的静态幅度图像；第 3 道为未校正的动态幅度图像；第 5 道为校正后的静态幅度图像；第 6 道为校正后的动态幅度图像；第 7 道为未校正的静态时间图像；第 8 道为未校正的动态时间图像

井井段内，可以获得井孔范围内裂缝的三维分布特征。图 6.19 为低角度裂缝、斜交缝、高角度裂缝和钻井压裂缝在声成像图上的响应模式图，图 6.20 为不同类型裂缝的声成像响应特征图，理解这些裂缝的声成像响应特征有助于正确处理和解释实际声成像测井资料。

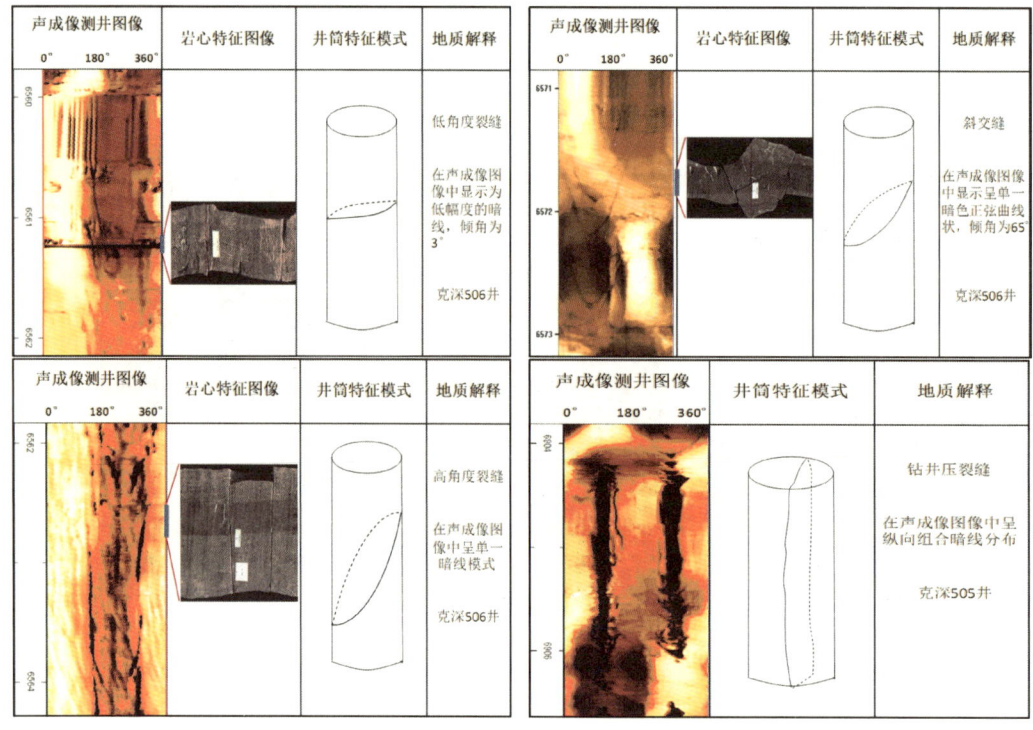

图 6.19　不同类型裂缝的声成像模式特征图

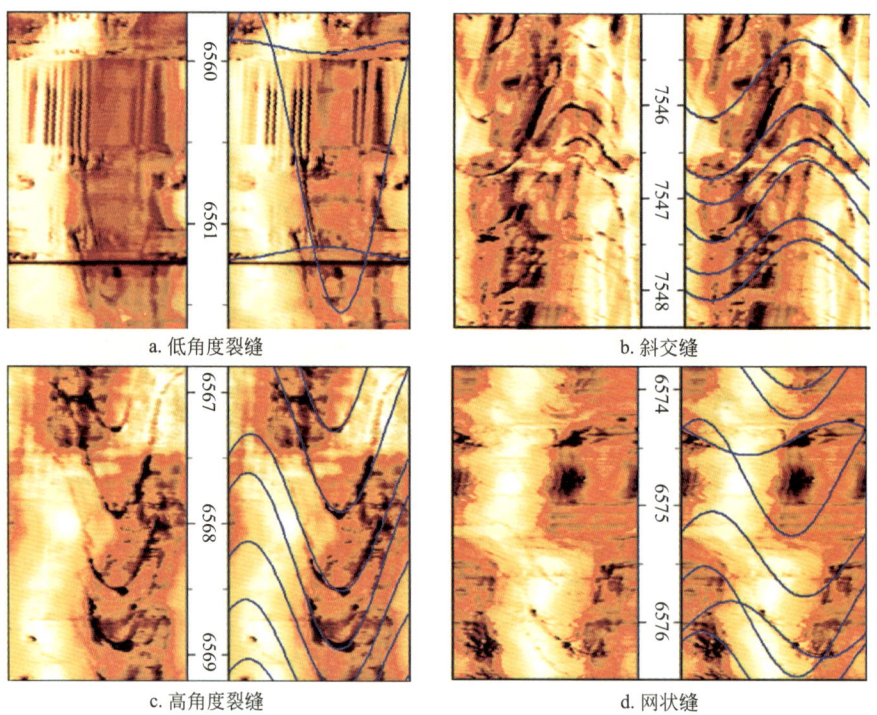

a. 低角度裂缝　　　　　　　　　b. 斜交缝

c. 高角度裂缝　　　　　　　　　d. 网状缝

图 6.20　不同类型裂缝的声成像响应图

6.2.4.4 声成像测井交互解释裂缝视参数计算

1. 异常面积计算

UXPL 或 CBIL 声波成像单点在图像上所占的面积(单位为 mm²)为:

$$S_1 = \pi \times D \times 25.4 \div N \times RLEV \times 1000 \tag{6.10}$$

式中　D——钻头直径,in;

　　　N——声波成像仪器扫描一周的点数(如 192 或 128);

　　　$RLEV$——声波成像测井数据深度采样间距,m。

计算异常面积时有两种方式搜索异常面积点:按井段搜索、按领域搜索。按井段搜索是以所选裂缝的轮廓线顶底为准,上下各加半个搜索缝宽作为搜索区域。按领域搜索是以所选裂缝的轮廓线为中心,上下各加半个搜索缝宽作为搜索区域。建议按"按领域搜索"。

在处理井段内对所搜索的声波幅度数据进行统计并形成直方图(图 6.21),然后根据直方图选择相应的幅度异常值截止值,以幅度低于某一值为裂缝引起的裂缝点,将每一裂缝的轮廓线搜索区域内的所有幅度低于异常值截止值的点进行统计(点数为 n),对应的面积为裂缝的异常面积:$A = S_1 \times n$。

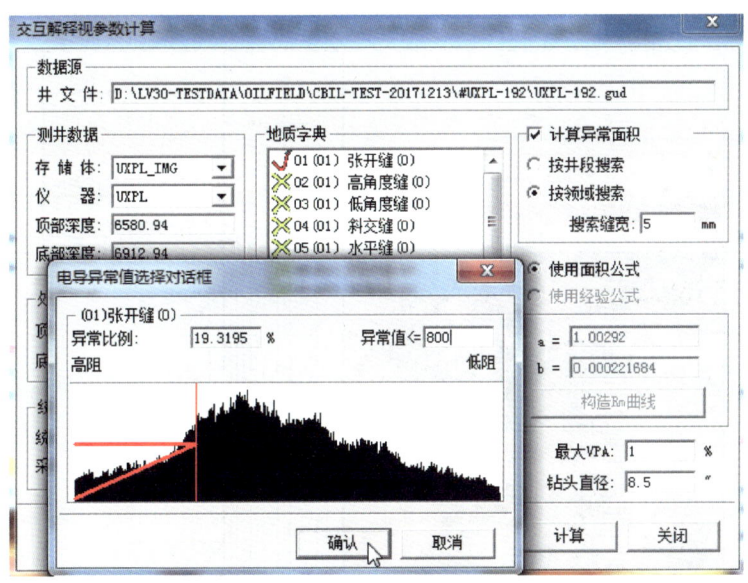

图 6.21　UXPL 声波成像交互解释视参数计算——声波幅度异常值统计

2. 裂缝参数计算

裂缝开度:某一裂缝的异常面积除以裂缝长度,$OPEN = A/L$。其中,A 为裂缝的异常面积;L 为裂缝长度。

单条裂缝平均视宽度:$W = S_1 \times n/L$。其中,W 为裂缝平均视宽度,单位为 mm;L 为裂缝长度;n 为搜索区域内异常面积的总点数。

裂缝产状：包括走向、倾向和倾角。根据交互解释得到的裂缝轨迹、井径、仪器方位、井斜方位和井斜角等信息可计算出裂缝的产状参数。

裂缝平均视宽度（VDA，mm）：统计窗长内所有裂缝视宽度的平均值（计算的单条裂缝平均视宽度）。

裂缝密度（VDC，条/m）：统计窗长内所见到的裂缝总条数。

裂缝长度（VTL，m/m^2）：每平方米井壁所见到的裂缝长度。

裂缝的平均水动力宽度（VAH，mm）：统计窗长内各裂缝轨迹宽度的立方和开立方。

裂缝视面积孔隙度（VPA,%）：统计窗长内各裂缝的视开口面积与统计窗长内成像图像的面积之比。

裂缝视体积孔隙度（VPV,%）：统计窗长内各裂缝的视开口体积与统计窗长岩石体积之比。

计算上述参数时，根据给定的窗长和步长定量计算以上参数，窗长为统计范围（如0.6096m），步长即采样间距（如0.1524m）。

图6.22、图6.23是Y8-3-A井两个深度段的声成像裂缝定量计算结果，根据第三道声成像图人机交互识别出裂缝，然后再进行裂缝视参数的定量计算。根据现场井壁取心描述，2920m处壁心中部见水平微裂缝，一端见高角度微裂缝，这与图6.23中对应深度段裂缝产状吻合，表明人机交互识别裂缝的准确度。

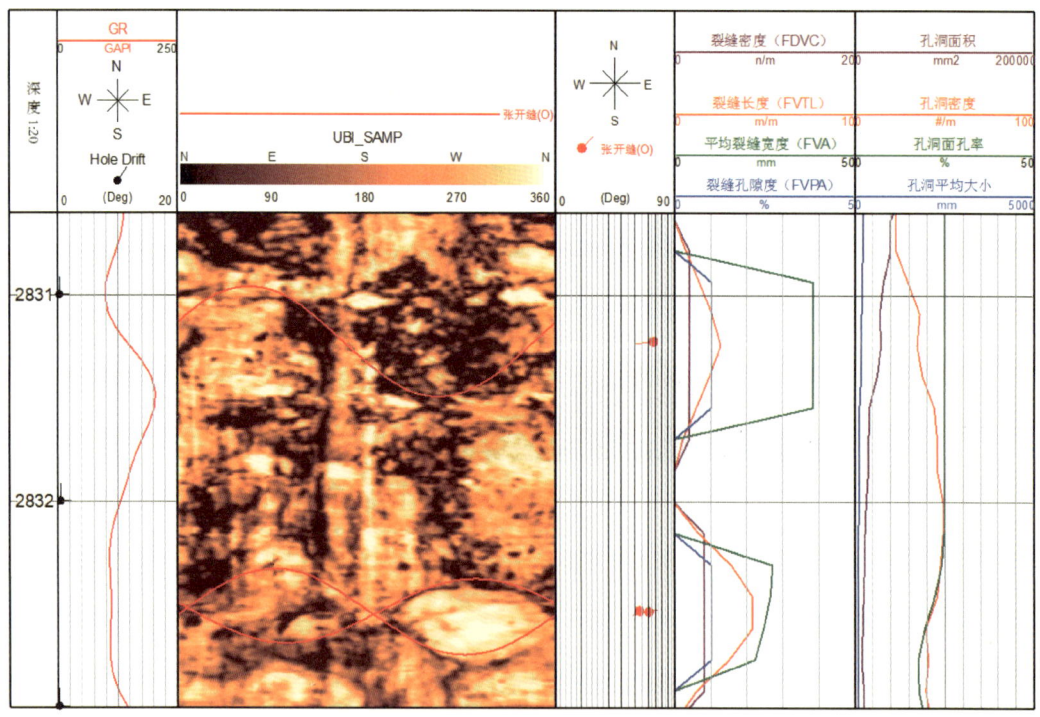

图6.22　Y8-3-A井声成像裂缝参数定量计算（2830.5~2833m）

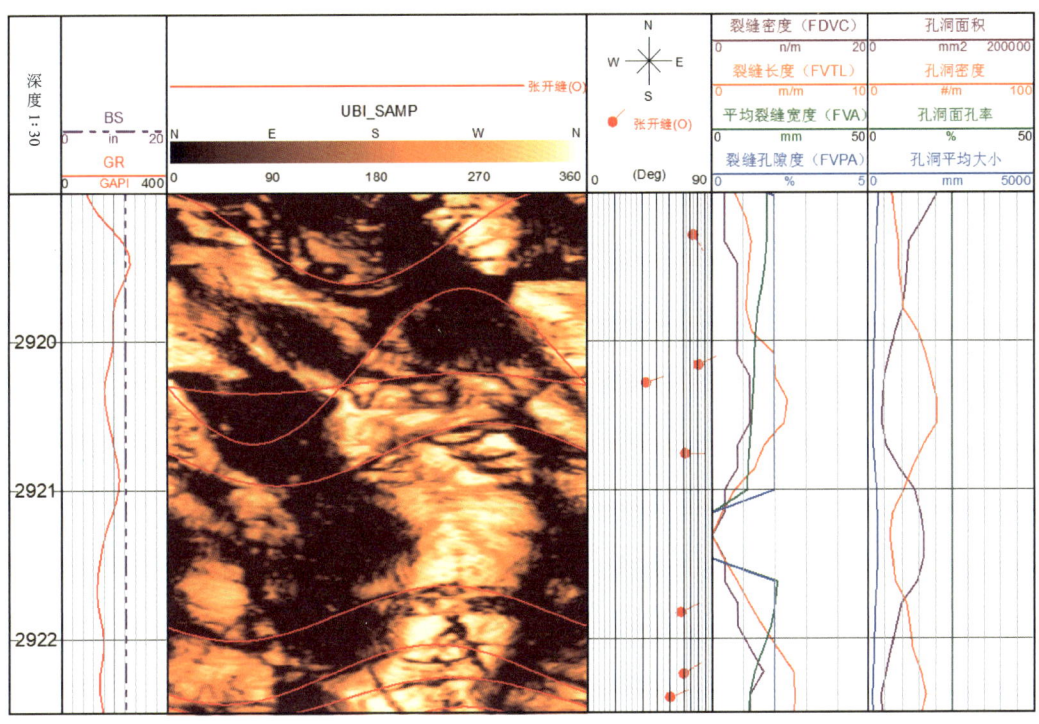

图 6.23　Y8-3-A 井声成像裂缝参数定量计算（2910~2922.5m）

6.2.5　阵列声波测井储层有效性分析

在裂缝发育地层的储层有效性分析中，裂缝的有效性与储层有效性是同步的。前已述及，利用各种声波横向探测深度不同的物理信号可以实现裂缝的识别，因此，利用不同声波测井解释裂缝之间的契合度可对储层有效性进行综合评判。

图 6.24 是 Y8-3-A 井基于声波测井资料的裂缝有效性横向对比图，主要展示了声成像、斯通利波以及横波信息对裂缝的响应与特征参数。声成像人机交互解释拾取的裂缝是根据图像判断出的，对于微裂缝、充填裂缝存在一定偏差；斯通利波渗透率反映的是地层总体连通性，当孔隙、裂缝发育时，连通性好的地层斯通利波渗透率高，且一般裂缝有效宽度越大，斯通利波渗透率越高，但渗透率高的地层不一定全是裂缝的贡献；单极子横波的横向探测深度比声成像、斯通利波都大，除了能够反映裂缝发育情况，也容易受岩性非均质性和地应力影响。所以，以上三种横向探测深度不同的声波测井信息都能指示裂缝，尽管各自有局限性，但综合分析则可以提高裂缝有效性的评价精度。

在图 6.24 中，2827~2855m 深度段，声成像显示裂缝密度、宽度大，表明井壁处裂缝发育；斯通利波渗透率相对高值，表明地层连通性好；横波能量差值大且远近横波的谱相关系数低，表明裂缝影响明显。所以综合判断，该深度段裂缝发育良好，且沿井外横向有一定延伸。而 2884~2891m 深度段，声成像裂缝少、斯通利波渗透率低值、远近横波的谱相关系数高，均表明裂缝不发育，所以综合判断为相对致密层。

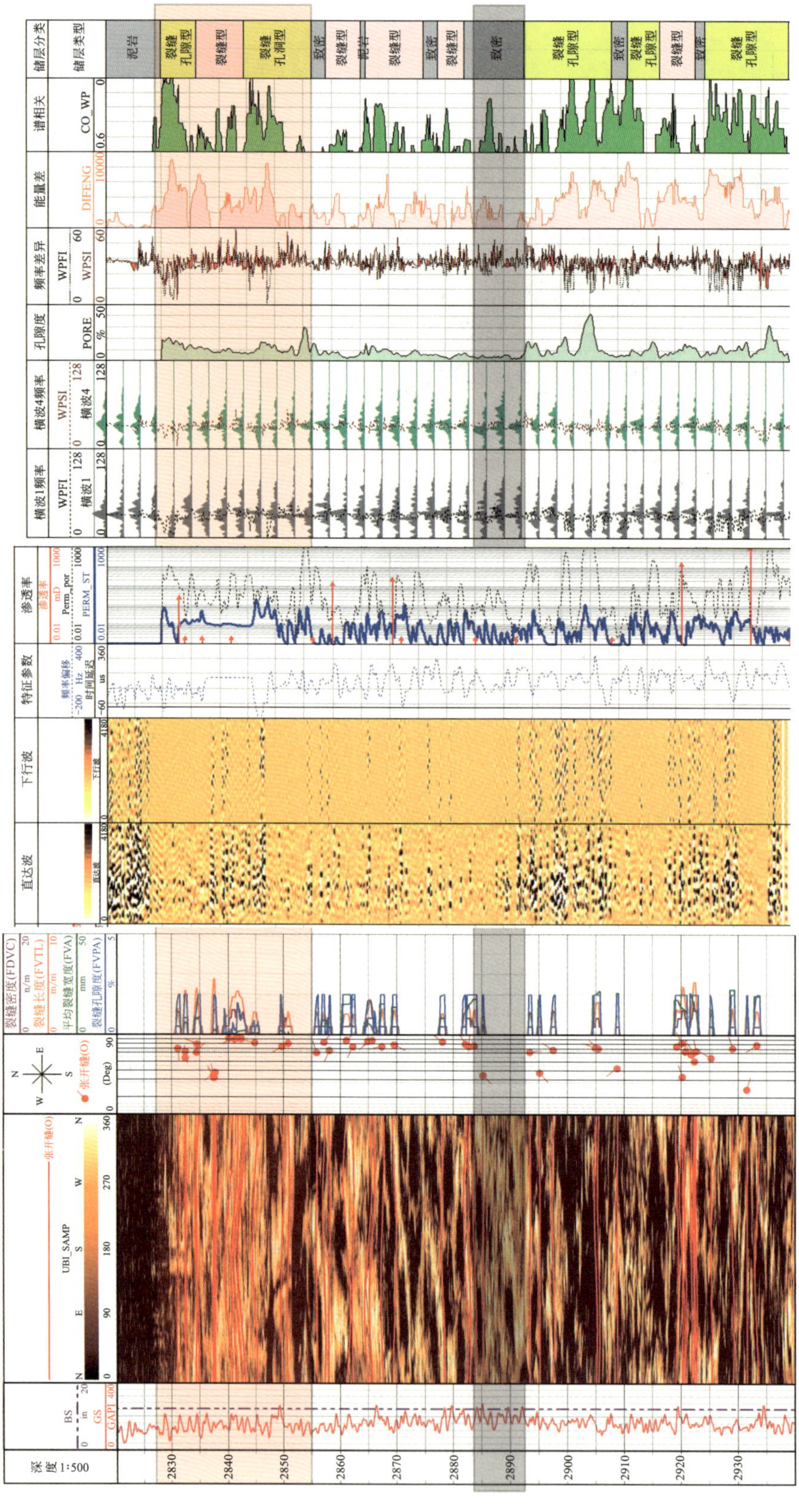

图 6.24 Y8-3-A 基于声波测井资料的裂缝有效性横向对比图

6.3 常规测井裂缝识别及储层有效性分析

裂缝的发育主要从两方面改善储层：形成优势通道，改善储层渗透特性；沿裂缝更易发生溶蚀，形成优势储集空间，改善储层储集特性。以上两点特征在常规测井曲线上有较好的响应，具体表现为（1）裂缝发育处为优势渗流通道，钻井液侵入严重，形成优势导电通道，导致电阻率曲线急剧下降，且裂缝有效性越好，深浅电阻率差异越小；（2）沿裂缝发育的溶蚀导致储层孔隙度增大，三孔隙度曲线均表现出更强的孔隙性。

对于 Y 区花岗岩储层，原生孔隙不发育，致密的基质岩石在地质应力作用（剧烈褶皱及断层等）下破碎形成裂缝。只有当裂缝的数量足够多、张开度足够大时，储层才具有较好的储集性和渗透性。因此可以利用常规测井计算出的裂缝孔隙和导电效率来评价储层的有效性。

利用常规测井、阵列声波资料对研究区储层的裂缝孔隙度与有效性进行了评价。图 6.25 为 Y8-3-B 井 2920~2995m 储层裂缝孔隙度和有效性分析成果图，其中第 6 道为双孔模型裂缝孔隙度，第 7 道为导电效率，第 8 道为声波测井计算出的快慢横波能量差，第 9 道为快慢横波谱相关系数。这 4 道曲线信息是识别储层有效性的关键参数，结果显示相互之间的匹配性较好。在有效性最好的裂缝—孔隙型储层段，裂缝孔隙度大，导电效率大，快慢横波能量差大，快慢横波谱相关系数小；而在有效性最差的相对致密层段，裂缝孔隙度小，导电效率小，快慢横波能量差小，快慢横波谱相关系数大。这表明了该综合评价方法对裂缝型潜山地层有效性评价的适用性。

使用常规测井、声电成像测井和阵列声波测井等信息，能够综合评价裂缝的有效性。图 6.26 为 Y8-3-A 井 2827~2865m 横向分析对比图。图中 2827.5~2834m 为裂缝孔隙型储层，该段导电效率高，裂缝孔隙度大，快慢横波能量差大，快慢横波相关系数小，电成像图像上能观察到明显的裂缝以及沿裂缝发育的溶蚀孔洞，综合评价裂缝有效性好；2834~2852m 为裂缝型储层，与其上储层相比，该段导电效率降低，裂缝孔隙度变小，快慢横波能量差相对下降，快慢横波相关系数增大，电成像图像上能观察到明显的网状裂缝。综合评价下部裂缝型储层的有效性差于上部的裂缝孔隙型储层。

6.4 多因子分级次裂缝有效性综合分析

根据以上分析，导电效率、斯通利波渗透率、快慢横波能量差、谱相关系数等参数能够有效识别 Y 区裂缝—孔隙型储层中的裂缝，评价裂缝有效性。因此提出多因子、分级次的裂缝有效性综合评价思路，即首先利用常规测井结合横波时差等参数区分有效储层和无效储层（干层）（第一级次）；再使用常规测井计算出的导电效率结合阵列声波能量差、谱相关系数、斯通利波渗透率，有效区分三类储层类型（第二级次）；最后通过导电效率和测压资料将有效储层中的裂缝型储层与裂缝—孔隙型储层区别开来（第三级次），实现多尺度精细描述评价裂缝型潜山有效性的目的。

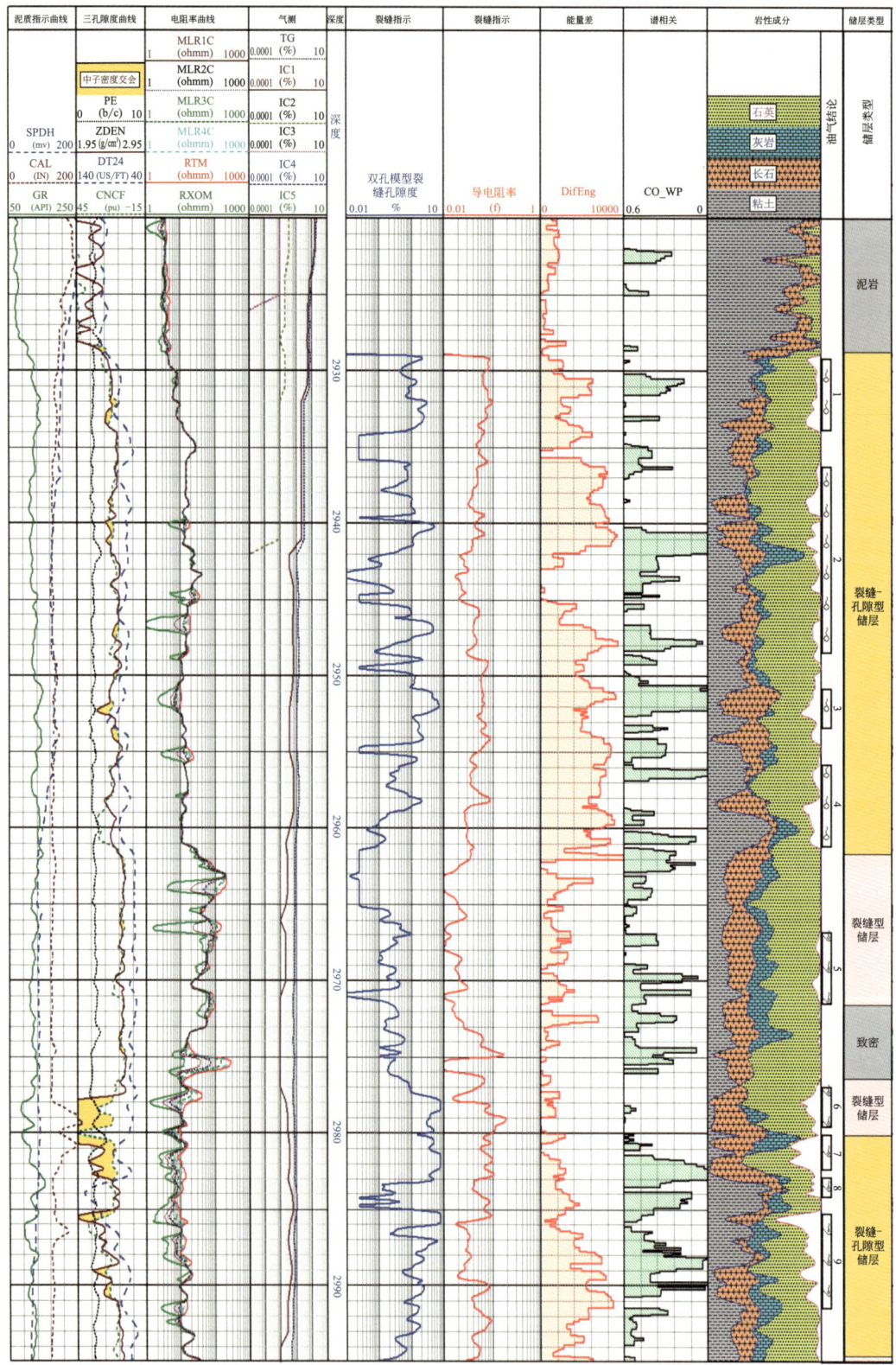

图 6.25　Y8-3-B 井潜山储层有效性分析成果图（2920~2995m）

第6章 南海深水潜山储层裂缝测井识别及有效性分析

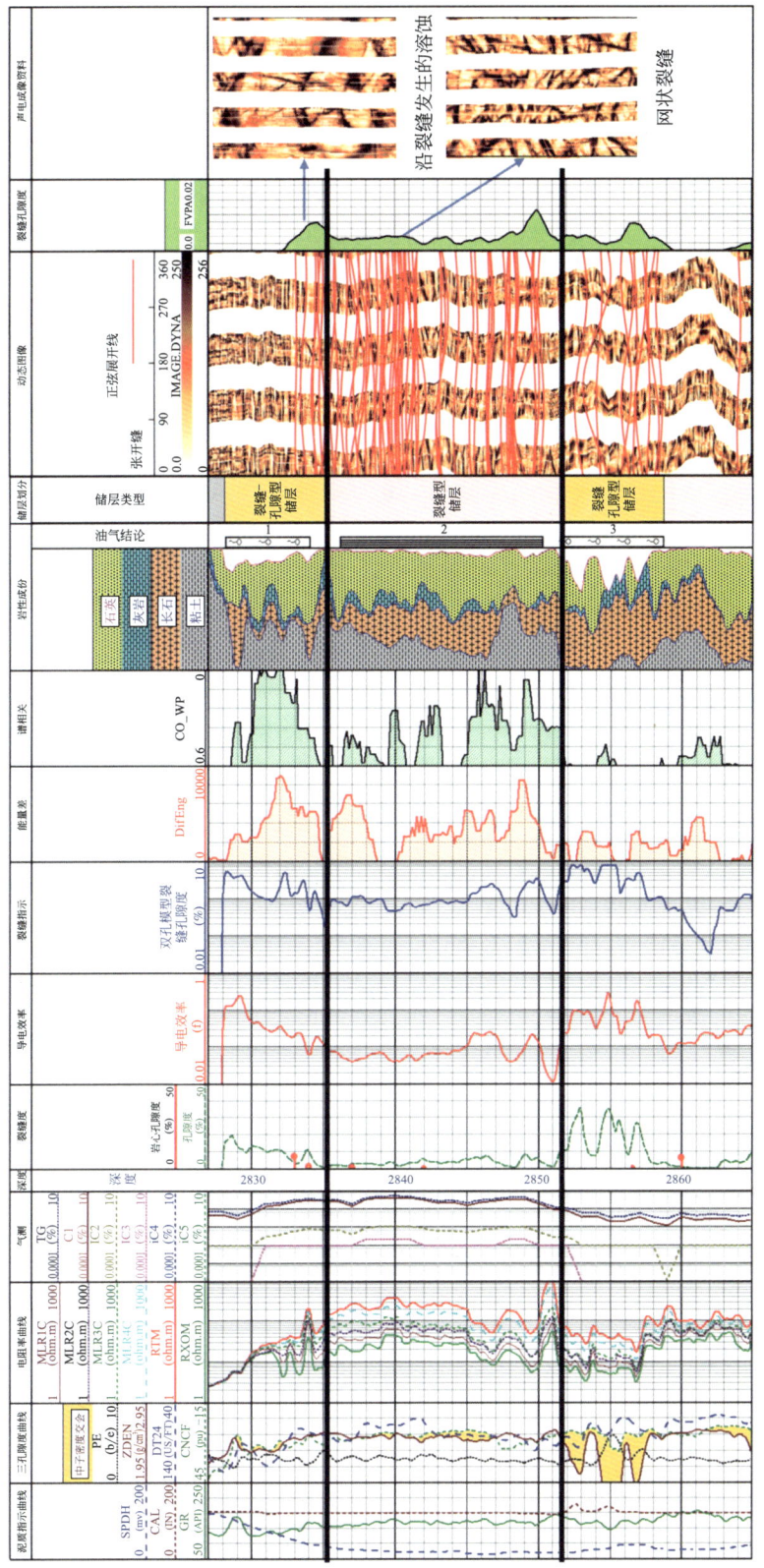

图 6.26 Y8-3-A 井裂缝有效性分析横向对比图（2827~2865m）

6.4.1 裂缝有效性综合评价（第一级次）

根据常规测井信息，结合横波时差以及测井处理获得的相关参数，可以定性、定量地将储层与非储层（干层）进行区分（图 6.27～图 6.30）。对比发现，电阻率—密度、纵波时差—横波时差、能量差—谱相关系数三个交会图效果相对较好，可以实现干层与储层的有效区分，其中密度 2.5g/cm³、纵波时差 66μs/ft、横波时差 113μs/ft、谱相关系数 0.6 这四个参数值是区分干层与储层的界限。

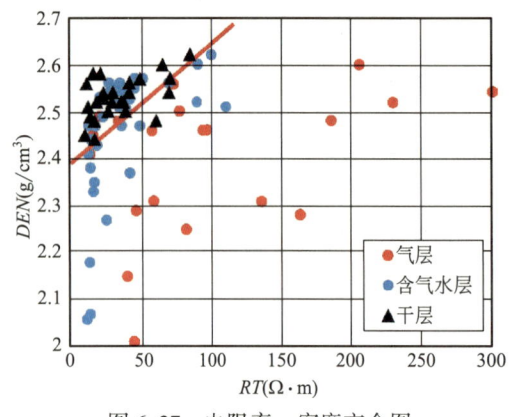

图 6.27 电阻率—密度交会图

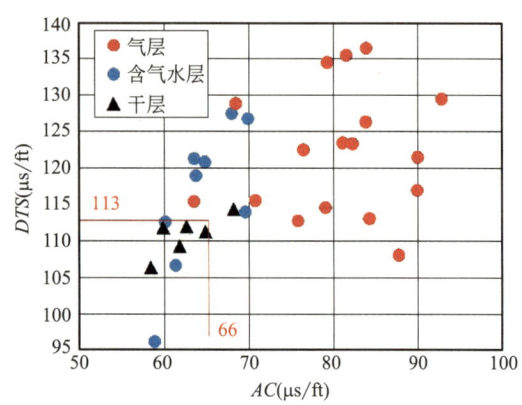

图 6.28 纵波时差—横波时差交会图

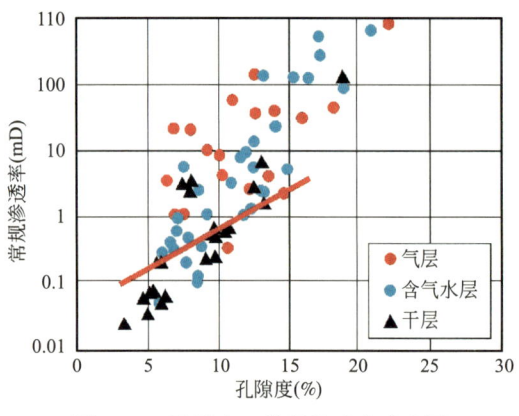

图 6.29 孔隙度—常规渗透率交会图

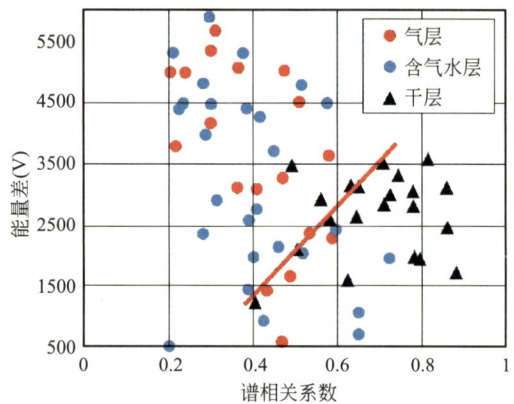

图 6.30 谱相关系数—能量差交会图

6.4.2 裂缝有效性综合评价（第二级次）

如前所述，在第一级次识别出有效储层的基础上，可以利用导电效率、斯通利波渗透率、波形能量差及谱相关系数等参数进一步划分有效储层类型。图 6.31 和图 6.32 分别为快慢横波能量差和谱相关系数与导电效率的交会图，从图中可以看出，基于导电效率、能量差及谱相关系数能有效区别裂缝—孔隙型储层、裂缝型储层以及致密层。

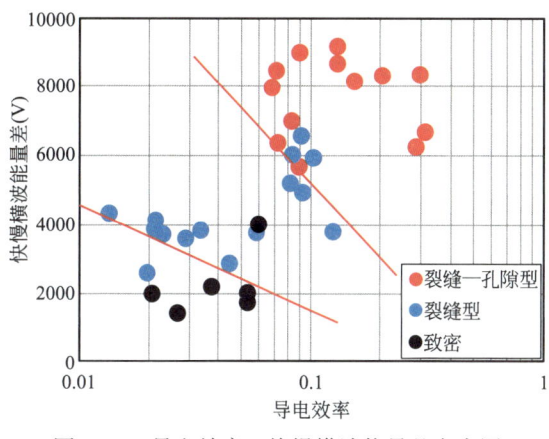
图 6.31 导电效率—快慢横波能量差交会图

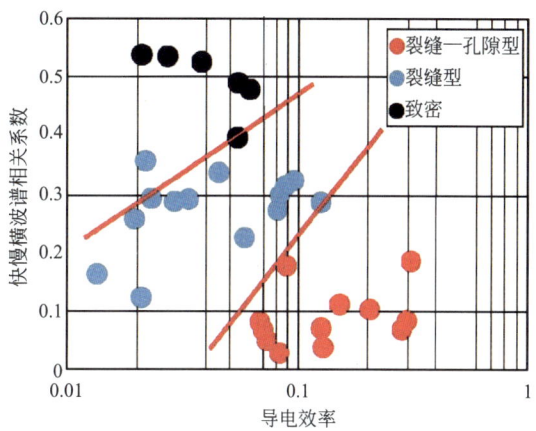
图 6.32 导电效率—快慢横波谱相关系数交会图

图 6.33、图 6.34 分别为快慢横波能量差和谱相关系数与斯通利波渗透率的交会图，从图中可以看出，斯通利波渗透率与快慢横波能量差、谱相关系数均具有较好的相关性，且对不同储层类型具有较好的分异性，说明快慢横波能量差、谱相关系数与裂缝有效性关系密切。

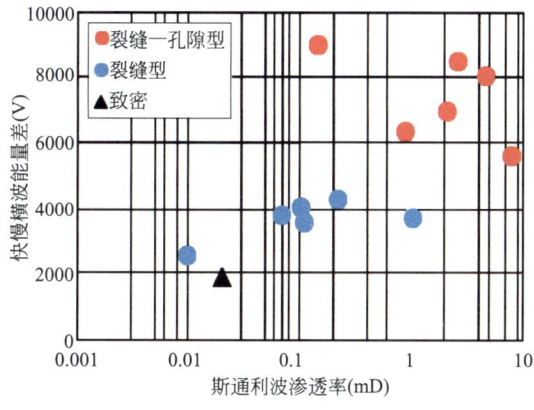
图 6.33 斯通利波渗透率—快慢横波能量差交会图

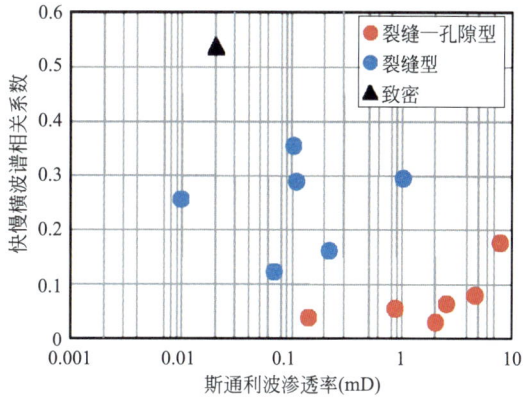
图 6.34 斯通利波渗透率—快慢横波谱相关系数交会图

6.4.3 裂缝有效性综合评价（第三级次）

图 6.35 为估算储层流度与导电效率交会图（数据来自于 Y8-1-A、Y8-1-B 井），图 6.36 为储层斯通利波渗透率与导电效率交会图（数据来自于 Y8-1-B、Y8-2-A 井）。从图 6.35 可以看出，导电效率与电缆地层测试估算的流度相关性较好，这为利用导电效率区分裂缝有效性级别提供了依据。从图 6.36 可以看出，导电效率与斯通利波渗透率相关性较好，能有效区分裂缝型储层和裂缝—孔隙型储层，再次验证了导电效率区分裂缝有效性的作用。通过图版分析，总结出导电效率 = 0.02、流度 = 10mD/cP、斯通利波渗透率 = 0.6mD 可作为 Y 区块潜山地层划分裂缝—孔隙型储层与裂缝型储层的标准。

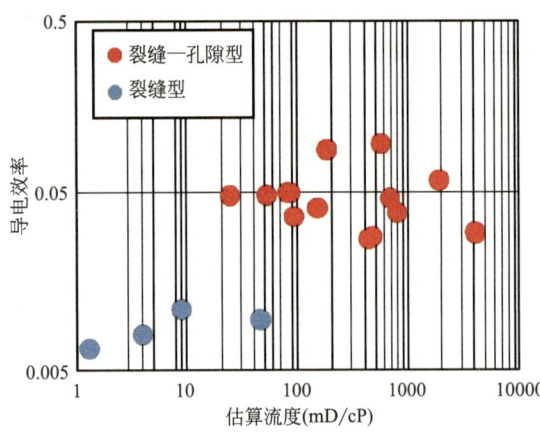
图6.35 估算流度—导电效率交会图

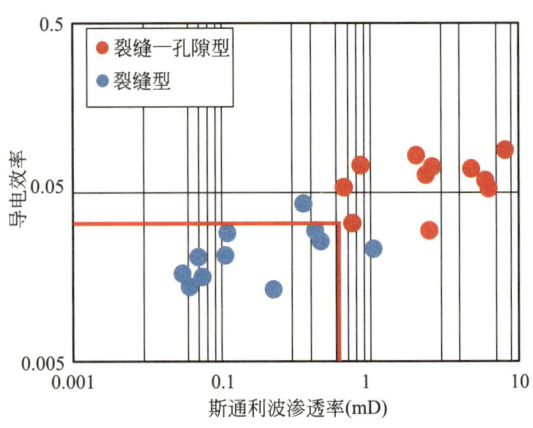
图6.36 斯通利波渗透率—导电效率交会图

6.5 潜山裂缝型储层有效性评价方法小结

根据前文分析总结，潜山裂缝储层有效性评价方法及标准如表6.3和表6.4所示。

表6.3 潜山裂缝型储层有效性评价方法适用性对比表

方法	优点	缺点	建议
常规测井	测井技术成熟且适应性强，能对储层有效性提供综合的评价与反映	分辨率有限，难以对微小裂缝进行识别，仅对裂缝发育段有响应，且无法提供裂缝的几何产状信息	建议在有效性评价参数优选基础上，采用多因子、分级次裂缝有效性综合评价方法
电成像测井	测井资料分辨率高，成果对裂缝的描述直观清晰；可以对裂缝的产状、类别、有效性、裂缝参数及分布格局进行定量细致的表述	径向探测范围浅，受扩径和侵入的影响较大	
双侧向测井	可以定性识别裂缝产状，基于双侧向不同幅度差可以定量计算裂缝宽度和裂缝孔隙度	Y区没有双侧向测井数据	
阵列声波测井	径向探测范围深，能反映裂缝的径向延伸情况	有效性评价受地层含气的影响	

表6.4 南海Y地区潜山裂缝型储层有效性划分评价表

储层有效性	第一级次(储层有效性评价)			
	评价参数			
	密度(g/cm³)	纵波时差(μs/ft)	横波时差(μs/ft)	谱相关系数
干层	>2.5	<66	<113	>0.6
储层	<2.5	>66	>113	<0.6

续表

储层类型	第二级次(有效储层类型划分)	
	评价参数	
	谱相关系数	快慢横波能量差(V)
裂缝型	0.1~0.6	>6000
裂缝—孔隙型	<0.1	<6000

储层类型	第三级次(有效储层渗流能力评价)		
	评价参数		
	导电效率	流度(mD/cP)	斯通利波渗透率(mD)
裂缝型	<0.02	>10	>0.6
裂缝—孔隙型	>0.02	<10	<0.6

第7章
南海深水潜山裂缝—孔隙型储层参数定量计算*

南海深水潜山花岗岩储层的主要储集空间类型除裂缝外，还有裂缝—孔隙型组合类型。上一章重点讨论了裂缝型储层中裂缝的识别、有效性分析以及裂缝参数定量计算，本章重点基于常规测井和成像测井资料探索裂缝—孔隙型储层的物性参数计算问题，以建立适用于Y区潜山裂缝—孔隙型储层的孔隙度、渗透率以及饱和度计算模型。

7.1 孔隙度计算模型

孔隙度是评价储层孔隙空间大小的参数，也是最主要的物性参数。Y区潜山花岗岩储层的孔隙按形成机理及大小可以分为原生孔隙和次生孔隙。原生孔隙具有均质且孔隙空间较小的特点；次生孔隙由裂缝和溶蚀孔洞组成，主要具有分布不均、孔隙空间较大的特点。因此，在测井解释中可用总孔隙度、基质孔隙度及裂缝孔隙度来描述这种复杂孔隙结构的储层特征。下面重点讨论潜山花岗岩储层的总孔隙度与裂缝孔隙度的计算。

7.1.1 总孔隙度计算

基于多矿物、多组分最优化解释方法，自主研发了地层组分分析程序，用来计算储层总孔隙度、基质孔隙度及骨架含量等参数。该程序具有灵活方便的模块结构以及有效的质量控制等特点，突破了传统的测井资料解释模型与框架，对于复杂孔隙结构的储层有良好的求解能力。

地层组分分析程序计算的孔隙度，还采用了常规测井密度、中子、声波资料，在很大程度上既减小了地层非均质性和各向异性的影响，又校正了骨架的影响，因此其计算的结果更为可靠。地层组分分析程序的原理方法如下。

7.1.1.1 地层参数物理模型

含油气储层可以看成是由具有不同性质的组分组成的，包括不动油、可动油、可动水、天然气、泥质以及岩石的各种骨架矿物。测井分析的主要任务就是求准各项组分在地层中的相对含量，为储层孔隙度、含油饱和度等参数计算奠定基础。

---

* 本章中的"综合柱状图""综合解释图""测井解释图""处理成果图""解释成果图""响应特征图""计算结果图""识别柱状图"等均是利用地质专业软件生成的图形文件，其表头文字仅作描述用，通常不标注单位。除非个别用错的术语、符号作了修正，其余保持原样。

要用现有的有限的测井信息正确反演出储层的全部组分是不可能的。一般情况下，组分的个数必须小于或等于响应方程的个数加1。为满足这一要求，通常把地层中物理性质相近的组分看成是同种组分，同时把地层中一些含量很小的组分合并到性质与之相近的组分之中。

假设组分中不动油、可动油、可动水、天然气、泥质以及岩石的各种骨架矿物在地层中的相对含量分别为 x_{or}，x_{om}，x_{fw}，x_{gas}，x_{sh}，x_{ma1}，x_{ma2}，$\cdots$，x_{mak}，则可得到

孔隙度：

$$\phi = x_{or} + x_{om} + x_{fw} + x_{gas} \tag{7.1}$$

地层含水饱和度：

$$S_w = \frac{x_{fw}}{x_{or} + x_{om} + x_{fw} + x_{gas}} \tag{7.2}$$

冲洗带含水饱和度：

$$S_{xo} = \frac{x_{om} + x_{fw} + x_{gas}}{x_{or} + x_{om} + x_{fw} + x_{gas}} \tag{7.3}$$

泥质含量：

$$V_{sh} = x_{sh} \tag{7.4}$$

7.1.1.2 数学模型

根据以上物理模型，可写出各种测井仪器的响应方程式。例如，密度测井的响应方程为：

$$\rho_b = \rho_{or} x_{or} + \rho_{fw} x_{fw} + \rho_{om} x_{om} + \rho_{sh} x_{sh} + \rho_{ma1} x_{ma1} + \rho_{ma2} x_{ma2} + \cdots + \rho_{mak} x_{mak} \tag{7.5}$$

式中，ρ_{or}、ρ_{fw}、ρ_{om}、ρ_{sh}、ρ_{ma1}、ρ_{ma2}、……、ρ_{mak} 分别表示地层中不动油气、可动水、可动油、泥质、岩石骨架矿物（1~k 种）的体积密度值。为简便起见，将上式写成：

$$\rho_b = \sum_{j=1}^{n} \rho_j x_j \quad (j=1,2,\cdots,n) \tag{7.6}$$

其中，n 表示组成地层的组分个数，x_j 表示第 j 种组分的相对含量。同理可写出其他测井仪器的响应方程，用通式表示为：

$$B_i = \sum_{j=1}^{n} A_{ij} x_j \quad (i=1,2,\cdots,m) \tag{7.7}$$

式中，m 为测井仪器的个数；B 为地层对测井仪器的响应值。解以上由 m 个方程组成的方程组，就可以求得 x_j。

当 $m<n$ 时，方程组有多个解，无实际意义。当 $m=n$ 时，以上方程组有唯一解。但是，为了充分利用测井信息、提高测井解释的可靠性，一般情况下，$m>n$，此时方程组为超定线性方程组，它具有一最优解。这一最优解 $\vec{x}^*$ 有可能出现 $x_j^* <0$ 或 $x_j^* >1$ 的现象，这种结果在地质上是不存在的或无实际意义。为了使求解的结果合乎地质意义并符合地层实际情况，在求解由式(7.7)组成的方程组时，需加入有关的约束条件：

$$\begin{cases} B_i = \sum_{j=1}^{n} A_{ij} x_j \quad (i=1,2,\cdots,m) \\ 约束 R: \sum_{j=1}^{n} x_j = 1 \\ 0 \leqslant x_j \leqslant 1 \quad (j=1,2,\cdots,n) \end{cases} \tag{7.8}$$

写成更一般的形式：

$$\begin{cases} B_i = \sum_{j=1}^{n} A_{ij} x_j \quad (i = 1, 2, \cdots, m) \\ 约束 R: \sum_{j=1}^{n} x_j = c \\ 0 \leq x_j \leq x_{\text{max}j} \quad (j = 1, 2, \cdots, n) \end{cases} \quad (7.9)$$

式中，c、$x_{\text{max}j}$ 均为常数，在这里 $c=1$，$x_{\text{max}j}$ 为第 j 种组分的最大相对体积。

7.1.1.3 最优化解释的目标函数

由线性最小二乘原理，解式(7.9)这一带约束线性方程组的问题可转换成以下求极值问题：

$$\begin{cases} \min f(\vec{x}), f(\vec{x}) = \sum_{i=1}^{m} \left(\sum_{j=1}^{n} A_{ij} x_j - B_i \right) \\ 约束 R: \sum_{j=1}^{n} x_j = c \\ 0 \leq x_j \leq x_{\text{max}j} \quad (i = 1, 2, \cdots, m; j = 1, 2, \cdots, n) \end{cases} \quad (7.10)$$

由于不同的测井值的量纲不一样，而且它们的测量值大小的差别也很大，因此在实际计算中需要将式(7.10)的目标函数的系数 A 及 B 进行标准化处理（B 为输入的测井值，A 为测井响应参数），以便使各种仪器的 A 和 B 值都成为无量纲的数，并在同一数量级上，这样可使得各种测井方法对最终结果具有相同的贡献。标准化处理的方法是将方程的两边同时除以一个系数 P，该系数除具有标准化作用外，还具有权系数的作用，质量差的测井曲线应赋予低的权系数，质量好的测井曲线应赋予高的权系数。

当 $n \leq m$ 时，线性方程组 (7.9) 的最小二乘解是唯一的（因为在实际问题中矩阵 A 满秩），并且方程组 (7.9) 的解空间为凸空间，因此这种带约束的线性方程组 (7.9) 的解是唯一的，极小化问题即方程组 (7.10) 只有一个极小点，方程组(7.10) 构成了地层组分分析方法的数学模型。

7.1.1.4 孔隙度计算精度分析

表 7.1 为孔隙度计算结果与岩心实验测量结果对比情况。由表可看出，测井计算孔隙度绝对误差平均为 0.7079%，相对误差平均为 7.2%，相对误差在 8% 以内，满足储量计算要求。图 7.1 为测井计算孔隙度与岩心分析孔隙度对比图，由图可见，样品点分布在中间线附近，说明测井计算的孔隙度与岩心分析孔隙度较为接近，证明计算结果较准确。

表 7.1　测井计算孔隙度与岩心分析孔隙度对比

编号	井名	井深 （m）	岩心分析孔隙度 （%）	测井计算孔隙度 （%）	绝对误差 （%）	相对误差 （%）
1	Y8-1-A	2960.5	12.5	11.0	1.5	11.7
2	Y8-1-A	2972.0	14.9	14.5	0.4	3.2
3	Y8-1-A	2974.0	12.7	14.3	1.6	12.3
4	Y8-1-A	2981.0	16.2	16.9	0.7	4.0
5	Y8-1-A	2984.0	17.8	16.6	1.2	6.5
6	Y8-1-A	2986.0	11.0	11.5	0.5	5.0
7	Y8-1-A	2994.0	17.2	17.4	0.2	0.7
8	Y8-1-A	2998.0	11.6	12.6	1	8.6
9	Y8-1-A	2999.0	11.2	11.9	0.7	6.0
10	Y8-1-A	3016.0	2.69	2.4	0.29	10.8
11	Y8-1-A	3003.0	8.19	7.5	0.69	9.0
12	Y8-1-A	3010.0	7.09	7.8	0.71	9.9
13	Y8-1-A	3024.0	3.57	4.0	0.43	11.0
14	Y8-1-A	3050.0	11.4	10.2	1.2	10.4
15	Y8-1-B	3323	12.7	12.4	0.3	2.4
16	Y8-1-B	3339	19.4	19.6	0.2	1.1
17	Y8-1-B	3347	9.39	9.7	0.31	3.3
18	Y8-1-B	3483	7.05	8.0	0.95	13.6
平均值		—	—	—	0.72	7.2

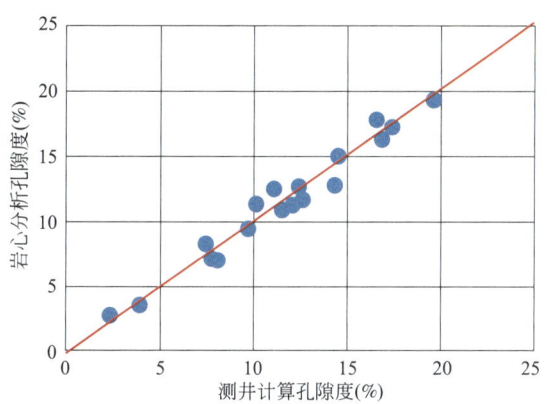

图 7.1　测井计算孔隙度与岩心分析孔隙度对比图

7.1.2　裂缝孔隙度计算

裂缝孔隙度是研究储层裂缝的关键参数，其数值可靠与否将直接影响裂缝性储层评价的精确性。目前计算裂缝孔隙度的方法主要包括双孔隙模型法、电成像法、双侧向法等，下面介绍前两种。

7.1.2.1 双孔隙模型法

1. 双孔隙模型

双孔隙模型最早由 Warren 和 Rooh 提出，即用原生孔隙系统叠加规则裂缝系统表示储层双孔隙。迄今为止，许多学者对该模型进行了修正拓广。Aguilera 于 2003 年提出了较为严谨的两种双孔隙模型：双孔隙模型Ⅰ由基质孔隙和非连通孔洞组成，可以用串联电阻网络来模拟，用于计算具有非连通孔洞储层的孔隙指数 m 的值；双孔隙模型Ⅱ由基质孔隙和裂缝组成，可以用并联电阻网络来模拟，用于计算裂缝储层 m 的值。本研究采用的双孔隙模型为模型Ⅱ。

对具有裂缝的地层，其导电路径可分为裂缝和基块两部分，这两部分的导电特征是不相同的。假设基质孔隙与裂缝并联，且岩石饱含水，则：

$$\frac{1}{R_{fo}} = \frac{v\phi}{R_w} + \frac{1-v\phi}{R_o} \tag{7.11}$$

式中 R_{fo}——100%饱和水时岩石的电阻率，$\Omega \cdot m$；

v——Pirson 分配系数；

ϕ——岩石孔隙度；

R_w——地层水电阻率，$\Omega \cdot m$；

R_o——基质全含水时的电阻率，$\Omega \cdot m$。

v 表示裂缝相对组成与总孔隙度的比例，定义为：

$$v = \frac{\phi - \phi_b}{\phi(1-\phi_b)} \tag{7.12}$$

式中，ϕ_b 为基质孔隙度。

由式（7.11）有：

$$R_{fo} = \frac{R_w R_o}{v\phi R_o + (1-v\phi) R_w} \tag{7.13}$$

整个岩石的地层因素为：

$$F = \frac{R_{fo}}{R_w} \tag{7.14}$$

将式（7.13）代入并整理得：

$$F = \frac{1}{v\phi + (1-v\phi)\frac{R_w}{R_o}} \tag{7.15}$$

基质的地层因素为：

$$F_b = \frac{R_o}{R_w} \tag{7.16}$$

对由基质组成的岩石系统，应用阿尔奇公式，有：

$$F_b = \frac{1}{\phi_b^{m_b}} \tag{7.17}$$

式中，m_b 为基质的胶结指数。

由式(7.15)、式(7.16)、式(7.17) 有：

$$F = \frac{1}{v\phi + (1-v\phi)\phi_b^{m_b}} \tag{7.18}$$

分以下两种极端情况，讨论该式的实用性：

(1) 岩石中无裂缝，只存在基质孔隙，即 $\phi = \phi_b$，因此 $v=0$，式(7.18) 可写成：

$$F = \frac{1}{\phi_b^{m_b}} \tag{7.19}$$

该式为粒间孔隙介质中定义的地层因素关系式，因此对这一特殊情况，式(7.18) 成立。

(2) 岩石中只存在裂缝，由式(7.12) 得分配系数 $v=1$，代入式(7.18) 得：

$$F = \frac{1}{\phi + (1-\phi)\phi_b^{m_b}} \tag{7.20}$$

通常情况下有：$\phi \gg (1-\phi)\phi_b^{m_b}$，因此上式可写成：

$$F \approx \frac{1}{\phi} \tag{7.21}$$

这就是孔隙度指数为1时地层因素的表达式。根据理论分析，裂缝系统的孔隙度指数应接近于1，因此，在这一特殊情况下，式(7.18) 同样成立。

对同时存在裂缝和基质孔隙的岩石，应用阿尔奇公式有：

$$F = \frac{1}{\phi^m} \tag{7.22}$$

式中 m——整个岩石的胶结指数。

由式(7.18)、式(7.21) 得

$$\phi^m = v\phi + (1-v\phi)\phi_b^{m_b} \tag{7.23}$$

这就是基质孔隙度与总孔隙度之间的关系。

2. 裂缝孔隙度与基质孔隙度的计算方法

一般来说，基质的孔隙度胶结指数 m_b 可看作是常数，ϕ 可由地层组分分析程序求取，m 可由浅电阻率曲线通过电阻率响应方程估算：

$$f(R_{xo}, R_{mf}, S_{xo}, a, b, m, n, R_{sh}, V_{sh}) = 0 \tag{7.24}$$

式中 R_{xo}、R_{mf}、R_{sh} 为已知，V_{sh} 由地层组分分析程序获得。由该式求取 m 的方法有以下两种：

(1) 假定冲洗带只含水，即 $S_{xo} = 1$，且 $a = b = 1$、$m = n$，由式(7.24) 解出 m。

(2) 在逐点数字处理过程中，当前采样点的 S_{xo} 用上一采样点已计算出的 S_{xo} 近似代替，并假设 $a = b = 1$、$m = n$，再由式(7.24) 解出 m。m_b、m、ϕ 的数值获得后，可由以下方程组解出 ϕ_f 和 ϕ_b：

$$\begin{cases} \phi^m = v\phi + (1-v\phi)\phi_b^{m_b} \\ v = \dfrac{\phi - \phi_b}{\phi(1-\phi_b)} \\ \phi_b + \phi_f = \phi \end{cases} \tag{7.25}$$

双孔隙模型法使用常规测井资料即可求得裂缝孔隙度，其计算结果是否准确取决于岩石胶结指数 m 和基质胶结指数 m_b 的精度，但 m 值计算可能不准，裂缝孔隙度的范围可能不在有意义的区间内。在没有双侧向资料和电成像资料时可以使用该方法计算裂缝孔隙度，图 7.2 为 Y8-1-B 井 3330~3370m 双孔模型裂缝孔隙度计算结果。

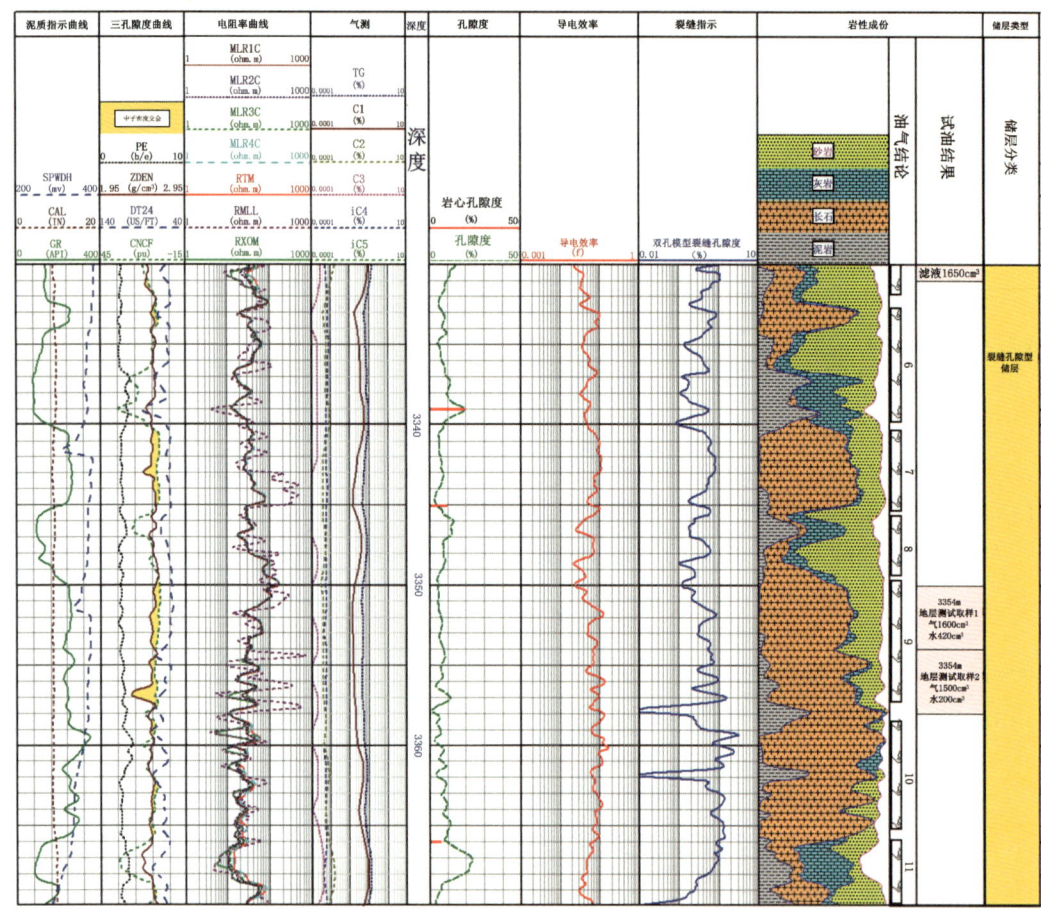

图 7.2　Y8-1-B 井层段双孔模型裂缝孔隙度计算结果图（3330~3370m）

7.1.2.2　电成像法

在生成的电成像图像上，通过人机交互解释，人工描绘出各井段中出现的裂缝，在得到裂缝产状的同时计算该裂缝的有关参数，包括裂缝张开度和裂缝孔隙度。

1. 裂缝张开度

该参数表示各裂缝轨迹张开度的平均值，单位为 mm，由下式计算：

$$W = aAR_{xo}^{b} R_{m}^{(1-b)} \tag{7.26}$$

式中　W——裂缝张开度；

　　　A——由裂缝造成的电导异常的面积；

　　　R_{xo}——地层电阻率（求得的电极电阻率）；

　　　R_m——钻井液电阻率；

a，b——与仪器有关的常数，其中 b 接近为零。

该计算公式是基于实验及数值模拟得出的经验公式，也称为斯伦贝谢公式。

2. 裂缝孔隙度

电成像裂缝孔隙度表示统计窗长内裂缝的视开口面积与电成像图像的面积之比，可由以下公式计算：

$$VPA = \frac{\sum W_i \cdot L_i}{\pi DH} \times 100\% \tag{7.27}$$

式中　VPA——裂缝视孔隙度，%；

W_i——第 i 条裂缝的平均宽度，m；

L_i——第 i 条裂缝在统计窗长内的长度，m；

D——井径，m；

H——统计窗长，一般 H 选为 1m 或者 0.5m。

按照以上方法能够得到连续的裂缝孔隙度，但计算的电成像裂缝孔隙度只是一个面积意义上的孔隙度，并不代表真实的裂缝孔隙度，只反映宏观裂缝，且受井壁状况和泥质影响较大。

图 7.3 为 Y8-3-A 井 2940~2955m 井段 FMI 成像测井裂缝评价成果图。图中第 1 道为自

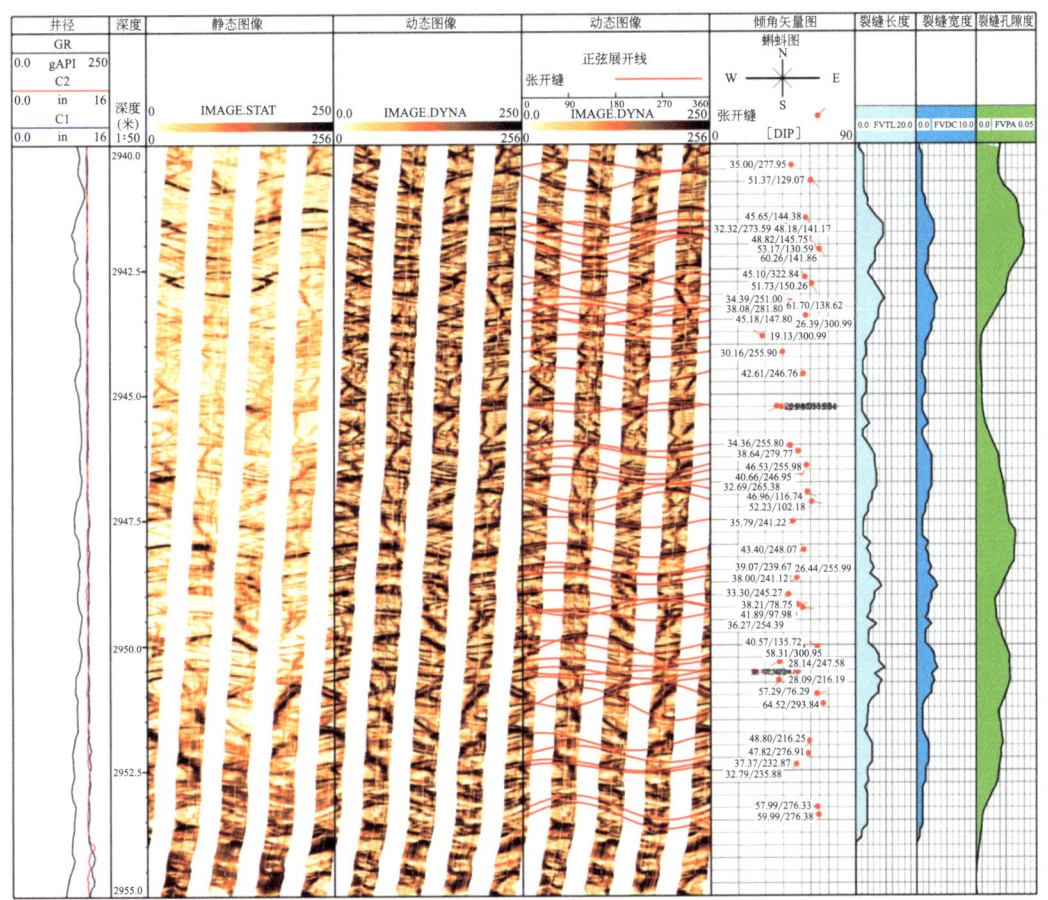

图 7.3　Y8-3-A 井井段 FMI 成像测井裂缝评价成果图（2940~2955m）

然伽马曲线和井径；第2道为深度道；第3道为FMI静态图像；第4道为FMI动态图像；第5道为FMI动态图像及手工拾取的裂缝；第6道为裂缝倾角矢量图；第7道为裂缝长度；第8道为裂缝宽度；第9道为裂缝孔隙度。

考虑到上述成像测井资料自动处理计算裂缝孔隙度的局限性，建议使用成像测井资料手工拾取裂缝计算裂缝孔隙度、裂缝长度、裂缝张开度和裂缝密度等参数。由于从成像测井图像上所拾取的裂缝均为大于成像测井分辨率的裂缝，部分微裂缝在成像测井图像上无法直接反映出来，因此利用成像测井手工拾取裂缝计算的裂缝孔隙度也为宏观裂缝的裂缝孔隙度。

既使成像测井资料手工拾取裂缝计算得到的裂缝孔隙度曲线不连续，而且手工识取裂缝受成像测井分辨率的限制，只反映宏观裂缝，不能反映微裂缝。但该方法的计算结果相对其他方法更为可靠，在裂缝型储层中具有良好的实用性，建议优先使用该方法计算的裂缝孔隙度。

渗透率计算模型

渗透率作为储层评价的重要参数之一，一直以来是国内外石油工作者关注和致力解决的重要研究课题。渗透率指示了储层的渗流能力，直接决定了储层流体的产出能力，是储层综合评价的一个关键参数。

7.2.1 双孔介质渗透率模型

潜山裂缝—孔隙型储层可看做是由基质孔隙和裂缝组成的双重介质储层，其渗透率不是由单一的基质孔隙渗透率或单一的裂缝渗透率所能表达，而是由基质孔隙渗透率 K_b 和裂缝渗透率 K_f 共同组成，且两者的差别很大，一般裂缝渗透率 K_f 比基质孔隙渗透率 K_b 要大得多。故储层中有无裂缝，对其平均渗透率影响极大，而且计算方法也不一样，所以应按储层类型分别予以讨论。

7.2.1.1 基质渗透率

在建立基质孔隙度与渗透率的关系时，应尽量避开裂缝的干扰，即在岩心孔隙度与岩心渗透率关系图中，必须把受裂缝影响的数据去掉，并沿着孔隙度增加的方向，选取渗透率较低的数据来反映基质的渗透率。

将Y8-1-A、Y8-1-B、Y8-3-A三口井岩心分析孔隙度与渗透率进行交会（图7.4），可得出基质渗透率的估算公式为：

$$K_b = 0.0561 e^{0.2416\phi} \tag{7.28}$$

该公式与一般孔隙性储层的渗透率公式在形式上是一致的，不同之处在于公式中的系数和指数值，它们综合反映了储层孔喉结构的差异。

7.2.1.2 裂缝渗透率

对于裂缝渗透率，采用法国国家石油研究院对裂缝宽度—裂缝渗透率关系的实验结论。为了研究碳酸盐岩裂缝对渗透率的影响，实验中选用了21块带有裂缝的岩心，岩心人工造

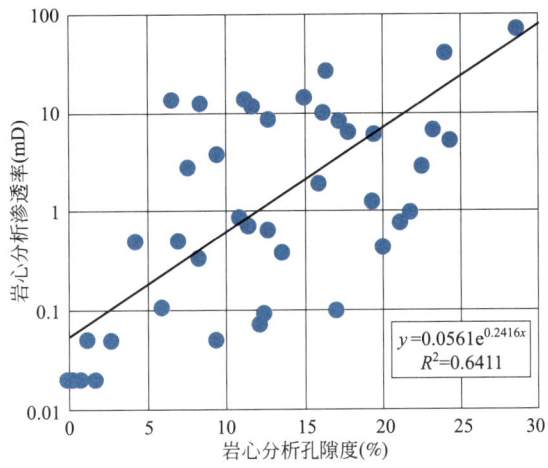

图7.4 岩心分析孔隙度与渗透率关系（Y8-1-A、Y8-1-B、Y8-3-A井）

缝后，测量其渗透率，并与显微镜下观察到的裂缝宽度进行统计分析。实验结果表明裂缝宽度与裂缝渗透率存在着明显的正相关（图7.5）。裂缝渗透率K_f随裂缝宽度W增加而呈指数增加，拟合求得裂缝宽度与裂缝渗透率的关系式为：

$$K_f = \frac{8.22185\times10^5\times L\cdot W^{2.596}}{S} \quad (7.29)$$

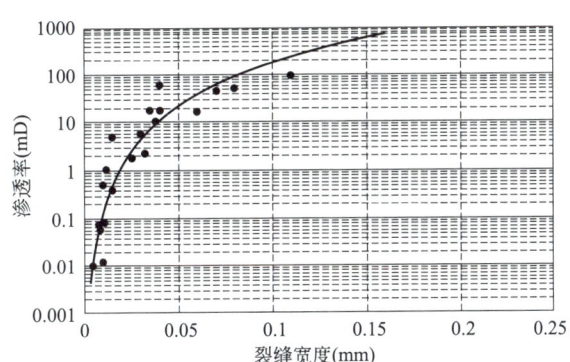

图7.5 岩心裂缝宽度与渗透率关系图

上式可变换为：

$$K_f = 8.22185\times10^5\times\phi_f\times W^{1.596} \quad (7.30)$$

式中裂缝宽度W使用公式（7.31）、式（7.32）估算。

单组系高角度裂缝宽度计算公式为：

$$W = \frac{\Delta C}{4\times10^4 C_m} \quad (7.31)$$

单组系低角度裂缝宽度计算公式为：

$$W = \frac{C_d - C_b}{1.2\times10^{-3} C_m} \quad (7.32)$$

式中 W——裂缝张开度，μm；

C_m——钻井液电导率，mS/m；
C_b——基质电导率，mS/m；
C_d——深侧向电导率，mS/m；
ΔC——深浅双侧向电导率差，mS/m。

7.2.1.3 双孔介质储层渗透率

双孔介质储层的渗透率来自基质渗透率和裂缝渗透率，储层总渗透率为基质渗透率与裂缝渗透率之和，证明如下：

设无渗透性岩样中有一垂直裂缝，岩样截面积为 S，裂缝截面积为 S_f，其渗透率为 K_f。另有一无裂缝的有渗透性的岩样（相当于基质），其尺寸与前者完全相同，渗透率为 K_b。现假设第二块岩样中有一裂缝，其宽度和产状与第一块岩样完全相同。若渗流压力梯度为 $\frac{\partial p}{\partial L}$，则这块岩样流体总流量为裂缝与基质孔隙贡献之和：

$$Q = Q_f + Q_b = K_f \frac{S}{\mu} \frac{\partial p}{\partial L} + K_b \frac{S - S_f}{\mu} \frac{\partial p}{\partial L} \tag{7.33}$$

由于裂缝孔隙度很小（一般小于1%），即上式中 S_f 不到 S 的 0.01 倍，因而上式中 S_f 可忽略不计，这样上式可写成：

$$Q = (K_f + K_b) \frac{S}{\mu} \frac{\partial p}{\partial L} \tag{7.34}$$

由此可以看出，双孔介质储层的渗透性来自于基质和裂缝，其储层渗透率为基质渗透率与裂缝渗透率之和，即：$K = K_f + K_b$。

7.2.2 斯通利波渗透率模型

7.2.2.1 斯通利波信息与储层渗透性的关系

低频斯通利波是一种管波，它在井筒中传播过程中，由于孔、洞、缝的存在而发生能量和时差的变化，并且储层储集空间类型不同，斯通利波的响应有明显差异。因此，斯通利波可以较好地反映储层的渗透性。但当井壁存在滤饼时，滤饼将阻止流体在井眼和储层间流动，在这种情况下，不可以用斯通利波能量评价储层的渗透性。

1. 储层渗透性对斯通利波波形的影响

对于有效孔、洞、缝储渗系统，其中的地层流体会形成声阻抗界面，使得声波信号不连续，即发生了反射和折射。

2. 储层渗透性对斯通利波速度的影响

对于致密地层，斯通利波速度只与井内流体性质和地层岩石的剪切模量有关。但对于缝洞发育的储层，斯通利波速度明显减小、时差增大，主要与储层渗透性有关。

3. 储层渗透性对斯通利波能量的影响

斯通利波能量衰减主要受控于孔、洞、缝的有效性。对于缝洞发育的储层，井眼流体与地层流体的对流，大大消耗斯通利波的能量，造成极大的能量衰减。

7.2.2.2 斯通利波对潜山双孔介质储层的响应

斯通利波对非均质性强的孔、洞、缝均有反映，只要有与井壁连通的孔隙、裂缝或溶洞存在，斯通利波就有响应，孔、洞、缝的连通性越好，斯通利波响应就越明显。

1. 基质孔隙的响应

由于钻井液对孔隙型储层的侵入，一般都会形成滤饼，受滤饼影响，斯通利波能量不发生明显衰减。但时差不受滤饼影响，它将随孔隙度的增大而增大。因此对于孔隙型储层，主要用斯通利波速度信息评估其渗透性，计算的渗透率与孔隙度成正相关性。

2. 裂缝的响应

裂缝的存在会导致斯通利波传播速度的变化，产生斯通利波的反射，导致斯通利波能量衰减、时差增大。裂缝张开度越大，斯通利波反射系数越大，渗透性越好；在裂缝张开度恒定的情况下，斯通利波的衰减程度随着裂缝倾角的增加而增加。

3. 次生溶洞的响应

次生溶洞的大小、分布和连通状况直接影响斯通利波信息的响应特征。小孔径溶洞（平均孔径≤2mm）发育处可能形成滤饼，而在大孔径溶洞（平均孔径>2mm）发育处不易形成滤饼。

常规井径曲线通常无法反映小孔径溶洞发育层段由滤饼造成的微小起伏，看似整个渗透段完全被滤饼覆盖，实际上地层和井眼之间仍有很多供流体流动的通道，可造成斯通利波能量的衰减，以及时差的增大。大孔径溶洞发育层段，由于没有滤饼存在，斯通利波能量衰减、时差增高明显，其程度与溶洞的大小和连通状况有关。溶洞越大、连通性越好，则斯通利波能量衰减越剧烈，时差增加越大。

7.2.2.3 利用斯通利波评价地层的渗透率

斯通利波包含了与储层渗透性相关的信息，当地层发育裂缝时，地层连通性变好，所以可以利用斯通利波计算的渗透率反映地层裂缝发育情况。计算方法有两大类：第一类是用斯通利波时差计算地层渗透率；第二类是利用实测斯通利波与理论模拟合成斯通利波的波至延迟和频率偏移，通过目标函数优化求解来求取地层渗透率。利用斯通利波时差求渗透率在较坚硬的地层中可能会得到好的结果，而在疏松地层中骨架的影响往往掩盖了斯通利波的时差变化，在泥质含量高的地层，可能也得不到好的结果。这种方法关键是求准理论斯通利波时差值，这就要求选择适当的岩石骨架参数值，以便求准弹性地层与孔隙地层的斯通利波速度理论值。所以，根据实际地层的渗透率进行反演在某种程度上可以克服这个问题。

7.2.3 渗透率计算模型适应性分析

图7.6是Y8-1-B井渗透率对比图。基质渗透率和裂缝渗透率由基于双孔介质的渗透率模型计算获得。从图中可以看出岩心分析渗透率、常规测井计算渗透率和斯通利波渗透率的计算结果比较接近，基本在一个数量级内，说明基于储层类型划分的岩心刻度渗透率模型和斯通利波渗透率模型均适用于Y区潜山花岗岩储层。

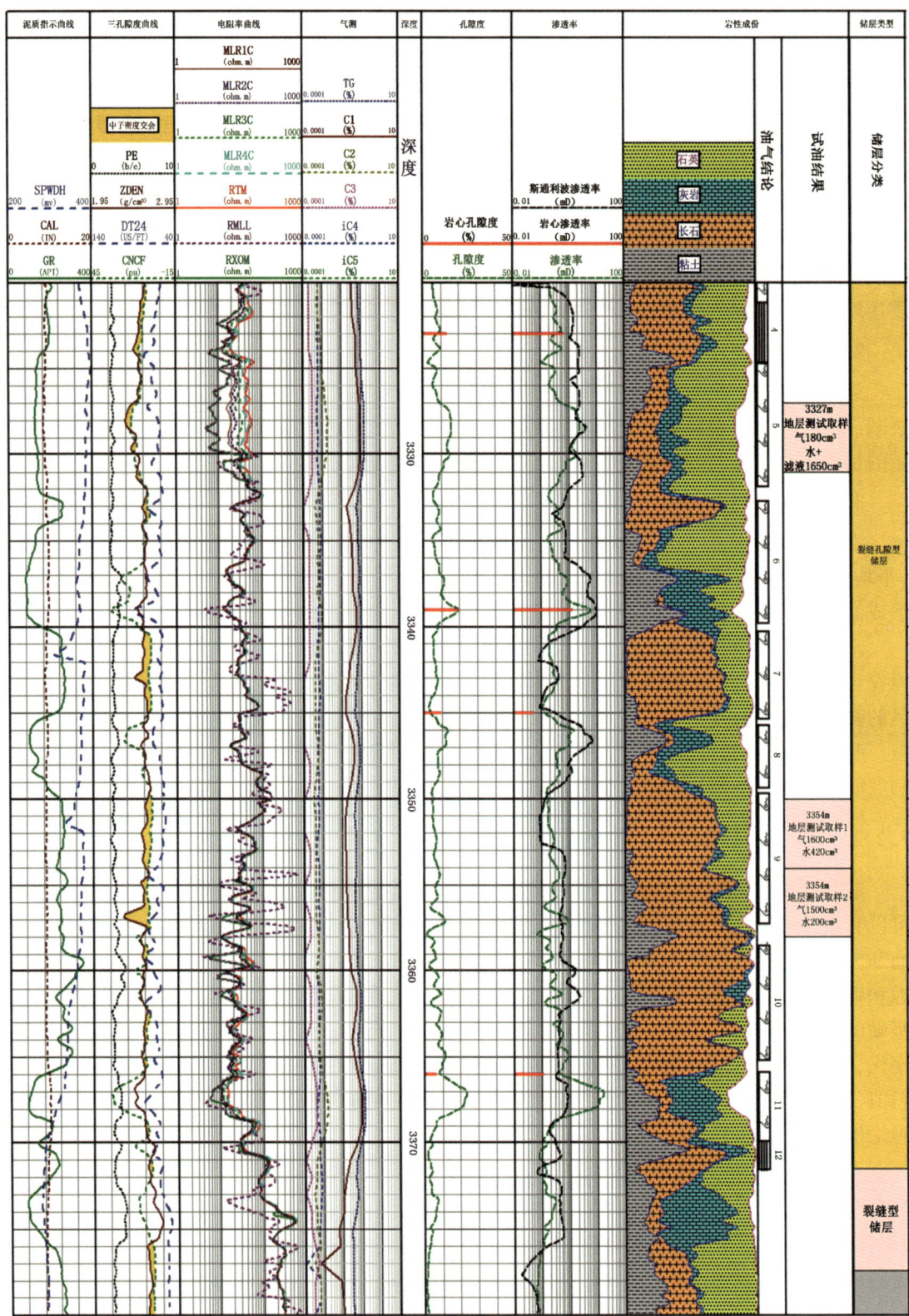

图 7.6 Y8-1-B 井不同渗透率模型计算结果对比图

7.3 饱和度计算模型

7.3.1 阿尔奇模型

阿尔奇（Archie）公式是美国壳牌公司的测井工程师 G. E. Archie 在 1942 年发表的关于砂岩电阻率的定律。其基本内容是：

（1）对于纯净的、无泥质且 100% 含水的砂岩，其电阻率与孔隙水的电阻率成正比，其比例系数称为地层因子 F；

（2）对于含水饱和度小于 1 的纯砂岩，其电阻率与其在 100% 含水时的电阻率成正比，其比例系数称为电阻率增大系数 I；

（3）地层因子 F 是孔隙度 ϕ 的函数，电阻率增大系数 I 是含水饱和度 S_w 的函数；

（4）含水饱和度与电阻率、孔隙度的关系如下：

$$S_w = \sqrt[n]{\frac{ab}{\phi^m}\frac{R_w}{R_t}} \tag{7.35}$$

阿尔奇公式是目前利用测井资料定量计算含水饱和度的最基本解释关系式，其中 a、b、m、n 和 R_w 对阿尔奇公式的效果有着十分重要的影响，而且它们随地区甚至解释层段而变化。应根据本地区地质特征，通过岩电实验得到适用于本区花岗岩储层的参数值。

7.3.1.1 岩电实验

由阿尔奇公式 $F=\dfrac{R_o}{R_w}=\dfrac{a}{\phi^m}$，$I=\dfrac{R_t}{R_o}=\dfrac{b}{S_w^n}$ 可得到 m、a、n、b 值。根据 $F=\dfrac{R_o}{R_w}=\dfrac{a}{\phi^m}$，对两边取对数得 $\log a - \log F = m\log\phi$，即

$$\log F = \log a - m\log\phi \tag{7.36}$$

由此关系式可知，地层因素 F 的对数与孔隙度 ϕ 的对数成线性关系。因此可以通过岩电实验回归出胶结指数 m、系数 a。同样可以利用电阻率增大系数得到 b、n 值。

图 7.7 是常温常压条件下地层因素与孔隙度关系，由图可见，地层因素与孔隙度关系如下：

$$F = \frac{2.3224}{\phi^{1.4303}} \tag{7.37}$$

即 $a = 2.3224$，$m = 1.4305$。

由于仅有两颗岩心进行了岩电实验分析，因此实验数据无法准确地描述地层因素与孔隙度的关系，在实际计算时令 $a = 1$、$m = 1.8499$。

图 7.8 是常温常压条件下电阻率增大指数与含水饱和度关系，由图可知，含水饱和度与电阻率指数关系如下：

$$I = \frac{1.008}{S_w^{1.736}} \tag{7.38}$$

即 $b=1.008$, $n=1.736$。

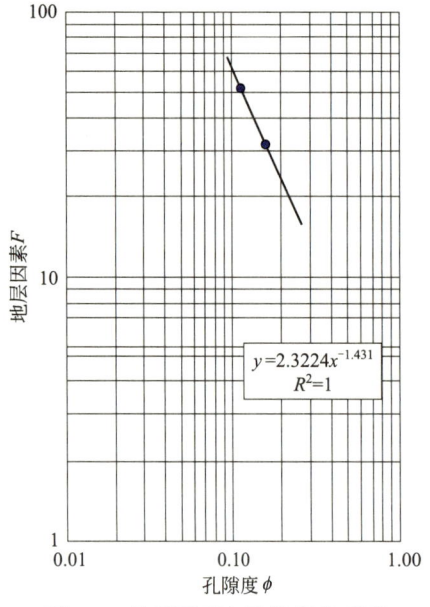

图 7.7 地层因素与孔隙度关系图

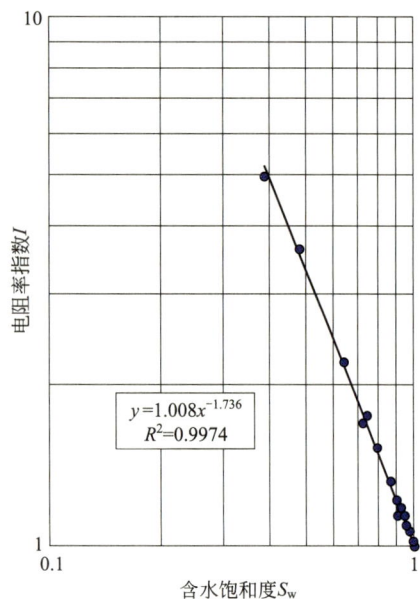

图 7.8 电阻率指数与含水饱和度关系图

7.3.1.2 地层水电阻率

利用测井资料反求地层水电阻率，选择地层测试证实为水层或者测井综合分析确定为纯水层（$S_w = 1$）的地层，利用阿尔奇公式反求地层水电阻率 R_w：

$$R_w = \frac{\phi^m R_t}{a} \tag{7.39}$$

式中的 a、m 为岩电参数；孔隙度 ϕ 由孔隙度测井计算获得；R_t 为水层的电阻率。

表 7.2 为 Y8-1-B 井的水分析资料。

表 7.2 地层水分析资料

井名	深度(m)	测量温度(℃)	水电阻率(Ω·m)
Y8-1-B	3475.4	23.8	0.155
	3327	23.8	0.185
	3354	27.7	0.376
	3354	23.8	0.370

7.3.1.3 裂缝型储层孔隙结构对胶结指数 m 的影响

花岗岩孔隙型储层符合孔隙导电的机理，因此可以采用阿尔奇公式(7.39) 计算含水饱和度。用此式计算要进行一定数量的岩电实验，选样必须严格，选取有一定孔隙且无微裂缝的岩样，这样获得的岩电参数才可靠。

阿尔奇公式含水饱和度计算方法仅适用于非均质性较弱的孔隙型和孔洞型储层。对于双孔介质储层来说，地层因素与孔隙度的关系不再是单纯的双对数直线关系，m 值不再是一个定值，而是随着孔隙度的改变而改变。为此，从理论上研究了孔隙结构参数对胶结指数的影响情况，从理论上找到了这一实验结果的原因。

以下推导并讨论岩石中存在裂缝、孔洞、喉道时，岩石 m 值与孔隙结构参数间的关系。

1. 岩石中只存在裂缝和孔（洞）

设有一岩石边长为 L，岩石中央有一长为 d_2、宽和高均为 d_1 的长方形洞（或孔），有一宽度为 h_f 的裂缝垂直穿过岩石，孔洞和裂缝中充满电阻率为 R_w 的地层水，如图 7.9 所示。

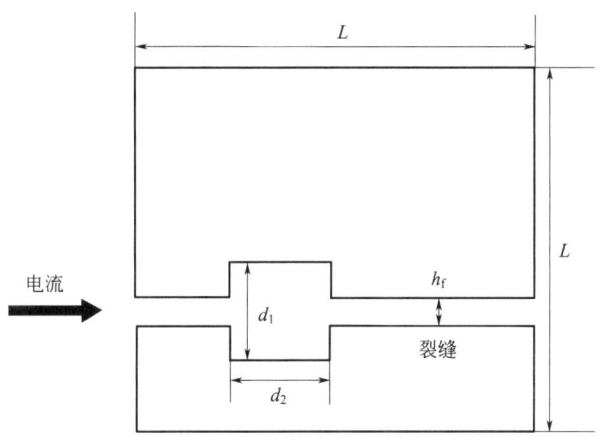

图 7.9 岩石中裂缝和孔洞示意图

岩石中孔隙体积为：

$$V_w = L(L-d_2)h_f + d_1^2 d_2 + (L-d_1)h_f d_2 = d_1^2 d_2 + L^2 h_f - d_1 d_2 h_f \tag{7.40}$$

假设岩石骨架不导电，岩石的电阻为孔隙电阻：

$$r_\phi = R_w \left(\frac{L-d_2}{Lh_f} + \frac{d_2}{d_1^2 + (L-d_1)h_f} \right) \tag{7.41}$$

由欧姆定律得岩石电阻率：

$$R_o = \frac{r_\phi s}{L} = R_w L \left(\frac{L-d_2}{Lh_f} + \frac{d_2}{d_1^2 + (L-d_1)h_f} \right) \tag{7.42}$$

式中　S——横截面积。

由阿尔奇公式得地层因素：

$$F_{fp} = \frac{R_o}{R_w} = L \left(\frac{L-d_2}{Lh_f} + \frac{d_2}{d_1^2 + (L-d_1)h_f} \right) \tag{7.43}$$

又岩石的孔隙度为：

$$\phi_{fp} = \frac{V_w}{V} = \frac{d_1^2 d_2 + L^2 h_f - d_1 d_2 h_f}{L^3} \tag{7.44}$$

在关系式 $F = \dfrac{a}{\phi^m}$ 中强制 $a=1$ 算出 m 值：

$$m = -\frac{\ln F}{\ln \phi} \tag{7.45}$$

为简便起见，令 $L=1$（即 L 为单位长度，岩石为单位体积立方体，这里 h_f、d_1 和 d_2 无单位，其大小相对于单位长度而言），上式为：

$$m=-\frac{\ln\left[\dfrac{1-d_2}{h_f}+\dfrac{d_2}{d_1^2+(1-d_1)h_f}\right]}{\ln(d_1^2 d_2+h_f-d_1 d_2 h_f)} \tag{7.46}$$

2. 岩石中只存在喉道和孔（洞）

现假设岩石中连接孔洞的是喉道，而不是裂缝，喉道直径为 h_t。同理有：

$$F_{tp}=\left[\frac{L-d_2}{\pi\left(\dfrac{h_t}{2}\right)^2}+\frac{d_2}{d_1^2}\right]L \tag{7.47}$$

$$\phi_{tp}=\frac{d_1^2 d_2+\pi\left(\dfrac{h_t}{2}\right)^2(L-d_2)}{L^3} \tag{7.48}$$

由式(7.45)，并令 $L=1$，有：

$$m=-\frac{\ln\left[\dfrac{1-d_2}{\pi\left(\dfrac{h_t}{2}\right)^2}+\dfrac{d_2}{d_1^2}\right]}{\ln\left[d_1^2 d_2+\pi\left(\dfrac{h_t}{2}\right)^2(1-d_2)\right]} \tag{7.49}$$

3. 孔隙结构、孔隙度对 m 值的影响

对孔洞型岩石基质来说，孔隙度大小的变化，主要是受孔径较大的溶蚀孔洞影响的，不同孔隙度的岩石，可认为孔喉的大小变化不大，只是大孔隙度的岩石有较大孔径的溶孔或溶洞。利用式(7.46)，固定缝宽尺寸 h_f，可作出岩石中只存在裂缝和孔洞时，m 与孔隙度的关系图，见图7.10。利用式(7.49)，固定孔喉尺寸 h_t，可作出岩石中只存在孔喉和孔洞时，m 与孔隙度的关系图，见图7.11。由图7.10、图7.11可知，不论孔洞由微裂缝相连还是由孔喉相连，随着孔隙度的增大，m 值都增大。

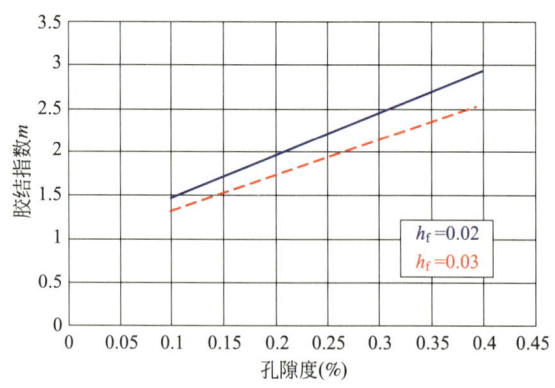

图7.10 岩石中只存在孔洞和裂缝，孔径尺寸改变时 m 与孔隙度的关系

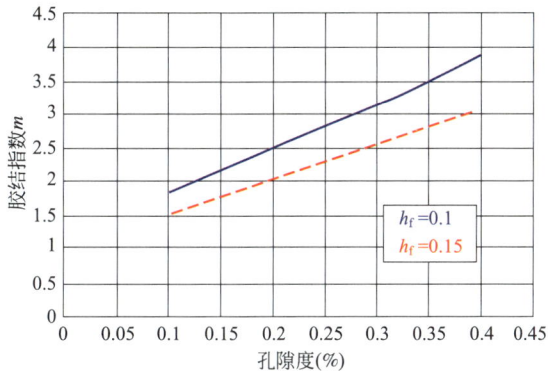

图 7.11　岩石中只存在喉道和孔洞，孔径尺寸改变时 m 与孔隙度的关系

图 7.12 是裂缝宽度、孔喉直径一定时，m 与孔隙度大小之间的关系。由图可见，相同孔隙度的岩石，若孔洞由裂缝相连，其 m 值远低于由喉道相连时的值（尽管图中裂缝宽度只有孔喉直径的五分之一）。

图 7.13 为裂缝宽度和孔隙度不变，d_1 与 d_2 相对大小改变时，m 值的变化规律。由图可见，当孔洞长轴方向垂直于电流方向时，m 值增大；当孔洞长轴方向平行于电流方向时，m 值减小。

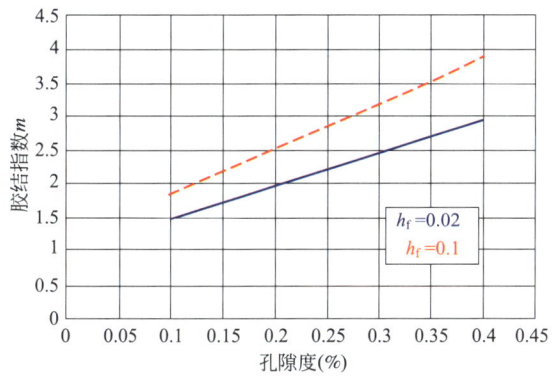

图 7.12　裂缝宽度、孔喉直径一定时，m 与孔隙度之间的关系

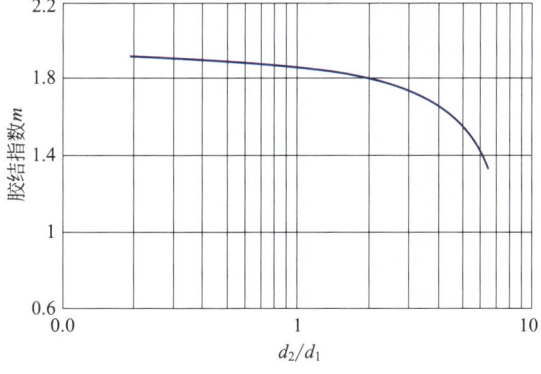

图 7.13　孔洞由裂缝相连时，m 与孔洞形态的关系
孔洞高宽：0.1~0.8；孔洞长：0.5~0.15

7.3.2 双重孔隙结构模型

裂缝型储层属于双重孔隙结构储层,即储层既存在孔隙(洞),又存在裂缝。针对这两种孔隙空间具有不同导电特性的特点,建立双重孔缝结构的测井响应方程如下:

$$\frac{1}{R_\text{t}} = \left(\frac{\phi_\text{f}^{m_\text{f}} \cdot S_\text{wf}^{n_\text{f}}}{R_{m_\text{f}} \cdot k_1} + \frac{\phi_\text{b}^{m_\text{b}} \cdot S_{w_\text{b}}^{n_\text{b}}}{R_\text{w}} \right) \tag{7.50}$$

$$\frac{1}{R_\text{s}} = \left(\frac{\phi_\text{f}^{m_\text{f}} \cdot S_\text{wf}^{n_\text{f}}}{R_{m_\text{f}} \cdot k_2} + \frac{\phi_\text{b}^{m_\text{b}} \cdot S_\text{xo}^{n_\text{b}}}{R_\text{z}} \right) \tag{7.51}$$

$$R_\text{z} = \frac{R_{m_\text{f}} \cdot R_\text{w}}{Z R_{m_\text{f}} + (1-Z) R_\text{w}} \tag{7.52}$$

$$S_\text{w} = \frac{\phi_\text{b} \cdot S_\text{wb} + \phi_\text{f} \cdot S_\text{wf}}{\phi_\text{wb} + \phi_\text{f}} \tag{7.53}$$

$$S_\text{or} = 1 - S_\text{w} \tag{7.54}$$

式中　R_t、R_s——深浅侧向电阻率,$\Omega \cdot \text{m}$;

ϕ_b、ϕ_f——基质与裂缝孔隙度;

m_b、m_f——岩块、裂缝的地层胶结指数;

S_wb、S_wf、S_xo——基质、裂缝、冲刷带的含水饱和度;

n_b、n_f——基质与裂缝的饱和度指数;

R_mf、R_w、R_z——钻井液滤液、地层水、地层水与钻井液混合的电阻率,$\Omega \cdot \text{m}$;

k_1、k_2——裂缝造成的畸变系数。

从建立模型可以看出,大量参数值需要确定:

(1) m_b、n_b 值:由岩电实验结果确定。

(2) m_f、S_wf 值:裂缝孔隙度指数 m_f 采用 1.5(国内外经常采用此值)。一般在裂缝中,由于钻井液深侵造成裂缝完全被钻井液充满,所以选用 $S_\text{wf} \approx 1$。

(3) R_z、k_1、k_2 值:R_z 作为混合液电阻率主要取决于 Z 值,Z 值一般选用 0.5~0.7。而 k_1、k_2 为裂缝造成的畸变系数,根据裂缝产状的不同,一般取值在 0.7~1.3 之间。

(4) R_w 值:对于裂缝—孔洞型储层来说,地层水电阻率计算方法与阿尔奇公式含水饱和度计算中 R_w 的确定方法一致。

双孔隙结构模型考虑了地层中裂缝这一孔隙结构对含水饱和度计算结果的影响,因此适用于裂缝型、裂缝—孔洞型储层。但由于没有考虑泥质含量的影响,该方法仅适用于泥质含量不高的双孔介质储层。

7.3.3 多孔隙结构饱和度模型

针对花岗岩潜山气藏储层特点,提出了考虑黏土影响的多孔隙结构饱和度模型。

储层中对岩石导电有贡献的成分可分为：小孔喉基质孔隙、连通的基质孔隙、裂缝孔隙及黏土。岩石的总导电能力可认为是它们并联的结果：

$$\frac{1}{R_t} = \frac{1}{R_j} + \frac{1}{R_l} + \frac{1}{R_f} + \frac{1}{R_{sh}} \tag{7.55}$$

式中　R_t——岩石电阻率；

　　　R_j——小孔喉基质孔隙电阻率（"小孔喉基质孔隙"是指油气不能进入的基质孔隙，因而其含水饱和度为100%）；

　　　R_l——连通的基质孔隙电阻率；

　　　R_f——裂缝电阻率，在深电阻率探测范围内，认为裂缝中充满钻井液，其电阻率为 R_m；

　　　R_{sh}——黏土电阻率。

因而上式为：

$$\frac{1}{R_t} = \frac{\phi_j^{m_j}}{R_w} + \frac{\phi_l^{m_l} S_{wl}^n}{R_w} + \frac{\phi_f^{m_f}}{R_m} + \frac{V_{sh}^\alpha}{R_{tsh}} \tag{7.56}$$

式中　ϕ_j、m_j——小孔喉基质孔隙度及相应孔隙度指数；

　　　ϕ_l、m_l——连通的基块孔隙度及相应孔隙度指数；

　　　ϕ_f、m_f——裂缝孔隙度和裂缝孔隙度指数；

　　　V_{sh}——黏土含量；

　　　R_{tsh}——纯泥岩电阻率，$\Omega \cdot m$；

　　　S_{wl}——连通的基块孔隙中的含水饱和度。

利用上式可求出 S_{wl}，然后利用下式计算岩石总含水饱和度：

$$S_w = \frac{\phi_j + \phi_l S_{wl} + S_{wf} \phi_f}{\phi} \tag{7.57}$$

式中，S_{wf} 为裂缝含水饱和度。研究表明，油层处 S_{wl} 可取 0.1，在水层处取 1。

式（7.56）中 α 为地区经验参数，其值为 1~2，一般取 1.5。R_{tsh} 可由测井曲线读出。以下讨论式（7.56）中其他参数的确定方法。

（1）裂缝孔隙度指数。由 m 值的物理意义可知，完全规则、平直的裂缝，其 m_f 值应等于 1。但实际地层中的裂缝不可能总是平直的，常常都有溶蚀或充填的存在，而且裂缝还经常连接着大大小小的溶洞，因此 m_f 往往要大于 1。对纯裂缝性储层 m_f 的计算表明，它在 1~1.5 之间变化，所以一般将 m_f 取作 1.25 较为合适。

（2）小孔喉基质孔隙度。该值有两种取法。第一种方法是直接从计算的孔隙度曲线上读取，即处理层段中电阻率最高、孔隙度较小的层段（但不是由于地应力的存在而产生的异常高阻层），被认为无连通孔隙，只有基质孔隙，其孔隙度可认为是 ϕ_j。第二种方法是根据物性分析资料，统计本井段渗透率很小的岩样孔隙度的平均值即可。本区小孔喉基质孔隙度一般在 4%~5%，不同井该值应略有差别。

(3) m_j、m_l、n 值。由于岩电实验的样品均取自岩石基块,可认为裂缝对实验结果无影响且样品中的黏土可忽略。利用以下模型通过多元非线性回归可得到 m_j、m_l、n:

$$\frac{1}{R_t} = \frac{\phi_j^{m_j}}{R_w} + \frac{\phi_l^{m_l} S_{wl}^n}{R_w} \tag{7.58}$$

7.3.4 饱和度计算模型适应性分析

图 7.14 为 Y8-1-A 井 2890~2927m 不同饱和度模型计算结果的对比图。图中第 8 道为饱和度计算结果,红线为阿尔奇公式含水饱和度,蓝线为多孔模型含水饱和度。裂缝孔隙型层段的孔隙结构复杂,多孔模型符合地质特征,计算结果优于阿尔奇模型。

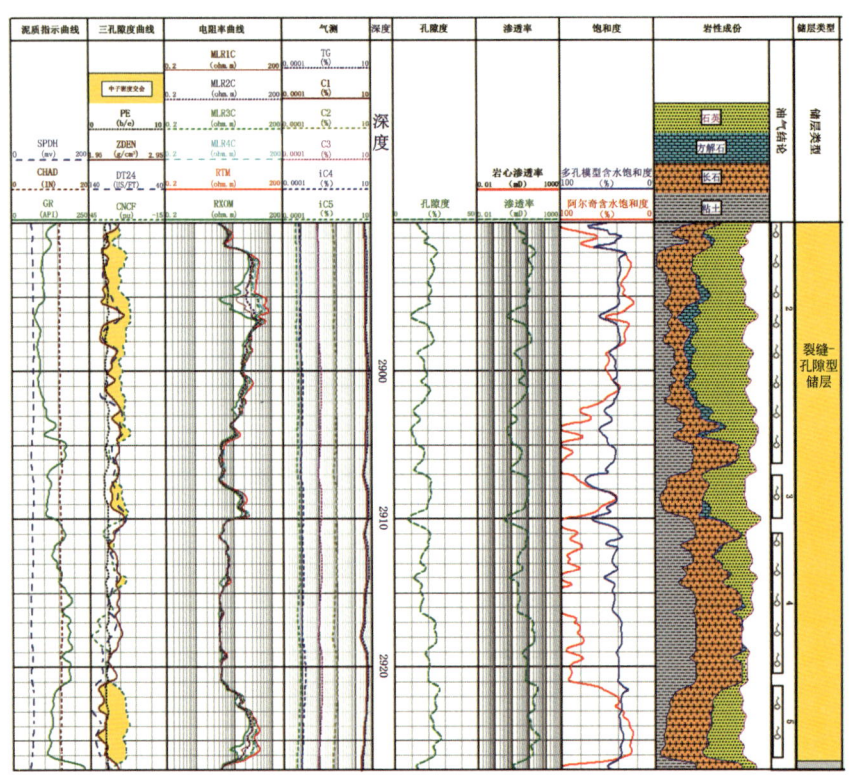

图 7.14　Y8-1-A 井裂缝—孔隙型储层饱和度模型计算结果对比图（2890~2927m）

图 7.15 为 Y8-3-B 井 3195~3230m 不同饱和度模型计算结果的对比图。图中第 8 道为饱和度计算结果,红线为阿尔奇公式含水饱和度,蓝线为多孔模型含水饱和度。裂缝型储层段的孔隙结构单一,多孔模型与阿尔奇模型计算结果接近。

由于 Y 区花岗岩潜山储层中裂缝等组分对岩石导电影响明显,因此一般选用多孔隙结构模型来计算饱和度。

第7章 南海深水潜山裂缝—孔隙型储层参数定量计算

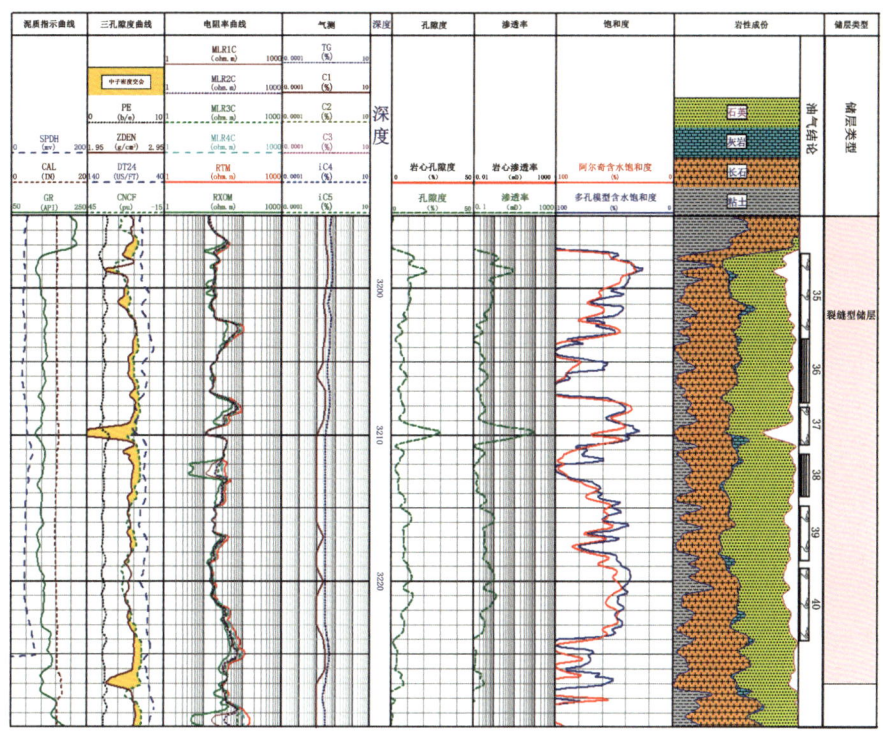

图 7.15 Y8-3-B 井裂缝型储层饱和度模型计算结果对比图（3195~3230m）

7.4 潜山裂缝—孔隙型储层参数定量评价方法小结

根据前文分析论述，总结得到潜山裂缝—孔隙型储层参数定量评价方法，详见表 7.3。

表 7.3 潜山裂缝—孔隙型储层参数定量评价方法适用性对比

方法		优点	缺点	建议
总孔隙度计算方法	最优化测井解释方法	综合考虑多种测井信息，能同时计算多种矿物的含量且计算精度高	计算模型参数数量多，处理难度较大	优先使用
裂缝孔隙度计算方法	双孔模型裂缝孔隙度计算方法	由常规测井资料即可求得	计算结果可能误差较大	成像测井分辨率较高，计算结果相对准确可靠，在裂缝性储层评价中具有良好的实用性，建议优先使用
	成像测井资料自动处理计算法	处理曲线连续，人工干预少	受井壁状况和泥质影响，计算误差大	
	成像测井资料手工拾取裂缝计算法	处理结果相对准确可靠	处理曲线不连续，不能反映微裂缝	
渗透率计算方法	常规测井方法	能同时考虑孔洞和裂缝的影响，简便易用	受储层类型影响，裂缝渗透率计算误差较大	斯通利波渗透率计算方法适应于非均质性强的裂缝—孔隙型储层，不同类型储层均可用，建议优先使用
	斯通利波方法	更能反映潜山地层的真实渗透特性	受泥质、滤饼、扩径影响大	

161

续表

方法		优点	缺点	建议
饱和度计算方法	阿尔奇公式	计算过程简单方便	岩电参数受孔隙结构影响大；未考虑泥质和双孔介质的影响	多孔隙结构的饱和度模型具有广泛的适用性，计算结果较合理，建议优先使用
	双孔隙结构的饱和度模型	考虑了裂缝的影响	没有考虑泥质含量的影响；使用较复杂	
	多孔隙结构的饱和度模型	分别考虑基质孔、连通孔、裂缝、黏土导电	计算参数较多，使用较复杂	

第8章
南海深水潜山储层流体丰度及流体性质识别

Y区深水潜山储层流体丰度及流体性质识别主要面临四个难题：一是基底气测有显示，但气测值低，无法判定其丰度；二是仅Y8-3-A井有测试资料、基础样本点不足，无法预测其产能；三是潜山岩性、储集空间都有别于碎屑岩，无法基于传统的测井电阻率等资料识别流体性质；四是依靠MDT取样成功率低且成本较高。因此，对于潜山储层流体丰度和流体性质的识别既无法完全套用碎屑岩的相关识别图版，又必须基于现有的钻录井资料建立适用于潜山储层的含油气丰度、流体类型评价方法，为随钻与勘探决策提供可靠依据。本次研究主要采用钻录井资料，在常规录井解释的基础上，利用工程参数、录井数据，通过单井连续地表含气量、地下单位体积岩石含气率（S_g）计算，结合潜山储层风化壳分带、储层录井快速识别相关成果，探索基于钻录井参数的含油气丰度和流体相识别标志判别标准，最终建立区域性解释图版。

需要说明的是，由于Y区只有Y8-3-A井有测试资料，并且只有2828.80~2936.00m一个测试井段，测试结果为气层，Y8-3-A井其他井段和本区其他井的解释结论主要依据测井解释结果。本次研究基于现有钻录井资料开展潜山储层流体丰度及流体性质识别研究，后续随着Y区潜山储层测试结果和样本点的增加，相关图版及界线可能会有所调整。

8.1 常规录井流体性质评价方法

以常规录井资料为基础，结合Y区相邻区块的解释经验，利用流体相散点图、气体异常倍数、三维荧光、地化岩石热解等方法尝试开展Y区潜山储层流体性质评价。

8.1.1 流体相散点图法

流体相散点图是将一个烃组分值（或烃组分加权组合值）作为x坐标，另外一个烃组分值（或烃组分加权组合值）作为y坐标，将多个层位的气测值按照相同的x、y坐标进行投点，则同一流体类型的投值点会出现在同一区域或沿着同一个方向排列。根据这一特点，在散点图上出现在同一区域或沿着同一个方向排列的样品点将会是同一类的流体类型。

在邻区陵水区块，利用流体相散点图建立了烃类流体类型识别的图版，并且取得了较好效果。以Y8-3-A井测试井段、测井解释储层井段为研究对象，分析了陵水区块流体相散点图在 Y 区的适用性。图 8.1 为陵水区块流体相散点图，图中气区 C_1 值主要集中在 0~180000mg/L，C_3 值主要集中在 0~5000mg/L，气测高且跨度范围较大。Y 区潜山储层因气测值整体较低，C_1 值主要集中在 50000mg/L 以内，C_3 则主要集中在 300mg/L 以内，相对陵水区块，气测跨度小，分布在陵水区块流体相散点图的左下角（图 8.1）。整体来看，陵水区块的流体相散点图难以对气测值低、跨度小的 Y 区流体性质进行识别。因此，本次研究根据 Y 区气层分布特点，重新建立适合该区的气边界，因 Y 区气体干湿度相较于陵水区更偏干，所以拟合出气边界线相较于陵水区块的气边界，其斜率更小，且更易识别低气测值流体性质（图 8.2）。新建立的 Y 区气边界对于识别气层和水层具有较好的效果，但难以区分具有极低 C_1 和 C_3 值的气层与含气水层、气水同层（图 8.2）。

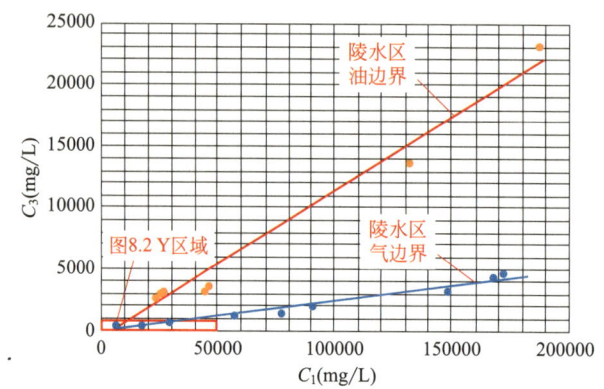

图 8.1　陵水区块流体相散点图

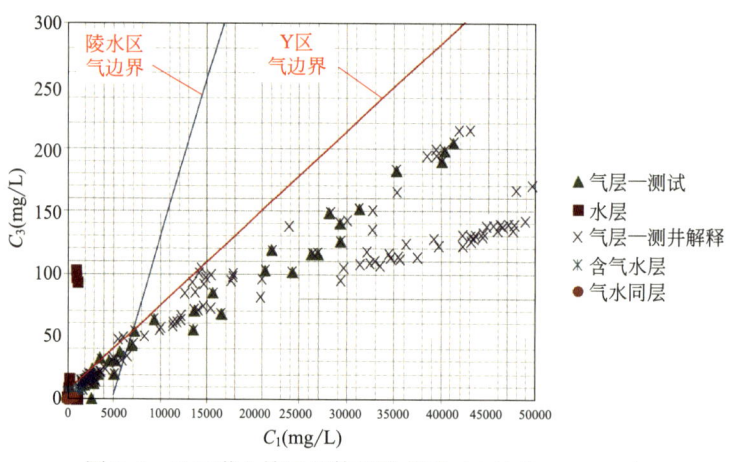

图 8.2　Y 区潜山储层流体相散点图（5 口井，N=556）

8.1.2　气体异常倍数法

气体异常倍数法是根据不同组分与对应组分背景值相对变化幅度进行油气水层评价。异常倍数计算方法：

$$组分异常幅度=组分峰值/组分背景值$$

陵水区块同样建立了气体异常倍数评价标准,主要包括气层 T_g>4.0%, T_g 异常倍数>5.4%, C_1 异常倍数大于6, $C_1/\sum(C_1+\cdots\cdots C_5)$>78%,峰形特征具有同步且饱满、呈箱形或正三角形的特征(表8.1)。

以 Y8-3-A 井测试井段 2828.80~2936.00m(共计 107.20m)验证陵水区块气体异常倍数评价标准的适用性。从数值上看,T_g 只有 2838~2841m、2848~2849m 两个井段,共计 5m 符合 T_g>4.0%,$C_1/\sum(C_1+\cdots\cdots C_5)$>93%;从 T_g 和 C_1 异常倍数来看,各个流体相的气测异常倍数和气测峰值异常倍数都显示异常倍数低、且难以区分的特点(图 8.3、图 8.4)。综合来看,陵水区块气体异常倍数评价标准对于 Y 区潜山油气水层评价适用效果较差,需要根据 Y 区的情况重新厘定评价标准。

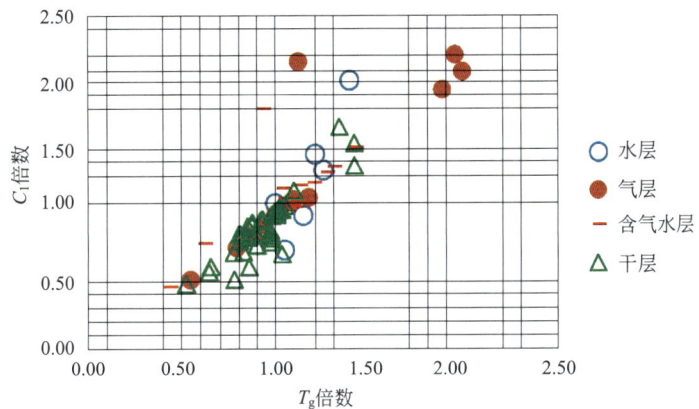

图 8.3 Y 区潜山储层气测异常倍数交会图(5 口井,N=66)

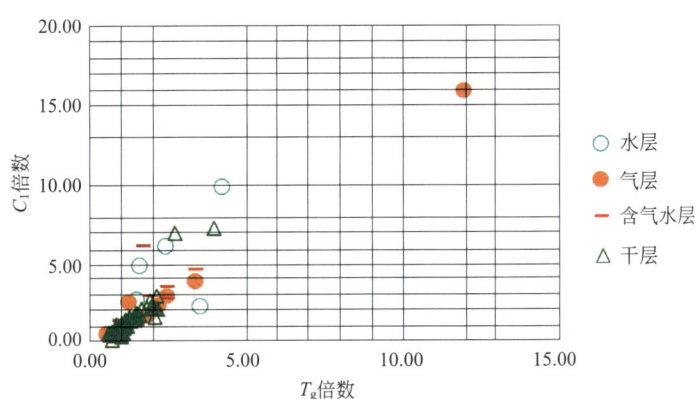

图 8.4 Y 区潜山储层气测峰值异常倍数交会图(5 口井,N=66)

表 8.2 表明,当以 T_g=0.5% 为界时,可以较好地将气层从各种流体相中剥离出来。T_g>0.5% 时,气层识别率可达 76%,而误判为干层的概率仅为 14%,误判为水层的概率不足 7%,并且可以很好地排除水层、含气水层和气水同层。而以 T_g>1% 为界则可排除全部水层,并可较好排除干层,排除率为 92%,但气层的漏失率较高,为 38%(表 8.2)。表 8.3 表明,利用 $C_1/\sum(C_1+\cdots\cdots C_5)$ 值进行流体类型判定效果较差,特别是难以区分气层和干层。在录井过程中,既要尽可能多地识别出气层,又要尽可能减小非气层影响,综合来看

$T_g = 0.5\%$ 可以作为气层识别的基准丰度值。

表 8.1 陵水区潜山储层气体异常倍数法评价标准表

评价参数 流体类型	T_g(%)	T_g 异常倍数	C_1 异常倍数	$C_1/\sum(C_1+\cdots\cdots C_5)$(%)	峰形特征
气层	>4.0	>5.4	>6.0	>78	同步且饱满,箱状或正三角
差气层	>3.0	>3.0	4.0~6.0	>78	同步欠饱满,箱状或正三角
含气水层	>1.5	2.0~3.0	2.0~3.0	>78	尖峰或锯齿状,呈倒三角
水层/干层	>0.5	<2.0	—	—	低平箱状

表 8.2 Y 区潜山储层测井解释层 T_g 分布频次及识别率表 (5 口井, $N=1084$)

T_g	气层,识别率	干层,识别率	水层,识别率	含气水层,识别率	气水同层,识别率
<0.5	49,24%	450,86%	71,93%	232,100%	48,100%
0.5~1	29,14%	32,6%	5,7%	0,0%	0,0%
1~5	74,36%	41,8%	0,0%	0,0%	0,0%
>5	53,26%	0,0%	0,0%	0,0%	0,0%

表 8.3 Y 区基底潜山储层测井解释层 $C_1/\sum(C_1+\cdots\cdots C_5)$ 比值分布频次表 (5 口井, $N=1084$)

$C_1/\sum(C_1+\cdots\cdots C_5)$(%)	气层	干层	水层	含气水层	气水同层
<90	0	302	71	23	0
90~92	0	31	0	26	0
92~94	4	24	0	45	9
94~96	38	66	0	72	11
96~98	173	99	4	56	28
>98	0	1	1	0	0

8.1.3 三维荧光法

三维荧光录井中对比级是反映岩石样品中含油气量多少的计量单位,油性指数为代表中质油成分的最高荧光峰的强度值比上代表轻质油成分的最高荧光峰的强度值的比值,反应烃类成分性质。二者形成的交会图版可以作为判别流体类型的依据之一,在陵水区块区可分油气区、气区以及干层+含气水层三个区域,并取得了较好的效果。其中气层对比级一般<5.5 级,气层油性指数一般<1.0。本次研究也尝试开展了 Y 区潜山储层的对比级、油性指数交会图版研究,但效果并不理想,几乎无法判别任何流体类型(图 8.5)。其主要原因可能在于 Y 区潜山储层流体类型以气为主,各种流体类型间对比级和油性指数较为接近。

8.1.4 地化岩石热解法

地化岩石热解分析是目前研究生油岩的唯一方法,通过岩石热解可以获得岩石热解图谱和轻烃组分图谱,进而利用轻重比(LHI)、含油气总量(PG)等参数对油气水层进行评价。本次研究尝试利用轻重比和含油气总量进行相关性分析,以建立流体类型判别图版。

图 8.6 表明,测井解释见水的层热解轻重比基本都小于 1,对于水层具有较好的识别度,这与流体相散点图的效果相近,但是气层则分布散乱,并且无法从水层中剥离出来。因此,轻重比与含油气总量交会图版对于油气水层的评价效果有限。

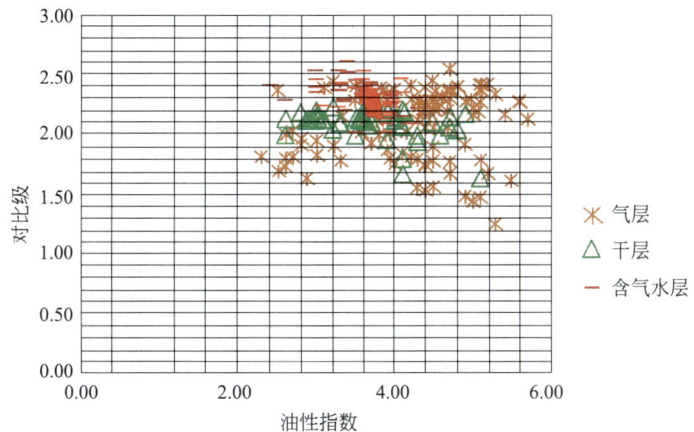

图 8.5　Y 区潜山储层对比级、油性指数交会图版(5 口井,$N=235$)

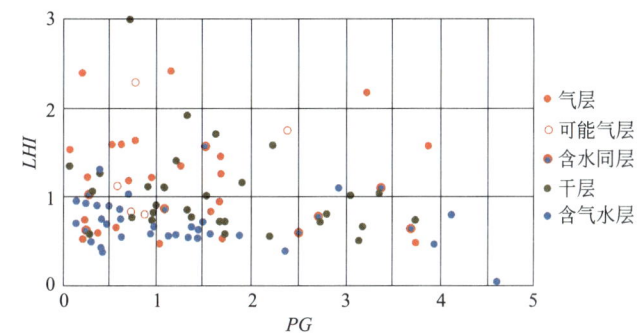

图 8.6　Y 区基底潜山储层轻重比(LHI)和含油气总量(PG)交会图

8.2　基于潜山垂向分带的流体性质评价方法

8.2.1　地下单位体积岩石含气率计算

地表含气量(V_1)是指地表钻井液中所含的气体体积。地下单位体积岩石含气率(S_g)是指地下单位体积岩石所含的气体体积,它可以基于气体状态方程,根据地表测得的地表含气量经过推导、计算得出。地下单位体积岩石含气率消除了地层流体压力与温度差异、钻时、排量、脱气效率等井筒环境影响因素,可以作为评价储层含油气性的重要参数之一。

研究表明,在作业现场,可假设钻井液液柱压力与地层压力相同,也即平衡条件下钻进,录井气测所测为破碎岩屑中包含的气体组分,反映了单位体积的岩石中含有的可动组分,这在不同井眼尺寸、不同钻井液排量、不同钻速、不同地层压力条件下都是适用的,消除了地层压力、地层温度、钻时、钻井液排量、井眼尺寸、脱气效率、井口温度对气测值的影响，在同一地层之间有很好的对比性。

地下单位体积岩石含气率法计算方法研究的是气体在不同温压条件下的体积变化，需要引入气体状态方程：

$$\frac{p_1 V_1}{Z_1 T_1} = \frac{p_2 V_2}{Z_2 T_2} \tag{8.1}$$

式中，p、V、Z、T分别代表不同条件下的压力、体积、偏差压缩系数、温度（绝对温度，单位K）。

将地表条件下气体在钻井液中含气状态定为1，井底条件下单位岩石中含气状态定为2，用一个混合气体偏差压缩系数代替单组分气体的单一偏差压缩系数，则：

$p_1 = 0.101325$，地表条件下气体压力，MPa；
$T_1 = $钻井液出口温度$T_{out}(℃)+273.15$，地表温度，K；
$Z_1 = 1$，地表条件下偏差压缩系数，无量纲；

$$V_1 = G\% \times ROP \times Flow \tag{8.2}$$

$$G\% = \frac{3}{10} \sum (C_n \times E_n) \tag{8.3}$$

式中　V_1——地表含气量（地表钻井液中含气体积），L；
　　　ROP——钻时，min/m；
　　　$Flow$——排量，包括循环排量和增压泵排量，L/min；
　　　$G\%$——地表钻井液中的含气量；
　　　C_n——各烃组分气测值,%；
　　　E_n——各组分的脱气效率，无量纲；

3/10是由RESERVAL气测设备分析气体的流量和脱气器排量的换算值。

$p_2 = $井眼垂深$H(m) \times $钻井液密度$MW(g/cm^3) \div 100$，井底气体压力，MPa；
$V_2 = $地下单位体积岩石含气体积，L；
$T_2 = $井深$H(m) \times $地温梯度$G_t(℃/m)+273.15$，井底气体温度，K；
Z_2，井底液柱压力条件下气体的偏差压缩系数，无量纲；其值可由对比温度、对比压力图版查得。

由已知参数p_1、V_1、T_1、Z_1、p_2、T_2、Z_2可求未知参数$V_2 = \frac{p_1 V_1 Z_2 T_2}{p_2 Z_1 T_1}$，则地下单位体积岩石含气率$S_g$可由式(8.1)~式(8.4)进行计算。

$$S_g = \frac{V_2}{1000 \times \pi \times \dfrac{D^2}{2000}} \times 100\% \tag{8.4}$$

式中　D——井眼尺寸，mm。

综上可得：

$$S_g = \frac{0.101325 \times \dfrac{3}{10} \sum (C_n \times E_n) \times ROP \times Flow \times Z_2 \times (H \times G_t + 273.15)}{H \times \dfrac{MW}{100} \times 1 \times (T_{out} + 273.15) \times 1000 \times \dfrac{\pi D^2}{2000}} \times 100\% \tag{8.5}$$

简化至：

$$S_g = \frac{12159 \times ROP \times Flow \times Z_2 \times (H \times G_t + 273.15) \times \sum(C_n \times E_n)}{H \times MW \times \pi D^2 \times (T_{out} + 273.15)} \times 100\% \quad (8.6)$$

实际应用中除直接获取常规钻井参数外，还需要确定各烃类组分的脱气效率及混合气体在井底条件下的偏差压缩系数。脱气效率可由现场作业条件下通过实验取得，根据 Y 区现场作业经验，C_1、C_2、C_3、iC_4、nC_4、iC_5、nC_5 的脱气效率分别为 1.19、1.31、1.41、1.72、2.52、2.16、1.61。偏差压缩系数由气体压缩因子图版查得（图 8.7）。

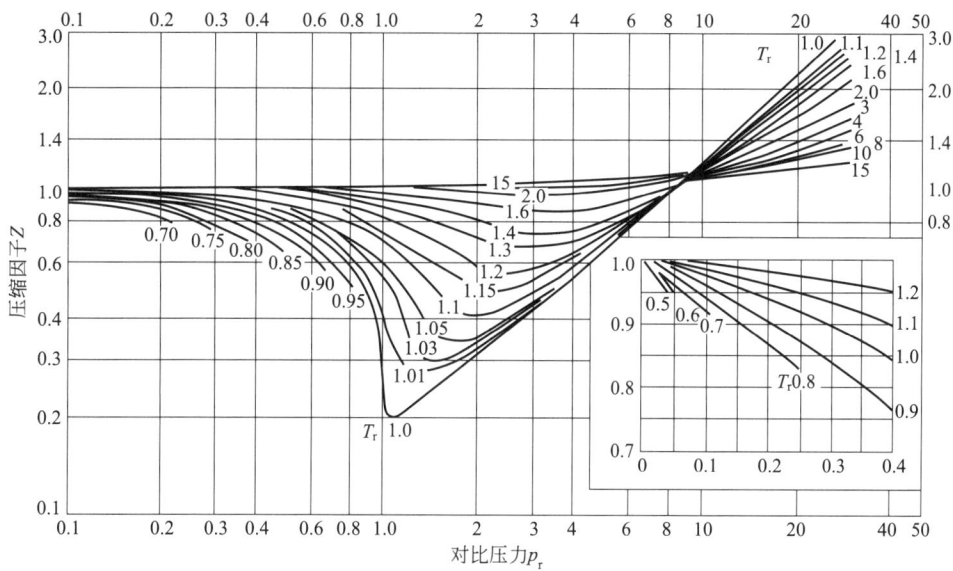

图 8.7 气体压缩因子图版

气体压缩因子图版（图 8.7）中对比压力 p_r 和对比温度 T_r 由以下公式进行计算：

$$p_r = \frac{p}{p_c} \quad (8.7)$$

$$T_r = \frac{T}{T_c} \quad (8.8)$$

式中，压力 p 和临界压力 p_c 单位为 kPa，温度 T 和临界温度 T_c 单位为 K。

温度不超过某一数值，对气体进行加压，可以使气体液化；而在该温度以上，无论加多大压力都不能使气体液化，这个温度叫该气体的临界温度。在临界温度下，使气体液化所必需的压力叫临界压力。各种气体的临界温度、临界压力见表 8.4。由于 Y 区潜山储层气体主要以甲烷为主，因此在计算临界压力 p_r 和临界温度 T_r 时以甲烷的临界压力和临界温度为依据，进而根据气体压缩因子图版获取偏差压缩系数。通过计算和对比，Y1-1-A 井、Y8-1-A 井、Y8-1-B 井、Y8-3-A 井、Y8-3-B 井、Y13-1-A 井、Y7-1-A 井的偏差压缩系数依次为 1.1、1.0、1.05、1.0、1.0、1.0 和 1.1。

除脱气效率和偏差压缩系数以外，式(8.6) 中的相关参数为钻录井过程中的工程参数，包括深度，钻时，钻速，循环排量，增压泵排量，入口密度，出口温度，全量，C_1、C_2、C_3、iC_4、nC_4、iC_5、nC_5 的脱气效率，井眼直径，地表压力，地温梯度等。

表 8.4 气体临界温度临界压力表

气体	临界温度 (K)	临界压力 (MPa)	临界密度 (kg/cm³)
氢气	33.3	1.297	31.015
甲烷	191.05	4.6407	162
乙烷	305.45	4.8839	210
乙烯	282.95	5.3398	220
丙烷	368.85	4.3975	226
丙烯	364.75	4.7623	232
正丁烷	425.95	3.6173	225
异丁烷	407.15	3.6578	221
正戊烷	470.35	3.3437	232

8.2.2 不同垂向分带的流体性质判别

机械比能比值 (K_b) 对于识别 Y 区潜山储层有效性具有较好的效果，而地下单位体积岩石含气率 (S_g) 又可以较好反映地下单位体积岩石所含的气体体积。因此，本次研究尝试利用两者的交会图版对潜山整体段、风化裂缝带、裂缝破碎带以及潜山基岩带分别进行流体性质判别。

8.2.2.1 潜山整体段 K_b-S_g 交会图版

基于 Y 区 5 口钻井潜山整体段测井解释结果，分别对气水同层、含气水层、气层、干层的机械比能比值 (K_b) 和地下单位体积岩石含气率 (S_g) 进行统计和交会，并根据流体相分布特征划分出气层、水层（包括水层和含气水层）、可疑气层三个区域（图 8.8、图 8.9）。录井参数对潜山储层物性评价还存在一定局限，导致干层区分困难。基底 K_b-S_g 交会图版对干层判别效果较差，几乎不能区分（图 8.8），但是对气层、气水同层、水层的区分效果较好（图 8.9）。在气层分布区，仅见有少量含气水层和水层；水层分布区则主要为含气水层和水层，见少量气层，但对含气水层和水层则不能区分；在可疑气层分布区，气水同层、

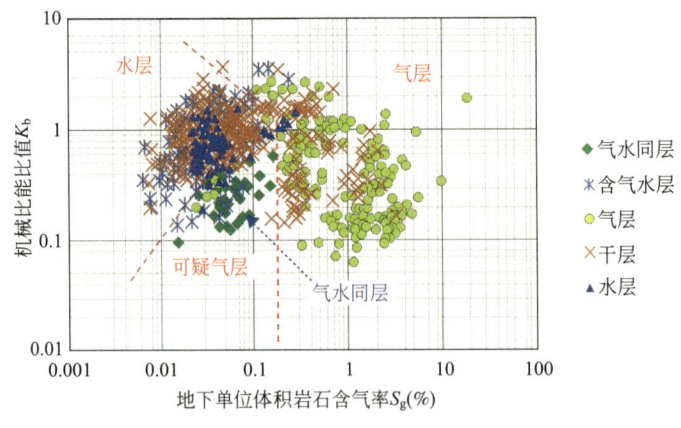

图 8.8 Y 区潜山整体段流体性质识别图版（含干层，5 口井，N = 1094）

气层、水层、含气水层均有分布,且难以区分,故划分为"可疑气层"(图8.9)。

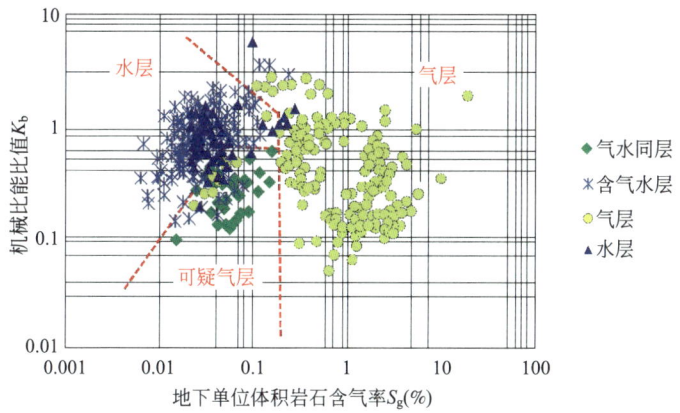

图 8.9　Y 区潜山整体段流体性质识别图版（不含干层，5 口井，$N=556$）

8.2.2.2　风化裂缝带 K_b-S_g 交会图版

针对 Y 区 5 口钻井潜山风化裂缝带测井解释结果,进行机械比能比值（K_b）和地下单位体积岩石含气率（S_g）进行统计和交会,并根据流体相分布特征划分出气层、水层、可疑气层（包括少量气层和含气水层）三个区域（图 8.10）。因录井参数对潜山储层物性评价还存在一定局限,风化裂缝带 K_b-S_g 交会图版对干层的判别效果较差,难以与其他流体相区分;但是对气层的识别效果较好,仅见有少量气层分布在可疑气层区（图 8.10）。

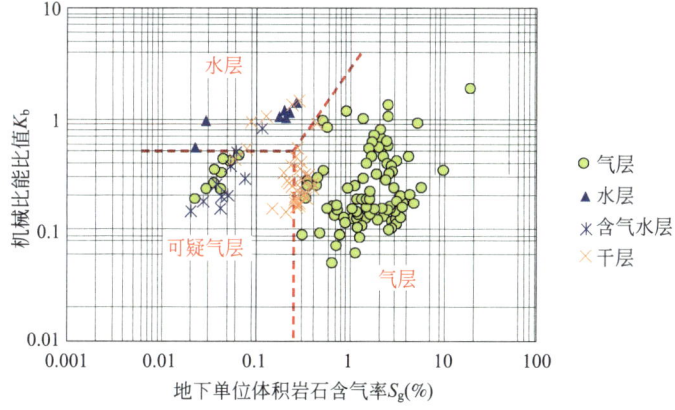

图 8.10　Y 区潜山风化裂缝带流体性质识别图版（5 口井，$N=194$）

8.2.2.3　裂缝破碎带 K_b-S_g 交会图版

针对 Y 区 5 口钻井潜山风化裂缝带测井解释结果,进行机械比能比值（K_b）和地下单位体积岩石含气率（S_g）进行统计和交会,并根据流体相分布特征划分出气层、水层（包括水层和含气水层）、可疑气层三个区域（图 8.11、图 8.12）。裂缝破碎带 K_b-S_g 交会图版流体相分区与潜山整体段分区特征相似,对干层判别效果较差,但是对气层、气水同层、水层的区分效果较好（图 8.12）。在气层分布区,仅见有少量含气水层;水层分布区则主要为含气水层和水层,但对含气水层和水层则不能区分;在可疑气层分布区,主要为气水同层,水层和含气水层虽然在该区有分布,但主要分布于该区左上角(图8.12)。

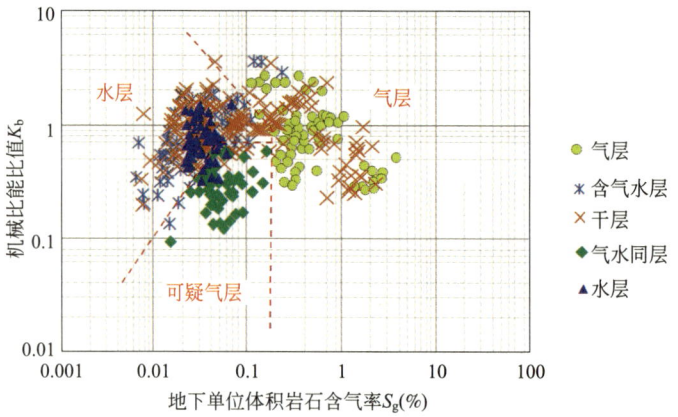

图 8.11　Y 区潜山裂缝破碎带流体性质识别图版(含干层,5 口井,$N=656$)

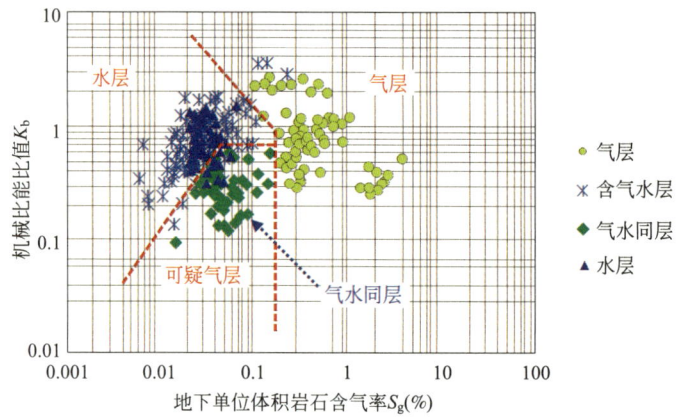

图 8.12　Y 区潜山裂缝破碎带流体性质识别图版(不含干层,5 口井,$N=299$)

8.2.2.4　潜山基岩带 K_b-S_g 交会图版

针对 Y 区 3 口钻井潜山基岩带测井解释结果,进行机械比能比值(K_b)和地下单位体积岩石含气率(S_g)进行统计和交会,并根据流体相分布特征划分出水层、含气水层两个区域(图 8.13)。潜山基岩带 K_b-S_g 交会图版对区分水层有较好的效果,可以将水层与含气水层和干层区分开来,但是对于含气水层和干层则无法区分(图 8.13)。

总体来看,以潜山储层风化壳纵向分带为基础,对风化裂缝带、裂缝破碎带、基岩带,分别利用 K_b-S_g 交会图版对流体相进行识别效果更好,可以将气层、水层(水层+含气水层)、可疑气层进行有效区分。即风化裂缝带和裂缝破碎带的储集能力最好,基岩带储集能力较弱;风化裂缝带的含气性最好,裂缝破碎带次之,基岩带几乎不含气。风化裂缝带以气层为主,仅见有少量水层和含气水层;裂缝破碎带则以气层、水层(水层+含气水层)和气水同层为主;基岩带则不含气,以全为水层。

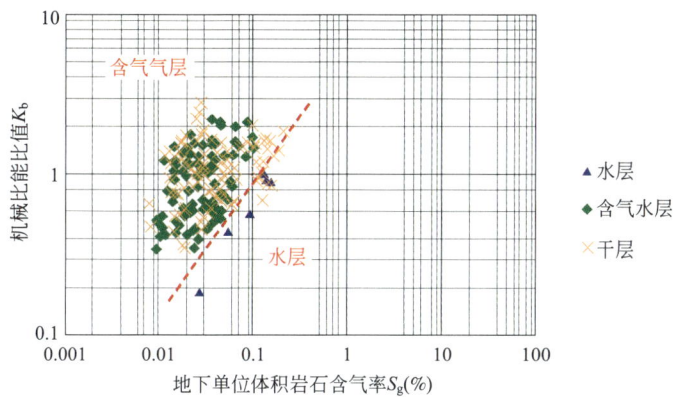

图 8.13　Y 区潜山基岩带流体性质识别图版（3 口井，$N=234$）

8.3 潜山储层流体丰度及流体性质识别方法遴选

综上所述，针对 Y 区潜山储层流体丰度和流体性质，借鉴陵水区块判别经验，通过常规录井资料流体性质解释和基于潜山垂向分带的流体性质评价探索，筛选出适用于基底潜山储层的含流体丰度和流体性质识别方法（表 8.5）。

以 C_1 为横坐标、C_3 为纵坐标建立的流体相散点图内，Y 区气模板对于将气层和水层从储层中划分出来具有较好的效果，只是难以区分具有极低 C_1 和 C_3 值的气层与含气水层、气水同层（图 8.2）。从流体丰度来看，当以 $T_g=0.5\%$ 为界时，可以较好地将气层从各种流体相中剥离出来，识别率可达 76%（14%+36%+26%），并且可以很好地排除含气水层和气水同层（表 8.2）。岩石热解轻重比（LHI）与含油气总量（PG）交会图版对水层具有较好的识别度，这与流体相散点图的效果相近，但是气层则分布散乱，并且无法从水层中剥离出来（图 8.6）。

以地下单位体积岩石含气率（S_g）为横坐标、机械比能比值（K_b）为纵坐标建立的 K_b-S_g 交会图版除干层外，对流体相具有较好的判别效果（图 8.8~图 8.13）。针对潜山整体段的 K_b-S_g 交会图版可以将流体相划分为气层、水层（水层和含气水层）和可疑气层（气水同层、气层、水层、含气水层）三个区域。风化裂缝带 K_b-S_g 交会图版可以有效区分气层和水层。裂缝破碎带 K_b-S_g 交会图版可以有效区分气层、水层（包括水层和含气水层）、可疑气层（主要为气水同层）。基岩带主要发育水层，K_b-S_g 交会图版能有效识别，储层意义较小。

表 8.5　潜山储层录井流体性质评价方法适用性对比

方法	适用性	存在问题
流体相散点图法	以 C_1 为横坐标、C_3 为纵坐标建立的流体相散点图内，Y 区气模板对于将气层和水层从储层中划分出来具有较好的效果	难以区分具有极低 C_1 和 C_3 值的气层、含气水层与气水同层

续表

方法		适用性	存在问题
气测及异常倍数		以 $T_g=0.5\%$ 为界时，可以较好地将气层从各种流体相中剥离出来，识别率可达 76%，并且可以很好地排除含气水层和气水同层	气测异常倍数都显示异常倍数低、且难以区分
地化岩石热解法		轻重比（LHI）与含油气总量（PG）交会图版对水层具有较好的识别度	气层的评价效果有限
潜山垂向分带流体性质识别方法	风化裂缝带	K_b-S_g 交会图版可以有效区分气层和水层	干层识别效果较差
	裂缝破碎带	K_b-S_g 交会图版可以有效区分气层、水层（包括水层和含气水层）、可疑气层（主要为气水同层）	
	基岩带	主要为水层，K_b-S_g 交会图版可以有效识别	

8.4 测录井结合识别流体性质

水和油气有许多不同的物理—化学特性，除了导电性外，其最大的不同之处在于水层的含烃量远低于油气层。这就为利用测录井技术探测与评价流体性质提供了地质—物理依据。

8.4.1 总烃—深电阻率交会法

总烃—深电阻率交会法是利用不同地层流体在电阻率大小及总烃含量上的差异来区分流体性质，水层相比于油气层电阻率值较少，总烃含量较低。

试验区实际资料统计表明：南海东部地区主要产油，南海西部地区主要产气，两地区点集整体趋势略有不同。但在 TG-RT 交会图中，RT 与 TG 均具有如下比较规律：水层深电阻率整体小于油气层深电阻率，水层总烃含量远小于油气层。

8.4.1.1 珠江口地区总烃—深电阻率交会图

根据珠江口地区试油层段数据，建立深电阻率—总烃交会图（图 8.14），由交会图可以看出，该图版可较清楚地将油气层与水层分开，应用效果良好。因此 TG-RT 交会图法在珠江口地区流体性质识别中应用效果良好。

8.4.1.2 琼东南地区总烃—深电阻率交会图

根据琼东南地区试油层段数据，建立深电阻率—总烃交会图（图 8.15）。由交会图可以看出，该图版可较清楚地将气层与水层分开，应用效果良好。因此 TG-RT 交会图法在琼东南地区流体性质识别中应用效果也较好。

8.4.1.3 北部湾地区总烃—深电阻率交会图

根据北部湾地区试油层段数据，建立深电阻率—总烃交会图（图 8.16）。由交会图可以看出，该图版可较清楚地将气层与水层分开，应用效果良好。因此 TG-RT 交会图法在北部湾地区流体性质识别中应用效果也较好。

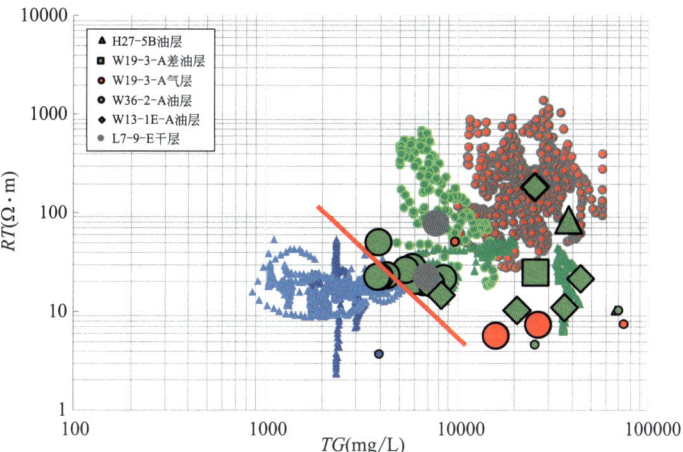

图 8.14 珠江口地区总烃—深电阻率交会图

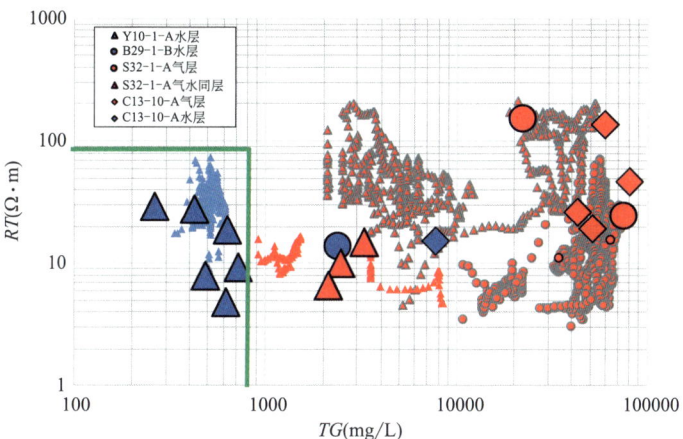

图 8.15 琼东南地区总烃—深电阻率交会图

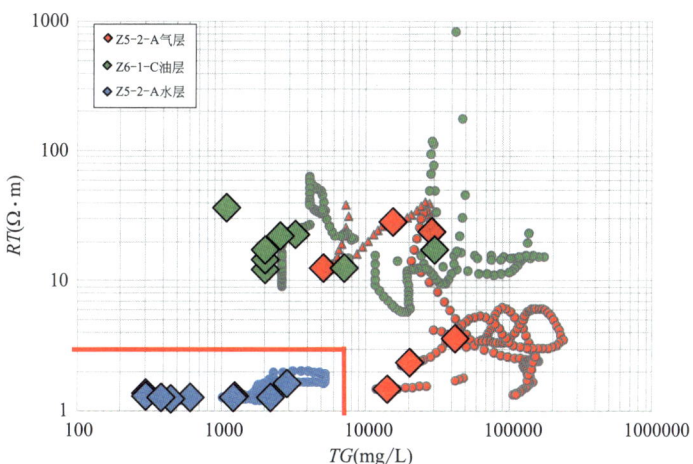

图 8.16 北部湾地区总烃—深电阻率交会图

8.4.2 孔隙度—含水饱和度交会法

在火成岩潜山储层中，构成岩石的主要矿物包括：石英、正长石、斜长石、角闪石。它们的密度、声波和中子骨架值如表8.6所示。从表中可以看出，构成潜山储层的主要矿物其密度、声波及中子骨架值都有差异。火山岩储层岩性变化复杂，为了更好地反应火成岩潜山储层的孔隙流体和黏土束缚水，综合考虑三孔隙度曲线，使用储层孔隙度来建立图版。

含水饱和度由阿尔奇公式计算得到，综合考虑了地层参数以及电阻率，在表征水层及油气层上更全面。

表8.6 潜山储层主要矿物骨架值

矿物	密度骨架值 （g/cm^3）	声波骨架值 （μs/ft）	中子骨架值 （%）
石英	2.65	54.5	−2
正长石	2.52	70.0	−3
斜长石	2.70	48.0	−2
角闪石	3.20	41.8	8

选用孔隙度与含水饱和度绘制交会图可根据油气层和水层在含水饱和度的高低和物性上的差别，从图中找出它们之间的区别，建立判别标准。

8.4.2.1 珠江口地区孔隙度—含水饱和度交会图

根据珠江口地区试油层段数据，建立孔隙度—含水饱和度（图8.17），由交会图可以看出，该图版可较清楚地将油气层与水层分开，应用效果良好。因此孔隙度—含水饱和度交会图法在珠江口地区流体性质识别中应用效果良好。

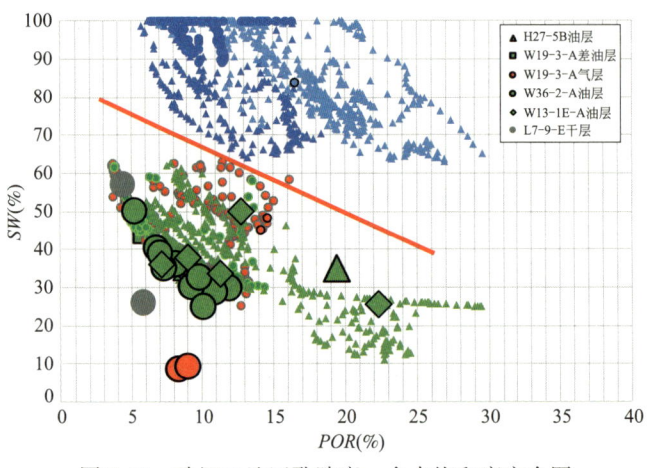

图8.17 珠江口地区孔隙度—含水饱和度交会图

8.4.2.2 琼东南地区孔隙度—含水饱和度交会图

根据琼东南地区试油层段数据，建立孔隙度—含水饱和度交会图（图8.18）。由交会图可以看出，该图版可较清楚地将气层与水层分开，应用效果良好。因此孔隙度—含水饱和度交会图法在琼东南地区流体性质识别中应用效果较好。

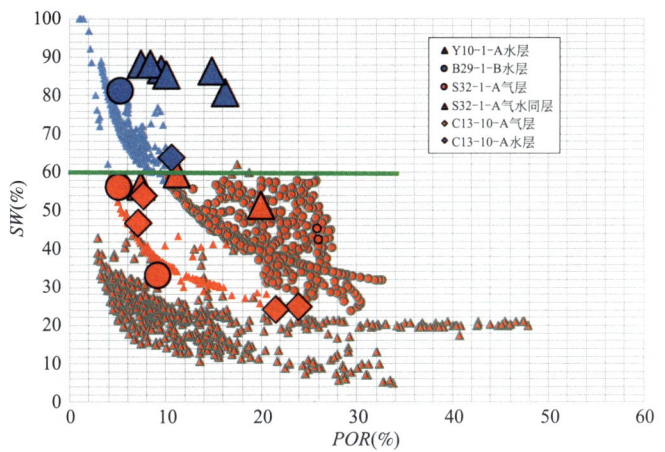

图8.18 琼东南地区孔隙度—含水饱和度交会图

8.4.2.3 北部湾地区孔隙度—含水饱和度交会图

根据北部湾地区试油层段数据，建立孔隙度—含水饱和度交会图（图8.19）。由交会图可以看出，该图版可较清楚地将气层与水层分开，应用效果良好。因此孔隙度—含水饱和度交会图法在北部湾地区流体性质识别中应用效果较好。

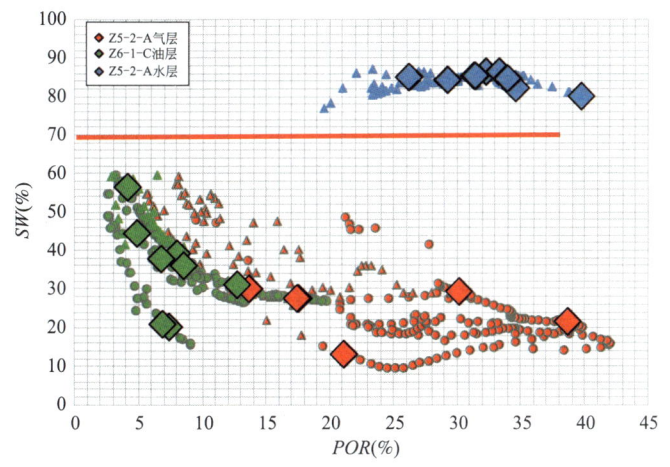

图8.19 北部湾地区孔隙度—含水饱和度交会图

8.4.3 C_1—总烃图版

油气层是气测录井含烃的主要来源，油气层的 C_1 和总烃普遍大于水层，根据此规律，

可绘制 C_1—总烃图版区分油气层和水层。

8.4.3.1 珠江口地区 C_1—总烃图版

根据试油和测井解释层段资料点的 C_1 和总烃值,绘制出珠江口地区 C_1—总烃图版,如图 8.20 所示。

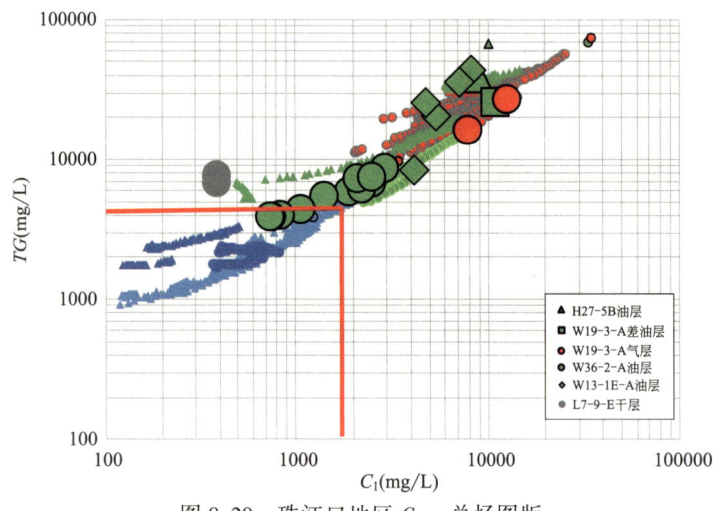

图 8.20 珠江口地区 C_1—总烃图版

从图中可以看出,油气层 C_1 值大于 2000mg/L,总烃值大于 5000mg/L,油气层和水层在交会图中可以较好地进行区分。据此标准,该图版能有效划分油气层、水层资料点,因此通过 C_1—总烃图版能够较好地区分珠江口地区的油气层和水层。

8.4.3.2 琼东南地区 C_1—总烃图版

根据试油和测井解释层段资料点的 C_1 和总烃值,绘制出琼东南地区 C_1—总烃图版,如图 8.21 所示。从图中可以看出,气层 C_1 值大于 10000mg/L,总烃值大于 10000mg/L,气层和水层在交会图中可以较好地进行区分。据此标准,该图版能有效划分油气层、水层资料

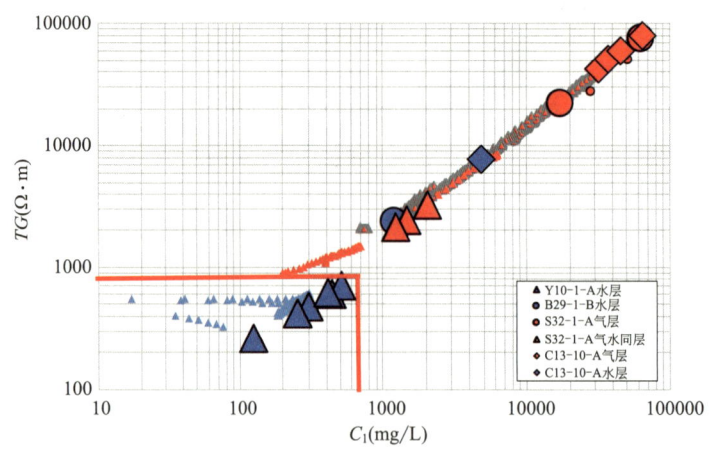

图 8.21 琼东南地区 C_1—总烃图版

点，因此通过 C_1—总烃图版能够较好地区分琼东南地区的气层和水层。

8.4.3.3 北部湾地区 C_1—总烃图版

根据试油和测井解释层段资料点的 C_1 和总烃值，绘制出北部湾地区 C_1—总烃图版，如图 8.22 所示。从图中可以看出，油气层 C_1 值大于 2000mg/L，总烃值大于 5000mg/L，油气层和水层在交会图中可以较好地进行区分。据此标准，该图版能有效划分油气层、水层资料点，因此通过 C_1—总烃图版能够较好地区分北部湾地区的油气层和水层。

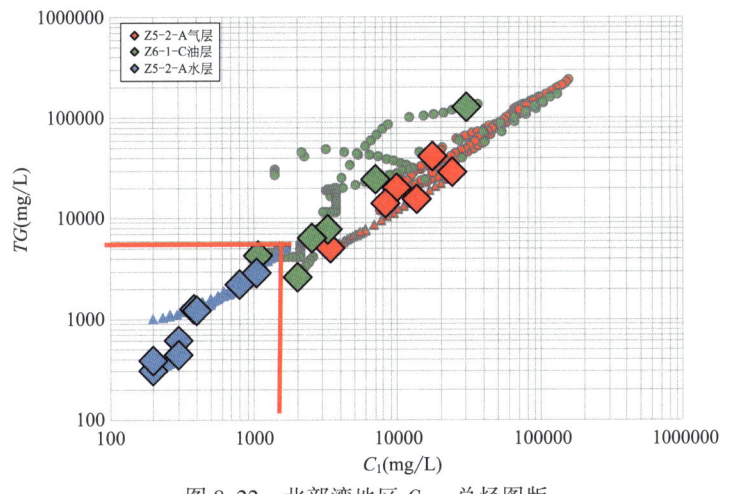

图 8.22　北部湾地区 C_1—总烃图版

以上图版经过珠江口地区 5 口新井 20 个层位验证，符合 16 层，符合率 79.4%；琼东南地区 4 口新井 20 个层位验证，符合 15 层，符合率 75%；北部湾地区 2 口新井 23 个层位验证，符合 19 层，符合率 82.6%；合计 11 口新井 63 个层位验证，符合 50 层，符合率 80.9%。

第9章
南海深水潜山裸眼测试技术*

9.1 测试地质背景

Y8-3构造位于琼东南盆地松南低凸起，区域水深约1800m。Y8-3-A设计井部署于琼东南盆松南低凸起的高部位，西距首个深水气田L17-2气田约58.2km，西北距三亚市180.5km，距离崖13-1管线82.5km（图9.1）。

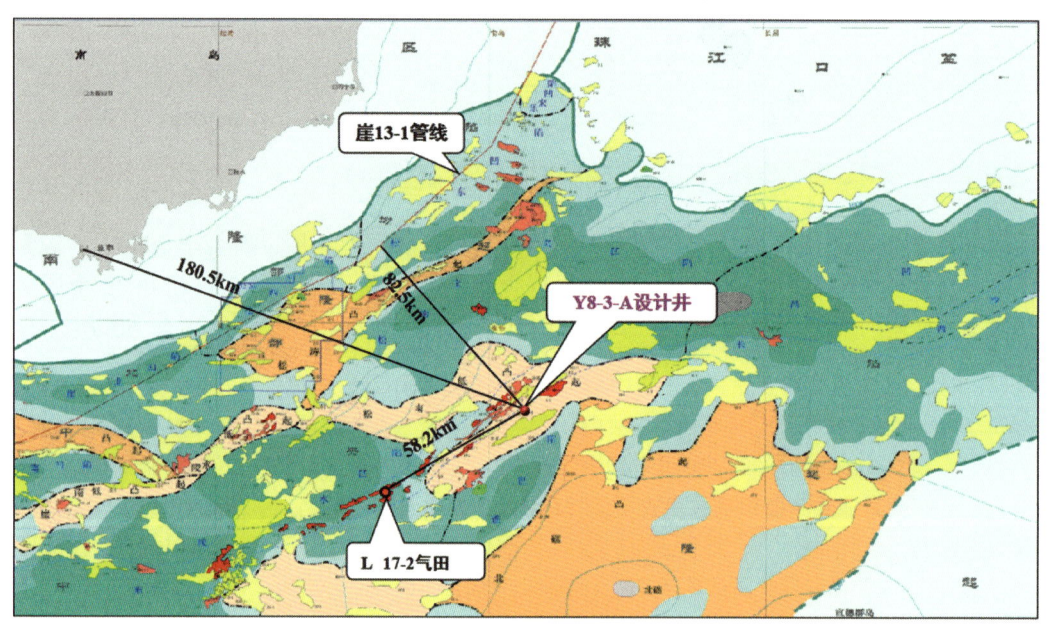

图9.1 Y8-3-A井地理位置图

本井于2019年7月5日开钻，7月25日钻进至井深3015.66m完钻。完钻层位为前古近系基岩潜山，潜山顶深2828.8m，其中在前古近系见气测异常28.0m/4层，最大气测值5.297%，共解释气层85.2m/4层，平均孔隙度4.4%，平均含气饱和度62.8%。该井处于潜山顶部，风化作用较强，主要发育砂化带，电成像测井上可见大的花岗岩砾石及角砾，裂

---

* 本章中的"综合柱状图""综合解释图""测井解释图""处理成果图""解释成果图""响应特征图""计算结果图""识别柱状图"等均是利用地质专业软件生成的图形文件，其表头文字仅作描述用，通常不标注单位。除非个别用错的术语、符号作了修正，其余保持原样。

缝相对不发育；砂化带以下主要发育裂缝带，储集空间以孔隙—裂缝型和裂缝型储层为主，在垂向上可划分为风化裂缝带及裂缝破碎带（图9.2）。

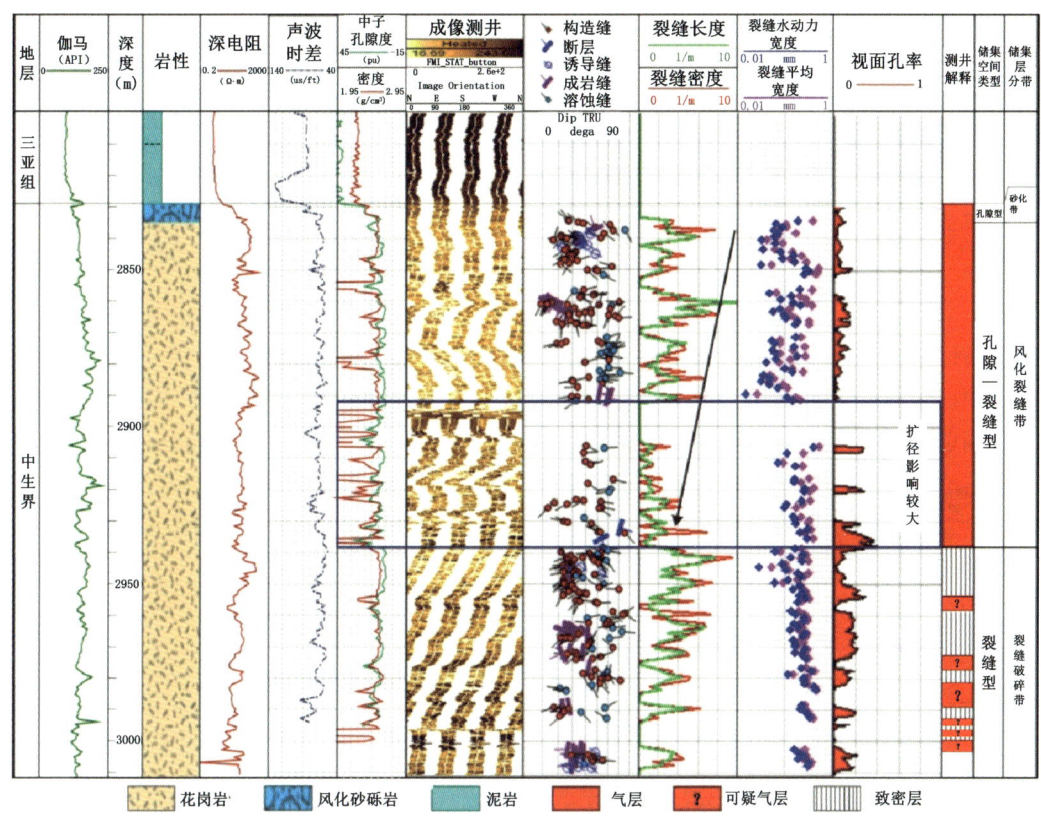

图9.2　Y8-3-A井潜山储层测井响应特征及裂缝分布特征图

（1）风化裂缝带，受风化淋滤作用影响较大，井壁稳定性较差，电性上表现为较高电阻率与较低密度的特征；部分井段因井壁垮塌而导致密度减小，电成像测井质量变差，发育大量溶蚀孔缝，形成良好储集空间，未见热液活动。电成像测井显示，自上而下风化强度减弱，裂缝发育强度减弱；裂缝密度0.1~3.3条/m，裂缝宽度分布范围广，为0.03~0.8mm，连续构造缝最多，溶蚀缝居中，成岩缝最少；视面孔率在10%左右，最高为19%。

（2）裂缝破碎带，受风化淋滤作用相对较弱，电性上表现为比风化裂缝带更高的电阻率特征；井壁稳定性相对较好，发育多套致密夹层（表现为高电阻、高密度、低中子），裂缝带和致密带相互交叉，没有明显的分带界限，具有较强的非均质性，发育热液溶蚀作用形成的溶蚀孔缝。电成像测井显示，裂缝发育段裂缝密度1.0~5.7条/m，较风化裂缝带密度有所增大，裂缝宽度分布范围窄，多为0.1~0.4mm，构造缝最多；视面孔率相对较大，最高达40%，高于风化裂缝带。

钻后初步估算：Y8-3-A井前古近系基岩潜山探明天然气储量约$100×10^8 m^3$，探明+控制级储量约$180×10^8 m^3$，三级地质储量约$420×10^8 m^3$。考虑该区资源潜力规模较大，内幕裂缝发育，连通性好，预期产能较好，决定进行测试作业。但本井测试面临极大的挑战：（1）只能进行裸眼测试，原因是井身结构特殊，井壁易失稳；（2）测试液选择要求高，应无固相，且适配储层、密度窗口小，尽量减少裂缝的堵塞污染；（3）测试储层段长，包含上部风化带和下部裂缝带储集体，主体产出位置无法确定；（4）作业水深超过1800m，海底低温易导致测试管柱内生成水合物，堵塞管柱导致测试失败；（5）测试费用高，超深水测试作业日费近500万元。如何优质、高效完成测试任务是另一重大挑战。针对上述难题，通过技术攻关形成了深水潜山裸眼测试工艺技术，并得到成功应用。

深水潜山裸眼测试工艺

9.2.1 悬空固井

　　潜山气藏复杂，埋藏深，储层分布受裂缝发育程度控制，非均质性强，气层分段发育，一般采用裸眼测试。若潜山与其他碎屑岩目的层在同一井段，测试时需下入套管至潜山顶部，封隔非测试层段。Y8-3-A井测试井段处于311.15mm井眼内，339.72mm管鞋深度为2793.70m，而测试井段为2828.80~2936.00m，因此需有效封隔上部非目的层段，为测试封隔器坐封以及封隔非目的层创造条件。对于悬空水泥塞固井，现场一般采用平衡法作业，影响成败的主要原因有两点：（1）密度较大的水泥浆与密度较小的钻井液所形成的界面天然不稳定，在放置水泥塞及起出钻杆过程中，水泥浆会向下滑落造成上部体积减小，甚至不能在设计位置有效封堵；（2）打水泥塞过程中，水泥浆容易在钻杆内和环空内与钻井液混合，导致水泥塞质量不合格。针对水泥塞下界面不稳定而导致水泥浆向下滑落的问题，国内外油田现场一般的做法是增大水泥浆用量，附加比例设为100%。但是水泥浆用量过大不仅造成更多钻井液受到污染、后续钻塞所用时间增长，而且更容易发生水泥塞固结钻杆事故。针对打水泥塞时钻杆内和环空中水泥浆与钻井液混合的问题，墨西哥南部在固井时，通过计算机模拟水泥浆与钻井液的界面混合情况，从而确定无污染水泥浆的真实返高。但该方法比较复杂，考虑的因素较多，对其他地区打水泥塞作业的参考价值有限。也有国外固井公司设计出专门的水泥塞放置工具，但该类工具一般由上、下刮塞及捕获器构成，安装及操作流程复杂，工具及技术服务成本高，现场应用较少。

　　为保障悬空固井顺利实施，采取了以下措施：（1）选用具有强度稳定特性的优质减轻材料，加入早强剂、膨胀剂等化学添加剂，研制出一种低密度高强度水泥浆，在降低水泥浆密度的同时保证水泥石强度达到相关要求，并且具有成本低、现场易混配等优点。（2）研制一种新型支撑液，其密度介于水泥浆和钻井液之间，动切力和10s胶凝强度都高于48Pa，作业时放置在井筒内水泥浆与钻井液中间，用以支撑上部水泥浆，避免其滑落及向下交换；加入反应剂，反应剂与水泥浆中的某些成分发生反应，在液体界面形成一定结构，形成反应性支撑液，进一步增强水泥浆与支撑液界面的稳定性。（3）设计一段外径较小的管具连接在钻杆下部，作为插管插入水泥塞中，在提高水泥浆环空顶替效率的同时降低起出钻杆时对水泥塞稳定性的破坏。（4）研制一种分流器工具，连接在注水泥塞管柱的最下端，将水泥浆向下喷射改为沿径向及向上顶替，避免水泥浆与下部钻井液大量混合，保证水泥浆界面的胶结质量。

　　通过以上措施，实现了悬空固井，为"坐套测裸"创造了实施条件，如图9.3和图9.4所示。采用全通径测试工具"坐套测裸"，具有以下优点：

（1）测试管串为全通径，有利于电缆工具串在其中作业，操作简单；减少了作业环节，有利于安全作业；无落物卡封之忧，测试时间可根据取资料的要求任意支配。

（2）利用产出剖面测井，资料录取全面，既可定性也可定量解释，主要表现在三个方面：一是可以获得气层的产状，得到了地层的出液点分布及产液类型；二是可以确定主力气层的位置，在多个出液点中通过连续测和点测两种手段辨析出主要的产出层段；三是可以获得井筒中液体的分布情况，得到地层产出流体的类型分布。

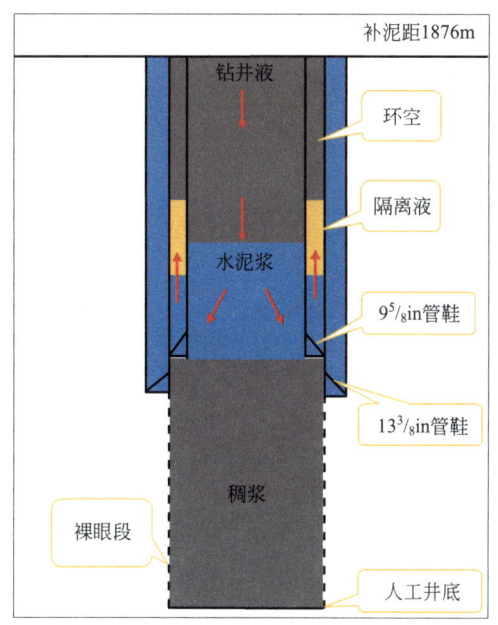

图 9.3　悬空固井示意图

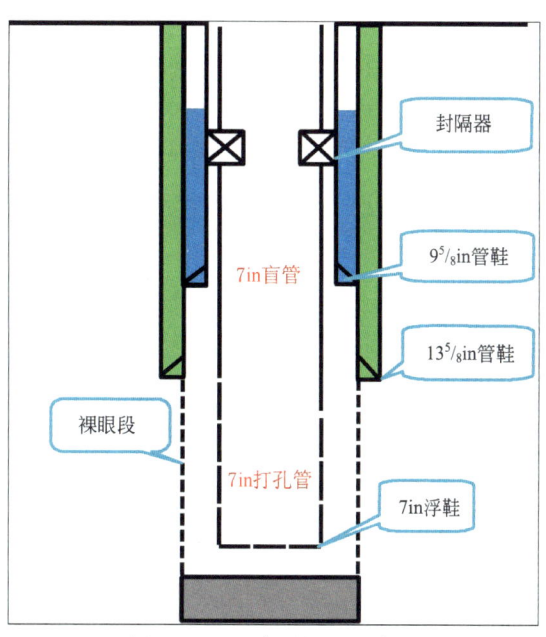

图 9.4　"坐套测裸"示意图

9.2.2　测试主体工艺

9.2.2.1　测试井下工具

海底井口下部测试管柱结构与陆地基本相同，主要由伸缩接头、循环阀、测试阀、取样器、泄压阀、震击器、安全接头、封隔器、全通径压力计托筒等部件组成。深水常用测试工具主要由以下四种组成。

1. 智能双阀（IRDV）

智能双阀（IRIS Dual Valve）（图 9.5）是集测试阀和循环阀于一体的测试工具，通过应用静液压力、微处理器及低压脉冲控制信号实现井下开井阀和循环阀的开关。两个阀开关顺序在测试作业过程可以根据需要任意转换，且所需的操作压力较低，对压力操作具有记忆功能，具有备用手段。智能双阀是井下工具的核心工具，多做为测试主阀。

2. 油管试压阀（TFTV）

油管试压阀（图 9.6）用于测试管柱入井后，对试压阀以上管柱进行压力测试，保障测试管柱的可靠性。油管试压阀工作过程如下。当管柱下井时，井筒内液体通过旁通孔进入管柱内，井液产生压差顶起叠阀，进入管柱内。管柱可以在任何深度试压，当测试管柱到达深度时，环空加压击破破裂盘，打开叠阀，一旦油管试压阀打开工具就是全通径。

3. 反循环阀（SHRV）

反循环阀（图9.7）是一种用于套管井内，通过操作环空压力来实现管柱与环空相联通，进而实现循环压井的工具。环空加压击破破裂盘打开反循环孔，当破裂盘击破后，循环孔便永久打开。

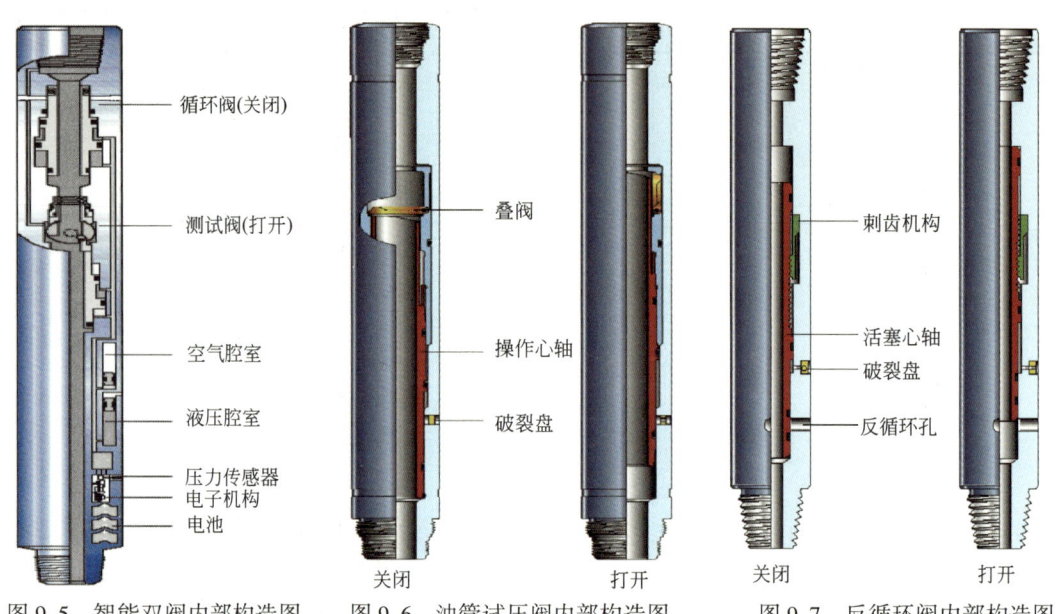

图9.5 智能双阀内部构造图　　图9.6 油管试压阀内部构造图　　图9.7 反循环阀内部构造图

4. 单相取样器（SPS）

单相取样器（图9.8）是从地层油藏中取样的一种设备，并能够取得高质量和具有代表性的地层样品，适用于多种环境的操作。取样获得的样品在PVT实验室进行分析，从而获得有助于将来油气田开发，生产施工等所需的地层原始数据。通过环空加压击破破裂盘，环空压力传递到取样器激发机构后，使整个油路打开，在井底压力作用下，地层流体驱使浮动活塞向上运动。当浮动活塞移动到它的上行程终点，上端的关闭锁死机构被打开，关闭取

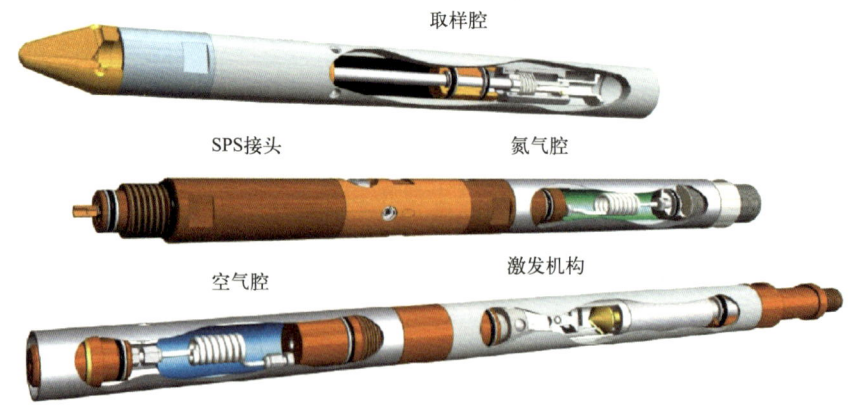

图9.8 单相取样器构造图

样腔，并且与浮动活塞之间圈闭了地层流体，同时弹簧锁销弹起，取样完成。当取满样品后，针阀本体和浮动活塞完成圈闭样品的同时将氮气激发，氮气的流动孔打开，释放的氮气作用在浮动活塞上，保持取样腔样品始终处于单相状态。注意：注入氮气压力比预测的地层压力要高 2000psi。

9.2.2.2 测试坐落管柱

在半潜式平台或深水动力平台进行测试作业时，可能会遇到恶劣天气（台风）、平台漂移量过大或平台定位失效等应急情况。在这种应急情况下，最重要的是隔离地层能量并通过解脱将平台转移至安全区域。水下坐落管柱坐在井口抗磨补芯上，位于防喷器内部，应急情况下能够提供两道安全屏障且能够将测试管柱从防喷器内部解脱。

水下树系统是深水测试中最复杂、最重要的部分，其作用是保证整个测试过程中的安全，也是区别陆地和浅滩测试的不同之处。如图 9.9 所示，主要部件包括防喷阀（LV）、立管控制模块（RCM）、储能器（AM）、水下测试树（SSTT）、承留阀（RV）及悬挂器等部件。它与地面控制系统一起实现各执行机构的开关动作，以保证整个系统的操作安全完成。水下执行机构能根据操作人员的指令自动完成相应的操作。

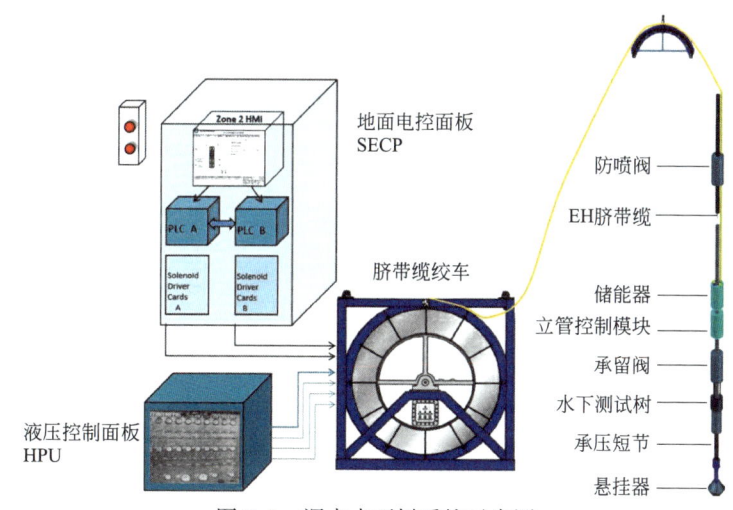

图 9.9　深水水下树系统示意图

1. 防喷阀（LV）

在半潜式平台的测试过程中，LV（图 9.10）作为一个单独的屏障单元，具有井控的功能。当钢丝作业工具串很长时，可以通过它的地面控制系统关闭其球阀，切断测试管串的流动，进行连接和拆卸工具串；紧急时也可以用它进行关井和切断钢丝或盘管。在球阀上方设计有化学试剂注入端口。

2. 立管控制模块（RCM）

RCM 的主要功能是在传统的地面控制方法不足以满足理想的响应时间的情况下，快速地提升响应时间，为地面提供实时的温压数据。RCM 结构包含两个密封的腔室（图 9.11）。上腔室包含电磁阀（SOVS）、压力传感器、增强型数据采集系统（EADS）以及水下电气模块（SEM）的电气腔。电气室浸没在介电液中，腔室压力与隔水管压力保持平衡，既保证

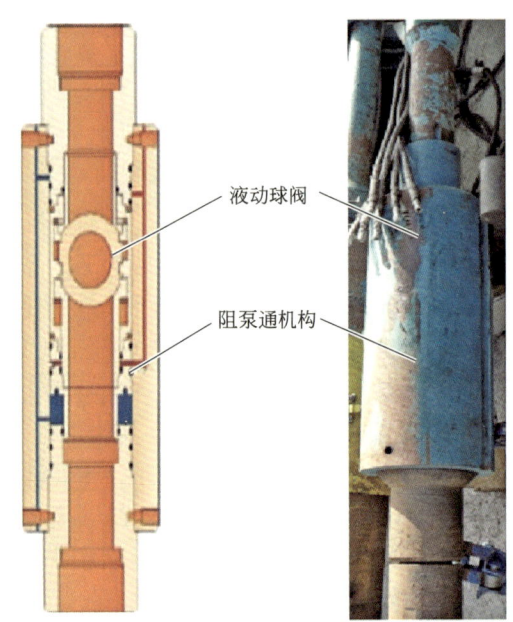

图9.10 防喷阀结构图

图9.11 立管控制模块（上、下腔室）结构图

了电子设备的隔离，又尽量减少了外壳的壁厚。下腔室是包含液控阀（DCVS）的液压腔室，腔室内注满控制液，腔室内压力与隔水管压力平衡，以尽量减少外壳的壁厚。RCM内设置有压力补偿器，因此两个腔室压力能够与隔水管内压力保持平衡。RCM内电气元件采用冗余设计以提升系统的可靠性。

3. 储能器（AM）

AM将控制坐落管柱设备所需的压力进行储存，这些压力在相应SOV和DCV被激活后会得到快速的释放，因此可以迅速激活所需功能。AM设计有8个储能瓶，其中6个储能瓶为水下测试树的球阀开关操作提供压力，另外2个为承留阀的开关操作提供压力。AM一般与RCM连接在一起且位于RCM的上部，AM外部结构设计有一个沟槽，以便保护脐带缆（图9.12）。

图9.12 储能器结构图

4. 水下测试树（SSTT）

水下测试树（SSTT）（图9.13）具有两个"失效关闭"球阀，紧急情况关闭球阀，隔绝地层流体并实现解脱，以保障作业安全。SSTT 同时具备泵通功能和剪切连续油管能力。

5. 承留阀（RV）

设置承留阀的主要目的是防止断开的上部管柱内油气泄漏到环境中，承留阀球阀结构（图9.14）为设置弹簧，因此为"失压保持"型。承留阀设置在水下测试树的上部，可以有效地断开上部管柱内滞留的流体/气体。如不进行有效的隔断就会倾斜到隔水管或海水内，造成污染等问题。

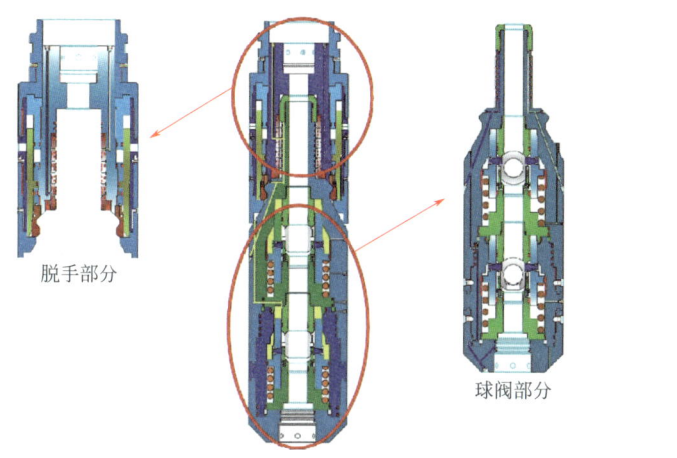
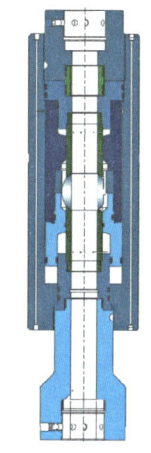

图 9.13　水下测试树结构图　　　　　图 9.14　承留阀结构图

9.2.2.3　测试地面流程

地层流体经井口试油树、高压挠性软管、地面安全阀、除砂器、油嘴管汇（动力油嘴+一级油嘴管汇+二级油嘴管汇）实现安全控制并测取地面压力、温度数据，经加热器对流体进行加热后，进入分离器进行三相分离，分离后的油、气、水经各自计量仪表计量产量。分离后的原油和天然气经分配管汇到燃烧器处燃烧（图9.15）。通过地面测试计量仪表和数据采集系统，可以测取流体到地面后的压力、温度、产量等数据，形成测试报告。

根据深水作业工艺特点，其所需地面设备众多，流程布局复杂，因此地面流程中的风险因素和风险位置较多，任何位置一旦发生油气泄漏都可能导致爆炸、火灾、中毒和环境污染等重大事故，这就要求深水作业对风险点的实时监测极其严格。结合超深水气井作业特点和深水作业经验，在海上半潜式平台采用橇装设备或模块化设备（图9.16），主要用于高温、高压、高产井测试，使用法兰或由壬连接；针对气井的流动安全控制关键装置进行研发并应用，形成了一套适合于超深水气井作业的流动安全控制工艺，优化地面流程，保障深水气井作业期间的高产放喷。

深水模块化测试设备，主要分为五部分：

（1）井口高压模块——由地面安全阀+ESD控制面板+数据头+含砂实时监测短节+除砂器+数据头+油嘴管汇+数据头设备组成，构建井口高压安全控制监测一体化模块；

（2）加热器模块——通过加热器模块的持续热量交换，有效的提升流体温度，增强分离效果，并在一定程度上防止水合物的再次形成；

（3）分离器模块——对流体进行三项分离，并分别计算油气水的产量；

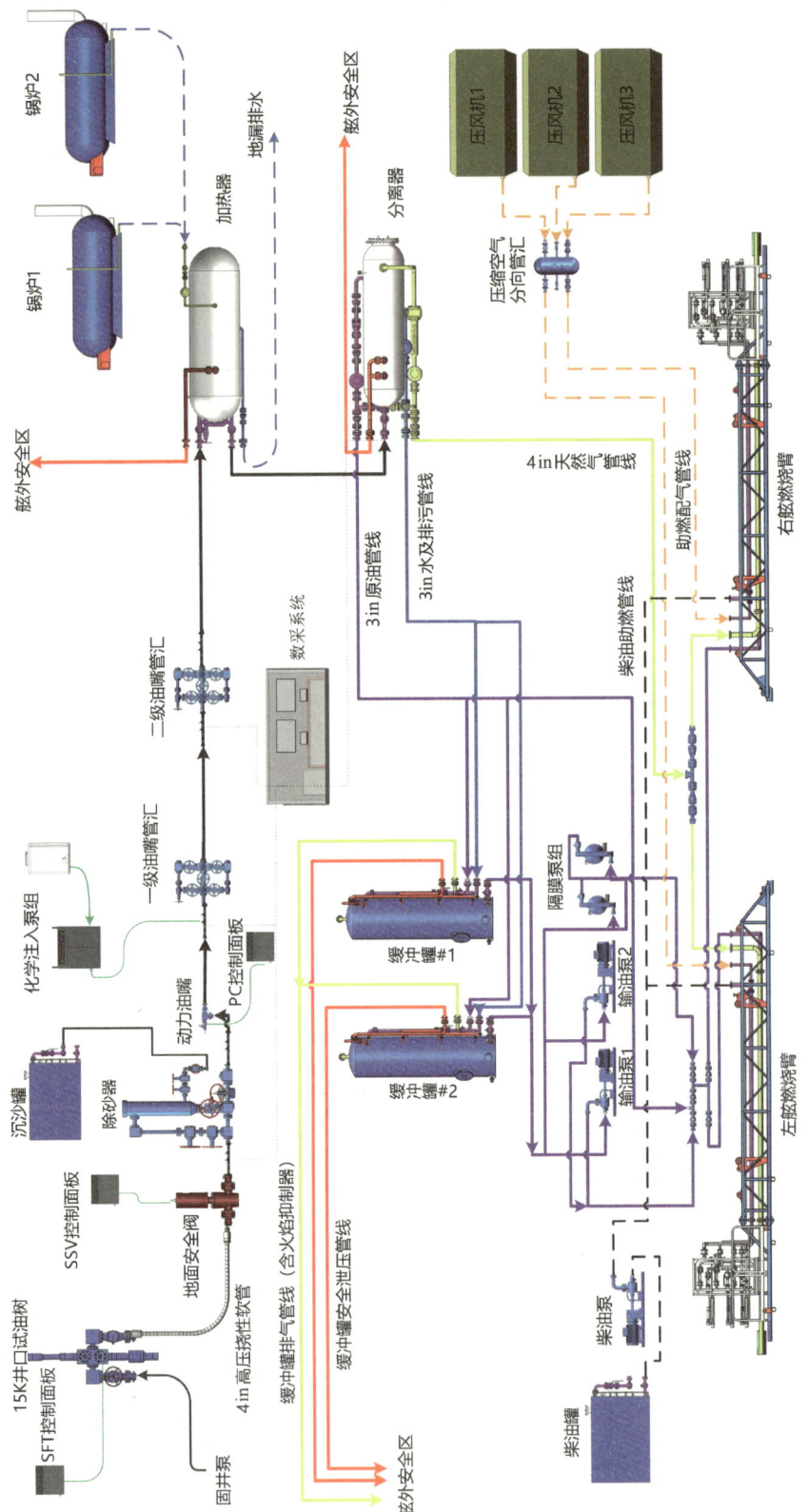

图9.15 测试地面流程简图

a. 模块化地面流程

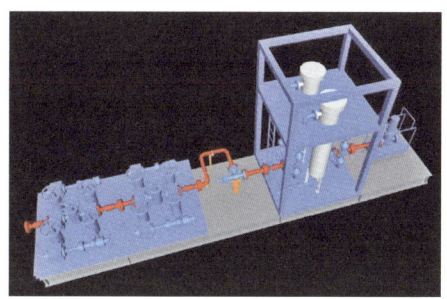
b. 高压模块

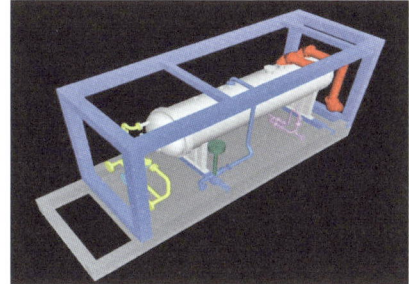
c. 加热器模块

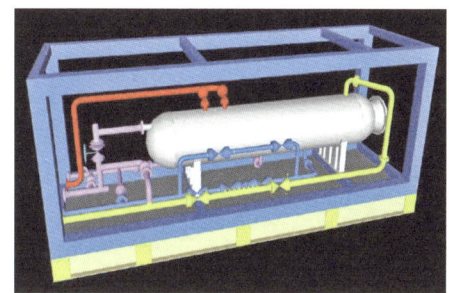
d. 分离器模块

e. 缓冲罐模块

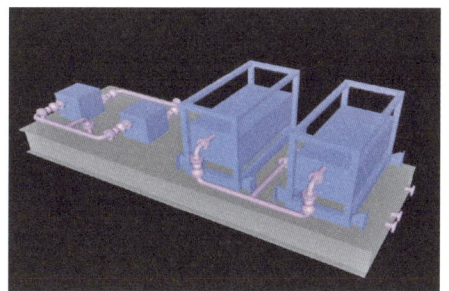
f. 泵组模块

g. 地面模块化设备组合图

图 9.16　测试地面模块化设备示意图

（4）缓冲罐模块——分离器分离出的流体通过缓冲罐模块进行二次分离，去除流体内的天然气或有毒害气体；

（5）泵组模块——包括化学注入泵组和输油泵组，化学注入泵组持续地向井下和地面流程泵入水合物抑制剂，有效预防和清除深水井测试的水合物威胁，输油泵组负责流体的泵送、转存或燃烧。

9.2.3 分布式光纤测温工艺

9.2.3.1 分布式光纤测温原理

分布式光纤测温技术将光纤作为光传导途径及温度敏感材料。光波在光纤中传导的同时，不同物理过程产生的特定光波长在光纤中受环境温度影响的特性不同，在光纤的一端解调携带温度特征的信号光，实现完全分布式测温。单波长发射光入射到光纤后，从光纤返回的散射光包括 3 种频率分量，即瑞利散射、拉曼散射和布里渊散射，其散射光强的分布示意如图 9.17 所示。

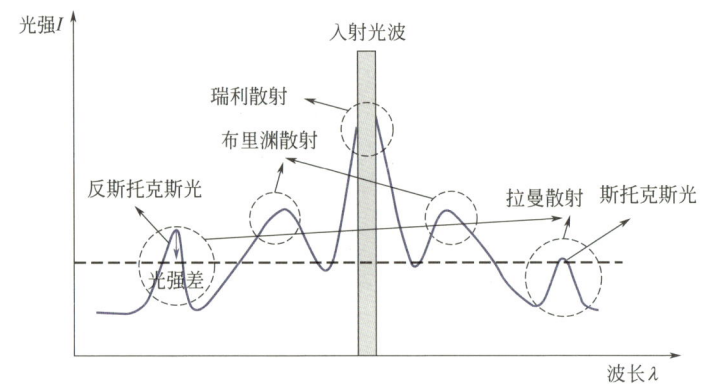

图 9.17　光纤中的散射光强分布示意

当激光脉冲在光纤中传输时，因在传输过程中遭遇光纤中的各种杂质，引起激光和光纤分子的相互作用，从而产生瑞利、拉曼和布里渊这三种散射光。瑞利散射光对温度并不敏感，但瑞利散射光是光时域反射测量光纤损耗的一个重要因素，而拉曼散射光和布里渊散射光均具有温度调制特性，可以作为分布式光纤测温的技术方案。下面对光时域反射原理、拉曼散射温敏原理和布里渊散射原理进行介绍。

1. 光时域反射原理

分布式光纤测温技术对于温度变化点的定位依赖于对反射光的时域或频域分析。光时域分析反射（Optical Time Domain Reflectometer，OTDR）技术由 Barnoski 1977 年发明，主要原理是将一束高功率的激光入射到光纤中，散射回来的光强随时间变化，得到相关物理量沿光纤传播方向的分布。

由于光纤自身存在折射率的微观不均匀性以及光纤的曲折损耗等，激光脉冲在光纤中传播时会产生散射现象。在时域中，设定入射光经过后向散射后返回到光纤入射端的时间为 t，激光脉冲在光纤中经过的路程为 $2L$，那么在 t 时刻测量到的散射光位置到入射光端点的距离

为 L。通过光时域反射技术就可以对光纤进行测量定位，查找光纤故障点及断点：

$$L = \frac{1}{2} \cdot Ct \tag{9.1}$$

其中
$$C = C_0/n$$

式中　L——发射散射光的位置与激光入射端的距离，m；
　　　C——光在光纤中的传播速度，m/s；
　　　t——入射光经过后向散射后返回入射端的时间；
　　　C_0——真空中的光速，m/s；
　　　n——光纤折射率。

2. 拉曼散射温敏原理

入射光从一端进入光纤后，该光脉冲会沿光纤向前传播，并与光纤内分子发生弹性及非弹性碰撞，在其传播中的每一点都会发生反射。反射中有一小部分反射光，其反射方向正好与入射光的方向相反，可称为后向反射。该后向反射光的强度和光纤中反射点的温度有关。通过研究发现，反射点温度越高，反射光强度越大。因此，可以通过后向反射光的强度来计算出反射点的温度。

拉曼散射是由于光纤分子的热振动和光子相互作用发生能量交换而产生的。其中，若一部分光能转化为热振动，会发出一个比激光波长更长的光，称为斯托克斯光（Stokes）；若一部分热振动转化为光能，则会发出一个比光源波长更短的光，称为反斯托克斯光（Anti-Stokes）。拉曼散射光由这两种不同波长的光组成。由于反斯托克斯光散射取决于处于激发态的分子个数，温度升高时会有更多分子处于高能状态，因此测量的反斯托克斯光强度与温度有关。而斯托克斯光对温度的依赖性不大。这说明光信号在光纤上被温度信号调制，通过检测与温度相关的反斯托克斯光强度，就可以获得温度信息。由于反斯托克斯光强度不仅受温度信号的调制，还受光纤本身的衰减系数、光源震荡、光纤微观不均匀性等因素的影响，而斯托克斯光只受光纤本身因素的影响，因此通过检测拉曼散射光中的反斯托克斯光与斯托克斯光强度的比值，即可实现温度的测量，同时还可以有效消除光纤本身因素引起的误差：

$$\frac{L_{as}}{L_s} = A e^{\frac{hC_0\nu}{KT}} \tag{9.2}$$

式中　L_{as}——反斯托克斯光强度；
　　　L_s——斯托克斯光强度；
　　　A——温度相关系数；
　　　h——普朗克常数，J·s；
　　　ν——拉曼平移量，m^{-1}；
　　　K——波尔兹曼常数，J/K；
　　　T——绝对温度值。

由式(9.2)以及实测的斯托克斯光与反斯托克斯光的强度比值，可以进行温度值的计算：

$$T = \frac{hC_0\nu}{K\left[\ln a - \ln\left(\dfrac{L_{as}}{L_s}\right)\right]} \tag{9.3}$$

3. 布里渊散射原理

布里渊散射是光波与声波在光纤中传播时互相作用而产生散射的现象。布里渊散射是一种非弹性散射（光的散射频率不等于入射频率），经过散射后会发生频移，称为布里渊频移。散射可以分为自发布里渊散射和受激布里渊散射，而受激布里渊散射往往建立在自发布里渊散射的基础上。散射光的频率相对于入射光的频率发生变化，变化的大小与散射角和光纤的材料有关（杨氏模量、折射率、密度、泊松比等）：

$$V_B = V_{as} - V_0 = V_0 - V_s = 2V_0 \frac{nV_A}{C} \sin\left(\frac{\theta}{2}\right) \tag{9.4}$$

$$V_A = \sqrt{(1-k)E/(1+k)(1-2k)\rho} \tag{9.5}$$

$$V_B(T,\varepsilon) = \frac{2V_0}{C} n(T,\varepsilon) \sqrt{\frac{E(T,\varepsilon)[1-k(T,\varepsilon)]}{[1+k(T,\varepsilon)][1-2k(T,\varepsilon)]\rho(T,\varepsilon)}} \tag{9.6}$$

式中 V_B——布里渊频移；

V_s——斯托克斯光频率；

V_{as}——反斯托克斯光频率；

V_0——温度应变函数；

n——光纤的折射率；

C——真空光速；

V_A——光纤中的光速；

θ——散射角度；

k——泊松比；

E——杨氏模量；

ρ——光纤纤芯密度。

通过测量环境声波对于光纤造成的应变数值，就可以计算出光纤中的声波强度和声速，从而测定声波事件点位置。

分布式光纤测温系统（Distributed Temperature Sensing，DTS）是利用对光谱的分析来确定传感光纤上特定距离对应的温度数值。当光在光纤中传输时，会有少量的光信号在光纤内反射并回到光源这端，这类微弱的光信号俗称回波（Backscater）。通过对回波的分析发现，光谱范围内的反斯托克（Anti—Stroke）回波与外界温度呈线性关系。通过信号传输技术中的分时技术，利用光速这一简单常量，就可以对光纤中特定位置的回波进行分析，最后得出一个温度和位置的二维对应关系，最终实现分布式光纤测温。

9.2.3.2 分布式光纤测温系统仪器组成及起下工艺

1. 分布式光纤测温系统仪器组成及工作原理

分布式光纤温度测量系统通常由光纤、激光光源、光学分光器、光电信号接收处理器及显示装置组成（如图9.18）。光纤的中心部分非常细，直径只有 5~50μm，它的外层包裹着一层保护层二氧化硅，并且二氧化硅的折射率与光纤中心部位的折射率不同。

DTS 系统的基本工作原理为：在同步控制单元的触发下，镭射光源产生一个大功率光脉冲，经过光路耦合器后，进入一段放置在恒温槽中的光纤（用于系统标定），然后进入传感

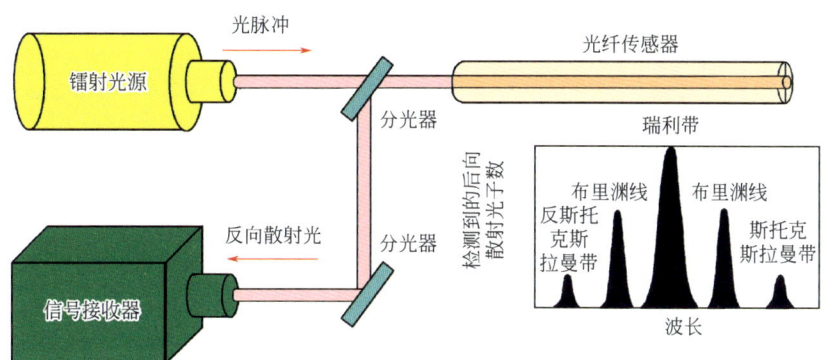

图 9.18　分布式光纤测温原理图

光纤,传感光纤发生的携带温度信息的自发拉曼散射光中的背向成分沿原路返回,通过分光器后分为两束光,下接两个不同中心波长的滤波器,对应滤出斯托克斯光和反斯托克斯光,经光电探测器转化为电信号后送入数据采集与处理单元。在数据采集与处理单元中,包括了电信号放大、去噪、算法,最后输出温度值。

DTS 系统可以准确地测量从主机端口到井下端点整根光纤上所有点的温度和位置,现场通过地面通讯光缆将多井次的井下测温光缆引入中控室的 DTS 系统中,实现一台 DTS 主机监测多井的井下温度变化。

DTS 主机温度解调范围:-40~400℃;温度解调准确度:±1℃;温度分辨率:0.05℃;有效测量深度:4km;空间分辨率:1m;通道个数:12个;单井测量速率:<30s/次;光源波长:(1064±10)nm;光源强度:>100W;光缆工作温度范围:-50~300℃;光缆外径:6.35mm,耐氢损。

2. 光纤测试起下工艺

目前探井测试作业中,若采用分布式光纤测温工艺,常用起下方式有三种:一是油管输送方式,二是连续油管输送方式,三是井下牵引器输送方式。

油管输送方式:导轮式旁通油管输送是在油管下端连接仪器筐,油管下过垂直段后,下仪器到仪器筐中,然后在油管上端连接导轮式电缆旁通,通过电缆旁通将电缆倒入环形空间,然后在电缆旁通上端连接油管,下油管将仪器筐推入水平段,同时地面绞车配台下电缆,然后上提电缆进行测试。水平段测完后,起油管卸旁通,提出仪器。该方式具有成功率高、安全可靠的特点,但不能带压密闭施工,且电缆旁通易损伤电缆。

连续油管输送方式:将仪器连接在内部穿有电缆的连续油管顶端,井口采用液压注入系统提供下井动力,将油管(仪器)送到目的井段,由油管上提、下放完成测试。该输送工艺具有传送动力大、成功率高的特点,但是地面设备较庞大、速度慢、深度计量误差大、不能带压施工。

井下牵引器输送方式:主要用于水平井光纤测试中,采用常规井口装置,绳式电缆下挂接牵引器,垂直段测量靠重力下放测试,仪器遇阻后,通过测井电缆供电来控制牵引器开始工作,由牵引器提供动力将仪器推送到水平段。该方式具有作业简单、深度准确、测试过程中油井可以继续生产的特点,但是由于输送动力小、对井筒技术条件要求苛刻,只能上测或点测,且施工风险大。

9.3 光纤测温反演产出剖面理论

随着油气资源开发领域的进一步拓展和开发技术的进步,实时反馈井下地层生产情况已经成为高效开发此类气藏的重要突破点。国内外光纤技术飞速发展,分布式光纤温度传感监测(DTS)的精度有了很大的提高,且 DTS 下入工艺简单,能适应复杂井下地质情况,探测范围广泛。DTS 技术能清晰地了解这类气井井下动态生产的温度和压力,通过对温度、压力分析解释可落实井下生产状态,对合理调整井下工作制度和提高井工作效率和经济效益具有重要意义。

9.3.1 产出剖面正演模型

9.3.1.1 多层合采气井气藏渗流物理模型建立

通过分析 Y 区探井呈现多层合采的特征,建立多层合采气井 DTS 监测产出剖面正演模型。气井多层合采测试流体产出温度响应实质为压力和温度场耦合作用,其多层合采采出物理模型如图 9.19 所示。

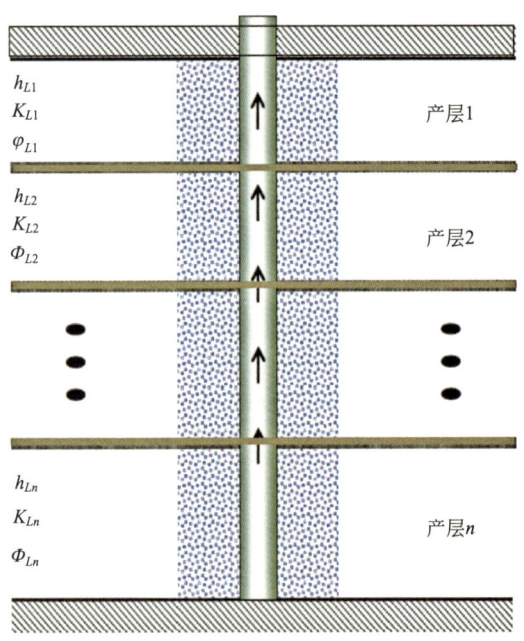

图 9.19 多层合采气井物理模型图

模型假设条件如下:

(1) 气井钻穿多个气层,各气层储层厚度为 h_{Li}($i = 1,2,\cdots,n$,后同),渗透率为 K_{Li},孔隙度为 ϕ_{Li};

(2) 各气层储层均质,原始地层压力为 p_{Li},温度为 T_{Li},天然气相对密度 r_{gLi};

(3) 各层储层全部打开，各层为单相气体流动，日产气量恒定为 q_{Li}；

(4) 气体流动满足达西定律，气体高压物性随储层温度压力变化而变化，且渗流过程中存在热对流、焦耳汤姆森等微热量效应，忽略重力的影响；

(5) 气体在地层渗流符合径向渗流特征，且各层之间气体不存在窜流等现象；

(6) 气藏渗流为非等温渗流过程，气体渗流过程中存在黏滞耗散、热对流、热传导等微热量效应。

9.3.1.2 多层合采气井渗流压力场数学模型建立

1. 均质储层渗流压力场模型建立

根据上述假设条件，其压力场非稳态渗流模型如下所示：

不稳定渗流连续性方程：

$$\frac{1}{r}\frac{\partial}{\partial r}\left(r\frac{\partial p_{LN}}{\partial r}\right) = \frac{\phi_{LN}\mu_{LN}c_{tLN}}{K_{LN}}\frac{\partial p_{LN}}{\partial t} \quad N=1,2,3,\cdots,n \tag{9.7}$$

内边界条件：

$$\frac{2\pi K_{LN}h_{LN}}{\mu_{LN}}\left(r\frac{\partial p_{LN}}{\partial r}\right)_{r=r_w} = q_{LN} \quad N=1,2,3,\cdots,n \tag{9.8}$$

封闭外边界：

$$\left(\frac{\partial p_{LN}}{\partial r}\right)_{r=r_e} = 0 \quad (t \geq 0) \tag{9.9}$$

式中 r——距井的距离，mm；

p_{LN}——N 层气层压力，MPa；

N——气藏层编号；

ϕ_{LN}——N 层气层孔隙度；

c_{tLN}——N 层气层综合压缩系数，MPa^{-1}；

K_{LN}——N 层气层渗透率，mD；

r_w——井半径，m；

r_e——井控半径，m；

q_{LN}——N 层气层产出量，m^3/d；

t——生产时间，天。

将式(9.7)离散前需将一维极坐标转换为直角坐标系，且对距离进行无因次化处理：

设：$r = r_w a_{1g}^x$，则：$\dfrac{r}{r_w} = a_{1g}^x$；$x = \log_{a_{1g}}\left(\dfrac{r}{r_w}\right)$；$\dfrac{\mathrm{d}x}{\mathrm{d}r} = \dfrac{1}{r\ln a_{1g}}$；

其中 a_{1g} 为坐标转换系数，r_w 为井半径。

进一步式(9.7)左边可写为：

$$\frac{1}{r}\frac{\partial}{\partial r}\left(r\frac{\partial p_{LN}}{\partial r}\right) = \frac{1}{r}\frac{\partial}{\partial r}\left(r\frac{\partial p_{LN}}{\partial x}\frac{\partial x}{\partial r}\right) = \frac{1}{r}\frac{\partial}{\partial r}\left(\frac{1}{\ln a_{1g}}\frac{\partial p_{LN}}{\partial x}\right) = \frac{1}{r^2(\ln a_{1g})^2}\frac{\partial^2 p_{LN}}{\partial x^2} \tag{9.10}$$

结合（9.7）~（9.9）、（9.10）式压力场模型进行离散求解：

$$\frac{p_{LN,i-1}^{n+1}-2p_{LN,i}^{n+1}+p_{LN,i+1}^{n+1}}{\Delta x^2}=(r_w a_{1g})^{2i}(\ln a_{1g})^2\frac{\phi_{LN,i}\mu_{LN,i}c_{tLN,i}}{k_{LN,i}}\frac{p_{LN,i}^{n+1}-p_{LN,i}^n}{\Delta t} \quad (9.11)$$

式中上标 n 为本时刻，$n+1$ 为下一时刻，下标 $i-1$、i、$i+1$ 表示第 $i-1$、i、$i+1$ 个网格。

内边界条件：

$$\frac{2\pi K_{LN}h_{LN}}{\mu_{LN}}\left(r\frac{\partial p_{LN}}{\partial r}\right)_{r=r_w}=\frac{2\pi K_{LN}h_{LN}}{\mu_{LN}\ln a_{1g}}\left(\frac{\partial p_{LN}}{\partial x}\right)=\frac{2\pi K_{LN}h_{LN}}{\mu_{LN}\ln a_{1g}}\frac{p_{LN,1}-p_{LNwf}(p_0)}{\Delta x}=q_{LN} \quad (9.12)$$

式中　Δx——对数等分网格大小；

$p_{LN,wf}$ 是 $p_{LN,1}$、$p_{LN,2}$、……的集合。

式（9.11）和式（9.12），可变化为：

$$p_{LN,i-2}-\lambda_{LN,i}p_{LN,i-1}+p_{LN,i}=d_{LN,i-1} \quad (9.13)$$

$$p_{LN,1}^{n+1}-p_{LNwf}^{n+1}=d_{LN,0} \quad (9.14)$$

式（9.13）和式（9.14）形成系数矩阵，如下：

$$\begin{bmatrix}-1 & 1 & & & \\ 1 & -\lambda_{LN,i} & 1 & & \\ & & & \ddots & \\ & & & 1 & -1\end{bmatrix}\begin{bmatrix}p_{LNwf} \\ p_{LN,1} \\ p_{LN,2} \\ \vdots \\ p_{LN,i-1}\end{bmatrix}=\begin{bmatrix}d_{LN,0} \\ d_{LN,1} \\ d_{LN,2} \\ \vdots \\ d_{LN,i-1}-p_{LNe}\end{bmatrix} \quad (9.15)$$

式（9.13）~式（9.15）中：

$$\lambda_{LN,i}=\left\{2+\Delta x^2 r_w^2 a_{1g}^{2i}[\ln(a_{1g})]^2\frac{\phi_{LN,i}\mu_{LN,i}c_{LN,i}}{K_{LN,i}\Delta t}\right\} \quad (9.16)$$

$$d_{i,LN}=\frac{q_{scLN,i}p_{sc}T\Delta x}{2\pi K_{LN,i}h_{LN,i}T_{sc}} \quad (9.17)$$

式中　q_{sc}——地面标准下产气量，m^3/d；

p_{sc}——地面标况下压力，MPa；

T——地层温度，℃；

T_{sc}——地面标况下温度，℃。

2. 双重介质储层渗流压力场模型建立

在裂缝—孔隙型地层中，一般裂缝的孔隙度比基岩系统的孔隙度小很多（$\phi_f \ll \phi_m$），因此在地层压力下降过程中，由于压缩性引起的流体质量变化和沿孔隙渗流而产生的流体质量变化可以忽略不计，即可认为 $\phi_f = 0$；而另一方面，在基质中，由于渗透性比裂缝相比小很多（$K_m \ll K_f$）。其模式假设为基质是主要的储集空间，裂缝为主要的流动通道（图9.20）。

根据渗流传导而引起的流体质量变化与窜流项和弹性项相比可以忽略不计，则双重介质

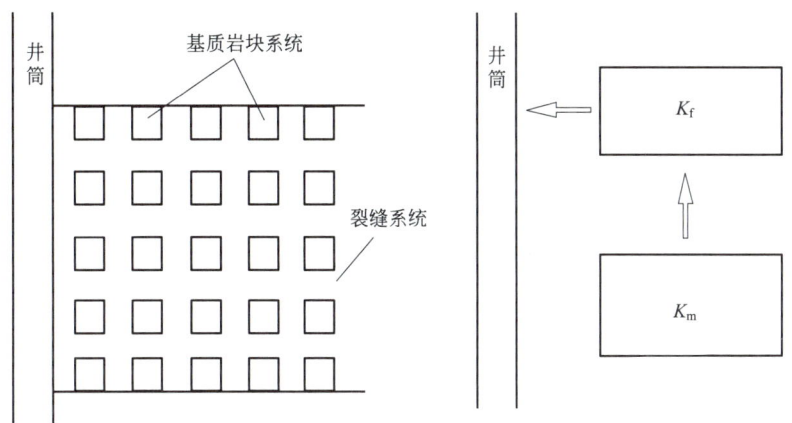

图 9.20 双重介质流动模型

储层方程可写为以下表达式：

$$\frac{K_f}{\mu}\text{div}(\text{grad}p_f)+\frac{\alpha K_m}{\mu}(p_m-p_f)=0 \tag{9.18}$$

$$\phi_m C_m \frac{\partial p_m}{\partial t}+\frac{\alpha K_m}{\mu}(p_m-p_f)=0 \tag{9.19}$$

$$C_g \frac{\partial p_f}{\partial t}-\text{div}\left(\frac{K_f}{\mu}\text{grad}p_f+\eta C_g \frac{\partial}{\partial t}\text{grad}p_f\right)=0 \tag{9.20}$$

$$C_g=\phi_m C_m;\eta=K_f/(\alpha K_m)=r_w^2/\lambda \tag{9.21}$$

基岩系数 η 是具有长度平方的量纲，可以理解为岩块尺寸的大小。

$$v=-\frac{K_f}{\mu}\text{grad}p_f-\eta C_o \frac{\partial}{\partial t}\text{grad}p_f \tag{9.22}$$

$$\frac{\partial p_f}{\partial t}-\eta \frac{\partial}{\partial t}\left[\frac{1}{r}\frac{\partial}{\partial r}\left(r\frac{\partial p_f}{\partial r}\right)\right]=\beta \frac{1}{r}\cdot \frac{1}{r}\frac{\partial}{\partial r}\left(r\frac{\partial p_f}{\partial r}\right) \tag{9.23}$$

初始条件：$p_f(r,0)|_{t=0}=p_i$；

内边界条件：$\lim\limits_{r\to 0}\left[\left(r\frac{\partial p_f}{\partial r}\right)+\frac{\eta}{\beta}\frac{\partial}{\partial t}\left(r\frac{\partial p_f}{\partial r}\right)\right]=-\frac{\mu Q}{2\pi K_f h}$；

外边界条件：$\lim\limits_{r\to \infty}p_f(r,t)=p_i$。

式中，$\beta=K_f/\mu C_g=K_f/\phi_m \mu C_m$，为导压系数。

通过上述公式推导，即裂缝—孔隙型储层渗流模型形式与均质储层具有明显一致性，因此，其方程离散这里就不再赘述了。

9.3.1.3 多层合采气井渗流温度场数学模型建立

上述非稳态压力场渗流模型离散形式即可求解获得气藏各层网格压力。进一步通过压力显式处理，结合温度场渗流模型求取各层不同流量下的温度。

考虑气体渗流过程中流体热对流、黏滞耗散、热传导等因素，结合通用能量方程即可得到气藏不稳定渗流连续性方程：

$$\frac{\partial}{\partial t}[\phi\rho U+(1-\phi)\rho_r U_r] = -\nabla\cdot(\rho U\boldsymbol{v})-p(\nabla\cdot\boldsymbol{v})-\boldsymbol{v}\cdot\nabla p+K_T\nabla^2 T \tag{9.24}$$

式中　ρ——流体密度，kg/m^3；

　　　t——时间，s；

　　　p——压力，MPa；

　　　$\boldsymbol{v}$——速度，m/s；

　　　U——单位质量的内能，J/kg；

　　　ϕ——储层孔隙度；

　　　T——温度，℃；

　　　K_T——导热系数，W/(m·℃)；

　　　小标 r 表示岩石，下同。

由焓的定义可知：

$$H = U+\frac{p}{\rho} \tag{9.25}$$

式中　H——单位质量焓，J/kg。

将式(9.25)代入式(9.24)中，可得：

$$\frac{\partial}{\partial t}[\phi\rho H-\phi p+(1-\phi)\rho_r U_r] = -\nabla\cdot(\rho H\boldsymbol{v})+K_T\nabla^2 T \tag{9.26}$$

由热力学平衡关系，对总焓求导：

$$dH = C_p dT+\frac{1}{\rho}(1-\beta T)dp \tag{9.27}$$

式中　C_p——流体比热，J/(kg·℃)；

　　　β——等压热膨胀系数，其表达式如下：

$$\beta = -\frac{1}{\rho}\left(\frac{\partial \rho}{\partial T}\right)_P \tag{9.28}$$

假设流体与岩石传热是瞬态的，进一步式(5-18)~式(5-19)，可得：

$$\overline{\rho C_p}\frac{\partial T}{\partial t}-\phi\beta T\frac{dp}{dt} = -\rho\boldsymbol{v}C_p\nabla\cdot(T)+(\beta T-1)\cdot\boldsymbol{v}\cdot\nabla p+K_T\nabla^2 T \tag{9.29}$$

其中

$$\overline{\rho C_p} = \phi\rho C_p+(1-\phi)\rho_r C_{pr}$$

进一步式(9.25)转化为圆柱径向坐标系统，可表达为：

$$\overline{\rho C_p}\frac{\partial T}{\partial t}-\phi\beta T\frac{dp}{dt} = -\rho C_p v_r\frac{\partial T}{\partial r}+(\beta T-1)\cdot v_r\frac{\partial p}{\partial r}+K_T\left[\frac{1}{r}\frac{\partial}{\partial r}\left(r\frac{\partial T}{\partial r}\right)+\frac{\partial^2 T}{\partial z^2}\right] \tag{9.30}$$

根据压力场极坐标转换为直角坐标系方法，式(9.30)可变化为如下离散形式：

$$-\overline{\rho_{Ln}c_{p_{Ln}}}r_{\mathrm{w}}^{2}a_{1\mathrm{g}}^{2i}\frac{T_{Lni,j}^{n}}{\Delta t}+\frac{K_{Ln}}{4\mu(\ln a_{1\mathrm{g}})^{2}}\left(\frac{p_{Lni+1,j}^{n+1}-p_{Lni-1,j}^{n+1}}{\Delta x}\right)^{2}=\left[\frac{K_{Ln\mathrm{T}}r_{\mathrm{w}}^{2}a_{1\mathrm{g}}^{2i}}{\Delta z_{Lni,j}\left(\frac{\Delta z_{Lni,j-1}+\Delta z_{Lni,j}}{2}\right)}\right]T_{Lni,j-1}^{n+1}+$$

$$\left[\frac{K_{Ln\mathrm{T}}}{(\ln a_{1\mathrm{g}})^{2}}+\frac{K_{Ln}c_{Lnp}\rho_{Ln}}{4\mu(\ln a_{1\mathrm{g}})^{2}}(p_{Lni+1,j}^{n+1}-p_{Lni-1,j}^{n+1})\right]\frac{T_{Lni-1,j}^{n+1}}{\Delta x^{2}}+\left[-\frac{2K_{Ln\mathrm{T}}}{(\ln a_{1\mathrm{g}})^{2}\Delta x^{2}}-\frac{K_{Ln\mathrm{T}}r_{\mathrm{w}}^{2}a_{1\mathrm{g}}^{2i}}{\Delta z_{Lni,j}\left(\frac{\Delta z_{Lni,j+1}+\Delta z_{Lni,j}}{2}\right)}\right.$$

$$\left.-\frac{K_{\mathrm{T}}r_{\mathrm{w}}^{2}a_{1\mathrm{g}}^{2i}}{\Delta z_{Lni,j}\left(\frac{\Delta z_{Lni,j-1}+\Delta z_{Lni,j}}{2}\right)}+\frac{K_{Ln}\beta(p_{Lni+1,j}^{n+1}-p_{Lni-1,j}^{n+1})^{2}}{4\mu_{Ln}(\ln(a_{1\mathrm{g}}))^{2}\Delta x^{2}}-\frac{\overline{\rho_{Ln}c_{Lnp}}r_{\mathrm{w}}^{2}a_{1\mathrm{g}}^{2i}}{\Delta t}+\phi_{Ln}\beta_{Ln}r_{\mathrm{w}}^{2}a_{1\mathrm{g}}^{2i}\frac{p_{Lni,j}^{n+1}-p_{Lni,j}^{n}}{\Delta t}\right.$$

$$T_{Lni,j}^{n+1}+\left[\frac{K_{Ln\mathrm{T}}}{(\ln a_{1\mathrm{g}})^{2}}-\frac{K_{Ln}c_{Lnp}\rho_{Ln}}{4\mu(\ln a_{1\mathrm{g}})^{2}}\frac{(p_{Lni+1,j}^{n+1}-p_{Lni-1,j}^{n+1})}{\Delta x^{2}}\right]T_{Lni+1,j}^{n+1}+\left[\frac{K_{\mathrm{T}}r_{\mathrm{w}}^{2}a_{1\mathrm{g}}^{2i}}{\Delta z_{Lni,j}\left(\frac{\Delta z_{Lni,j+1}+\Delta z_{Lni,j}}{2}\right)}\right]T_{Lni,j+1}^{n+1}$$

(9.31)

9.3.1.4 气藏渗流温度剖面响应特征

结合式(9.28)~式(9.31),即可联立求解获得多层合采气井每层不同产量贡献下的各层温度响应,主要计算流程如图9.21所示。

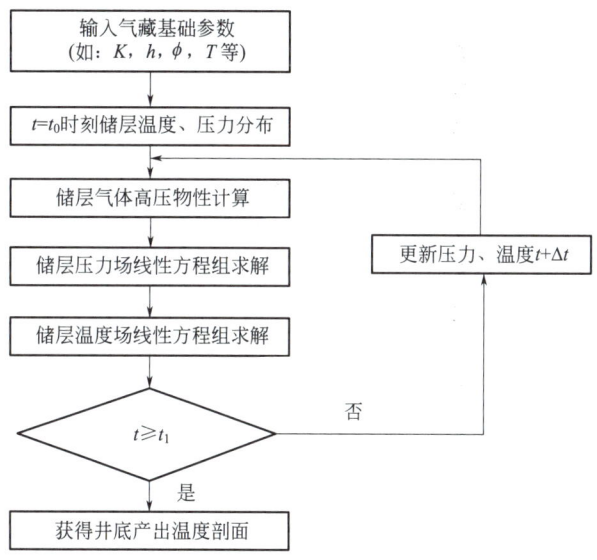

图 9.21 多层合采气井温度剖面计算流程图

模型假设气井为 3 层合采,各层相关参数,埋深为 2829.5~2900m,地层压力、温度均为同一压力、温度系统,储层顶界面压力和温度分别为 30.08MPa、80.97℃,压力梯度为 0.018MPa/m,地层温度梯度为 0.0313℃/m,其他计算基础参数见表 9.1。根据上述计算流程可编程计算获得三层合采气井的产出剖面温度响应特征。

表9.1 计算基础参数表

参数名称	第一层	第二层	第三层
储层埋深层段(m)	2829.5~2884	2885~2895.5	2895.5~2900
储层厚度 h (m)	54.5	10.5	4.5
渗透率 K_{Li} (mD)	7.35	19.33	170
孔隙度 ϕ	0.074	0.063	0.088
天然气相对密度 r_g	0.598	0.598	0.598
天然气比热容 c_p [J/(kg·℃)]	2550	2550	2550
岩石比热容 c_{pr} [J/(kg·℃)]	845	845	845
天然气导热系数 K_T [W/(m·℃)]	0.03	0.03	0.03
层网格数(个)	10	4	3
总层产气量 q_{Li} (m³/d)	70000	58000	345000

图9.22为各层三种不同产量下的产出剖面温度响应曲线。从图中可以看出随着单层测试产量增加，各层的温度呈现平行向右移动增加特征。从温度增加幅度看，在各层产量等量增加时，温度增加幅度是相等的。

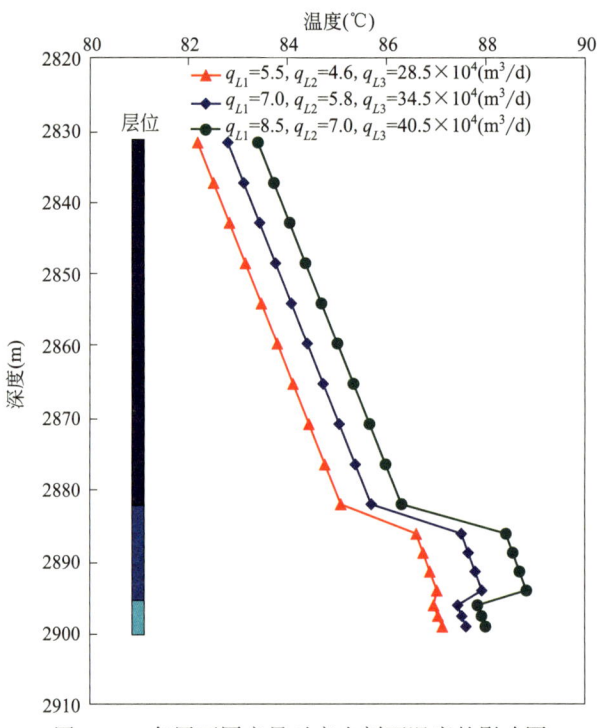

图9.22 各层不同产量对产出剖面温度的影响图

图9.23为各层三种不同渗透率的产出剖面温度响应曲线。从图中可以看出储层渗透率增加，产出剖面的温度降低，但是在各层渗透率增加相同时，各层温度降低幅度逐渐减小。

储层渗透率高低与各层产出剖面温度影响显著,但产出剖面温度与储层渗透率并不呈现同比增加或相反变化特征,其主要原因是产出剖面温度响应还受产量的影响。

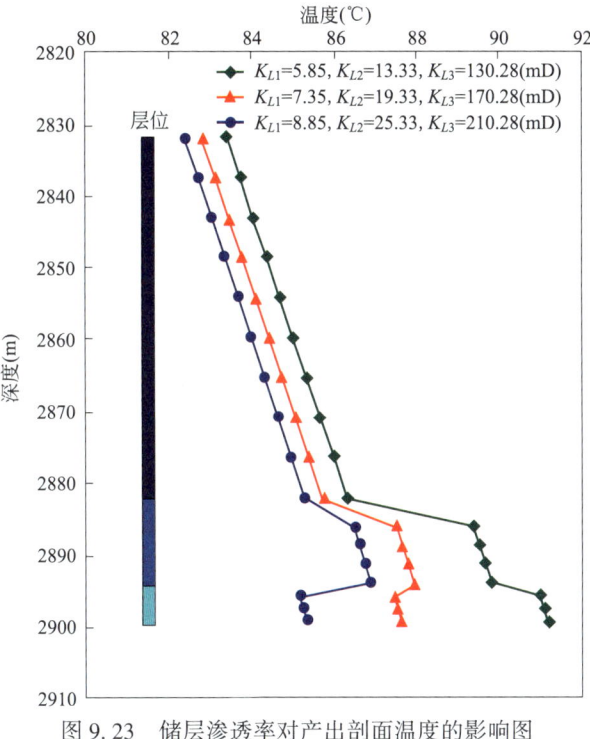

图 9.23　储层渗透率对产出剖面温度的影响图

图 9.24 和图 9.25 分别为天然气比热容和岩石比热容对产出剖面温度影响的变化曲线。从两图中可以看出,天然气比热容和岩石比热容对产出剖面温度影响是相反的特征,即随着

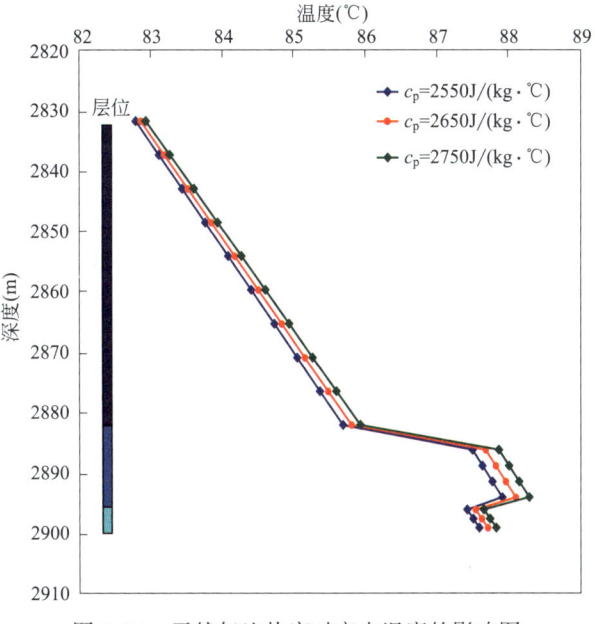

图 9.24　天然气比热容对产出温度的影响图

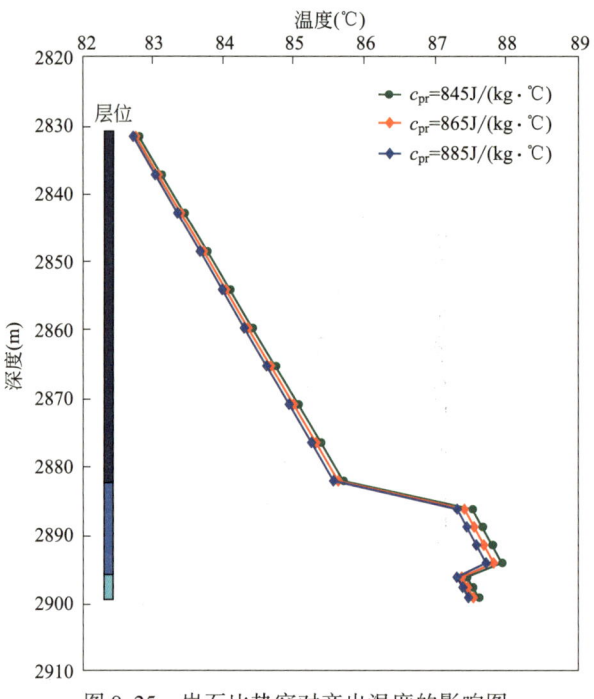

图 9.25 岩石比热容对产出温度的影响图

天然气比热容降低或岩石比热容增加，产出剖面的温度是降低的；不同渗透率储层下天然气热容比或岩石热容比对储层温度的影响幅度并不相同，即第二层产出剖面温度增加或降低幅度要明显高于第一层和第三层。

图 9.26 为天然气导热系数对产出剖面温度的曲线变化的影响。从图中可以看出天然气

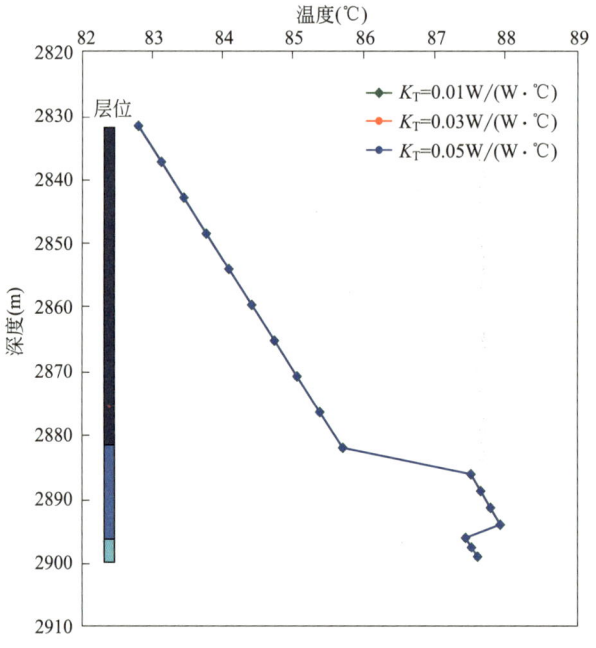

图 9.26 天然气导热系数对产出剖面温度的影响图

导热系数对产出剖面温度影响可忽略。

通过上述多层合采气井产出剖面温度响应特征及相关参数对其影响分析，可指导 DTS 产出剖面解释分析过程中参数调整。

9.3.2 产出剖面反演模型

9.3.2.1 DTS 监测产出剖面反演解释方法

在已知井下参数（储层相关参数、温度）的情况下，通过温度模型预测井筒温度剖面为正演过程。而在未知某些井下参数、流量分布的情况下，根据测试的温度（压力）数据来反向解释出储层参数和产出剖面则为反演过程。要实现基于温度（压力）数据定量解释气井产出剖面有三大要素：温度剖面正演预测模型、产出剖面反演解释模型和评价目标（误差）函数。本书中建立的多层合采气井温度剖面预测模型即为温度剖面正演预测模型，因此，下面将主要介绍直井多层合采产出剖面反演解释模型。

产出剖面反演的根本目的就是将 DTS 实际测出的沿井筒的温度（压力）数据"翻译"成流量数据，主要通过温度正演预测模型建立多层合采直井温度（压力）剖面，然后将实测的温度（压力）数据不断地与正演预测模型计算出的数据进行拟合，直到误差函数值足够小，从而解释出井下流量剖面及储层参数，为多层合采探井合理工作制度和开发方案制定等提供依据。要实现这一目的，需建立目标函数和产出剖面反演解释模型。

反演解释模型的主要作用是在反演迭代过程中，计算每一步反演迭代过程中反演目标参数的更新值，从而确定出下一次迭代的反演目标参数，以最小化误差函数，通过不断地迭代计算，可以获得反演目标参数的全局最优解，直到目标函数收敛。

本章分别基于莱文伯格—马夸特算法（L—M）、马尔科夫蒙特卡洛算法（MCMC）和模拟退火算法（SA）3 种算法建立了反演模型，均实现了基于井筒温度剖面定量解释直井产出剖面和相关参数。

反演就是在已知目标结果（实测的温度/压力数据）的情况下，通过不断地调整模型参数，使得正演预测模型计算出的温度剖面与目标结果不断靠近，直到计算结果与目标结果之间的误差足够小，此时获得的目标参数即为反演解释结果。本研究以温度数据作为反演误差的评价指标，建立基于温度的拟合评价目标函数（亦可称为误差函数），用以表征计算值与实测值之间的误差。

建立的基于温度的拟合评价目标函数定义为：

$$\Gamma(x_m) = \| \text{mid}(T_{cal} - T_{obs}) \| \tag{9.32}$$

式中　x_m——反演目标参数向量（如产量、地层渗透率等）；

T_{cal}——温度剖面计算值，K；

T_{obs}——温度剖面观测值，K。

因此，产出剖面反演就可描述为在定产的情况下，不断地改变模型参数向量 x_m，使得误差函数 $[\Gamma(x_m)]$ 满足：

$$\Gamma(x_m) < \varepsilon \tag{9.33}$$

式中　ε——可接受的误差精度。

根据井筒温度剖面影响因素分析结果可知，在进行产出剖面反演解释时，虽然未知的模型参数较多，但是对温度剖面影响起主导作用的是未知参数表皮系数和储层渗透率等。然而实际测试的温度剖面仅提供了一维数据，因此，在现场实例井产出剖面反演解释时需确定一个对温度剖面影响最大的模型参数（储层渗透率等参数）作为反演目标参数，其余参数均假设为已知。然后将解释出的反演目标参数代入正演预测模型，即可得出井筒产出剖面。

产出剖面反演是一个不断重复的迭代过程，目标函数只是确定了反演过程的终止条件。但目标是随着反演的进行，目标函数逐渐减小，向着可接受的误差精度不断靠近，而不是随意调整模型参数，使得反演计算无法收敛。要实现这一目的，必须要借助反演模型，即通过调整反演目标参数，使得目标函数逐渐减小，从而获得反演解。

本节运用 Levenberg–Marquardt 算法对解释模型进行求解，对模型中的估算值进行拟合。

1. Levenberg–Marquardt 算法原理

Levenberg–Marquardt 算法是最优化算法的一种，主要用于计算能够使函数取得最小值的参数向量。该方法是使用范围最为广泛的最小二乘算法之一，它是通过梯度逐次求解函数极值的方法，具有最小二乘法及最速下降法的优点，应用领域十分广泛。

Levenberg–Marquardt 算法首先定义误差或者剩余向量 e，在观察值 d 和计算值 $g(x)$ 之间为：

$$e = C_m^{-1/2} [d - g(x)] \tag{9.34}$$

目标函数可以简化为：

$$f(x) = \frac{1}{2} e^{\mathrm{T}} e \tag{9.35}$$

对梯度类算法，目标函数通过每一步增加梯度相关系数改变参数矢量 x 来最小化：

$$x_{n+1} = x_n + \delta x_n \tag{9.36}$$

δx_n 表达式如下：

$$\delta x_n = -(H + \lambda I)^{-1} w = -(J^{\mathrm{T}} J + \lambda I)^{-1} J^{\mathrm{T}} e \tag{9.37}$$

其中 w 为 $f(x)$ 的梯度，可以表示为：

$$w = \nabla f(x) = J^{\mathrm{T}} e \tag{9.38}$$

式中，J 为雅克比矩阵，可以写成：

$$J = \nabla e = \begin{bmatrix} \dfrac{\partial e_1}{\partial z_1} & \dfrac{\partial e_1}{\partial z_2} & \cdots & \dfrac{\partial e_1}{\partial z_n} \\ \dfrac{\partial e_2}{\partial z_1} & \dfrac{\partial e_2}{\partial z_2} & \cdots & \dfrac{\partial e_2}{\partial z_n} \\ \vdots & \vdots & \vdots & \vdots \\ \dfrac{\partial e_m}{\partial z_1} & \dfrac{\partial e_m}{\partial z_2} & \cdots & \dfrac{\partial e_m}{\partial z_n} \end{bmatrix} \tag{9.39}$$

H 为 $f(x)$ 海塞矩阵：

$$H = J^T J + \sum_{j=1}^{m} e_j \nabla^2 e_j \tag{9.40}$$

如果误差和剩余值 e_j 很小，或者 $\nabla^2 e_j$ 很小，H 为：

$$H = J^T J \tag{9.41}$$

雅克比矩阵 J 可由下式得到：

$$J = \nabla e = \nabla \{C_m^{-1/2}[d-g(x)]\} = -C_m^{-1/2} \cdot \nabla g(x) = -C_m^{-1/2} \cdot G \tag{9.42}$$

其中 G 为正演模型 g 的偏导数矩阵，因此，可以通过给正演模型一个小的 x 波动来计算。如果流量 w 作为参数，偏导数计算为：

$$G = \nabla g(x) = \begin{bmatrix} \dfrac{\partial T_1}{\partial w_1} & \dfrac{\partial T_1}{\partial w_2} & \cdots & \dfrac{\partial T_1}{\partial w_n} \\ \vdots & \vdots & \vdots & \vdots \\ \dfrac{\partial T_{j1}}{\partial w_1} & \dfrac{\partial T_{j1}}{\partial w_2} & \cdots & \dfrac{\partial T_{j1}}{\partial w_n} \\ \dfrac{\partial p_1}{\partial w_1} & \dfrac{\partial p_1}{\partial w_2} & \cdots & \dfrac{\partial p_1}{\partial w_n} \\ \vdots & \vdots & \vdots & \vdots \\ \dfrac{\partial p_{j2}}{\partial w_1} & \dfrac{\partial p_{j2}}{\partial w_2} & \cdots & \dfrac{\partial p_{j2}}{\partial w_n} \end{bmatrix} \tag{9.43}$$

因此，可以通过下式计算新的参数 δx_n：

$$\delta x_n = -(H+\lambda I)^{-1} w = -(G^T C_m^{-1} G + \lambda I)^{-1} G^T C_m^{-1}[d-g(x)] \tag{9.44}$$

w 的第 l 项为：

$$w_l = \sum_{j=1}^{j1}\left[(D_T)_j(T_j^{cal}-T_j^{obs})\dfrac{\partial T_j^{cal}}{\partial w_l}\right] + \sum_{j=1}^{j2}\left[(D_p)_j(p_j^{cal}-p_j^{obs})\dfrac{\partial p_j^{cal}}{\partial w_l}\right] \tag{9.45}$$

其中，不同位置的温度和压力无因次值可设为不同值，通常来说，$(D_T)_j$ 和 $(D_p)_j$ 在本文中为常数。

H 的第 i 行、第 l 列项为：

$$(H)_{il} = \sum_{j=1}^{j1}\left[(D_T)_j \dfrac{\partial T_j^{cal}}{\partial k_i}\dfrac{\partial T_j^{cal}}{\partial k_l}\right] + \sum_{j=1}^{j2}\left[(D_p)_j \dfrac{\partial T_j^{cal}}{\partial k_i}\dfrac{\partial T_j^{cal}}{\partial k_l}\right] \tag{9.46}$$

偏导数通过下式计算：

$$\frac{\partial T_j^{\text{cal}}}{\partial k_i} = \frac{T_j^{\text{cal}}(k_1,\cdots,k_i+\delta k_i,\cdots,k_N) - T_j^{\text{cal}}(k_1,\cdots,k_i+\delta k,\cdots,k_N)}{\delta k_i} \tag{9.47}$$

假设波动值 $\delta k_i \approx 0.05 k_i$，对一个系统的参数 N 需要计算正演模型 N 次，在每一次中得到偏导数。在式（9.45）中，阻尼因数 λ 的最佳值会影响更新的参数。因此将 λ 变为 10λ 和 $\lambda/10$，然后得到三个更新的参数 $\delta x(\lambda)$、$\delta x(10\lambda)$ 和 $\delta x(\lambda/10)$。下一步是根据三个更新的参数计算目标函数，选择最小的目标函数作为最佳参数。初始的 λ 通过 Hessian 矩阵的平均特征值来评估。

因此，从最初的 x_0 开始，用式(9.44)迭代计算更新的 δx。当目标函数达到下面的标准时，迭代停止：

$$\frac{f(x_n)-f(x_{n+1})}{f(x_n)} < \varepsilon_2 \tag{9.48}$$

其中 ε_1 和 ε_2 相当小，式(9.48) 更有用，因为 ε_2 是无穷小量，相除后对目标函数的影响可以不计。通常 ε_2 为 $0.001 \sim 0.01$。

2. Levenberg-Marquardt 算法在解释模型中的应用

将 Levenberg-Marquardt 算法用于解释模型中，由式(9.42)，梯度向量 d 可以写成：

$$d = J_p^{\text{T}} e_p + J_T^{\text{T}} e_T + J_q^{\text{T}} e_q \tag{9.49}$$

Jacobian 矩阵由下式计算：

$$(J_p)_{jk} = \frac{\partial e_{pj}}{\partial w_k} = (D_p^{1/2})_{jj} \frac{\partial p_{cj}}{\partial w_k} \tag{9.50}$$

$$(J_T)_{jk} = \frac{\partial e_{Tj}}{\partial w_k} = (D_T^{1/2})_{jj} \frac{\partial T_{cj}}{\partial w_k} \tag{9.51}$$

$$(J_q)_{ik} = \frac{\partial e_{qi}}{\partial w_k} = (D_q^{1/2})_{ii} \frac{\partial q_{ci}}{\partial w_k} \tag{9.52}$$

梯度向量 d 第 k 个分量为：

$$\begin{aligned} d_k &= (J_p^{\text{T}} e_p)_k + J_T + J_q \\ &= \sum_{j=1}^{N} \left[(D_p)_{jj}(p_{cj} - p_{mj}) \frac{\partial p_{cj}}{\partial w_k} + (D_T)_{jj}(T_{cj} - T_{mj}) \frac{\partial T_{cj}}{\partial w_k} \right] + \\ &\quad \sum_{i=1}^{3} \left[(D_q)_{ii}(q_{ci} - q_{mi}) \frac{\partial q_{ci}}{\partial w_k} \right] \end{aligned} \tag{9.53}$$

类似地，Hessian 矩阵 H 可以表示为：

$$H = J_p^{\text{T}} J_p + J_T^{\text{T}} J_T + J_q^{\text{T}} J_q \tag{9.54}$$

矩阵 H 的每个元素由下式计算：

$$(H)_{jk} = \sum_{l=1}^{N} \left[(D_p)_{jj} \frac{\partial p_{cl}}{\partial w_j} \frac{\partial p_{cl}}{\partial w_k} + (D_T)_{jj} \frac{\partial T_{cl}}{\partial w_j} \frac{\partial T_{cl}}{\partial w_k} \right] + \sum_{i=1}^{3} \left[(D_q)_{ii} \frac{\partial q_{ci}}{\partial w_j} \frac{\partial q_{ci}}{\partial w_k} \right] \tag{9.55}$$

Jacobian 矩阵中的每个元素都可以通过数值方法计算得到。其中：

$$\frac{\partial p_{cj}}{\partial w_k} \cong \frac{p_{cj}(w_1,\cdots,w_k+\delta w,\cdots,w_N)-p_{cj}(w_1,\cdots,w_k,\cdots,w_N)}{\delta w} \qquad (9.56)$$

从式（9.56）中可以看出，计算一个参数对 w_k 的偏导数需要至少一次正演模型的计算。因此，要想得到整个 Jacobian 矩阵，则需要运行 N 次（参数个数）正演模型。

从最初的猜测值 w_0 开始，由 Levenberg-Marquardt 方法计算更新的参数 w 为：

$$w = w_0 - (H + \lambda I)^{-1} d \qquad (9.57)$$

反演计算的流程图见图 9.27。

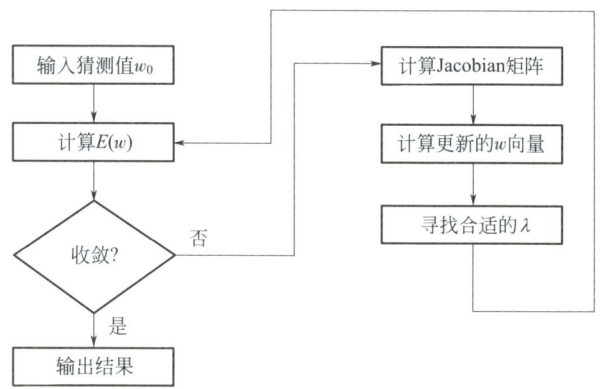

图 9.27 反演计算流程图

9.3.2.2 多层气藏温度试井解释模型求解步骤

多层气藏温度试井解释模型包括多层气藏温度预测模型和多层气藏温度反演模型两部分。在建立好多层气藏温度试井解释模型后，便可以求解井筒瞬时温度剖面。首先设定一个井筒流量初值，利用多层气藏瞬态温度预测模型来计算井筒温度剖面，将其作为预测值。之后建立观察数据与解释数据的最小值预估目标函数，使用 Levenberg-Marquardt 算法对解释模型进行求解，找到目标函数误差的最小值后即可得到需要的反演结果。具体编程求解多层气藏温度解释模型的步骤如下：

（1）准备计算所需要的参数，包括气藏参数、流体物性参数、生产制度参数以及井筒的热力学参数等；

（2）假设初始流量 w_0；

（3）井筒离散化处理，根据多层气藏温度预测模型，计算初始流量下井筒温度剖面；

（4）建立实测数据与预测数据的目标函数；

（5）使用 Levenberg-Marquardt 算法对解释模型进行求解。如果目标函数拟合结果在误差范围以内，将 w_0 带入下一个网格单元计算；反之，则返回步骤（2）重新计算；

（6）迭代更新井筒温度分布，直至井口。

以多层气藏温度解释模型为基础，编制了多层气藏温度解释程序。程序充分考虑了不同流体性质、不同井斜角等因素对井筒温度分布的影响，可用于解释多层气藏温度数据，获得各生产层位的瞬时流量，其处理流程如图9.28所示。

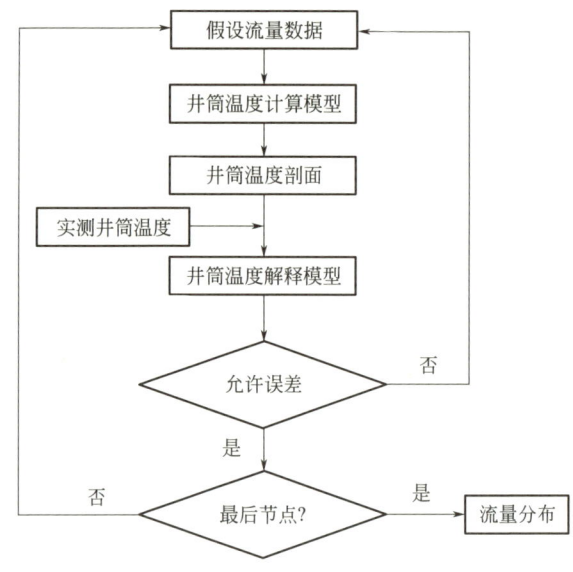

图9.28 多层气藏解释流程图

9.4 深水潜山裸眼测试技术及其应用

Y8-3-A井为超深水井，水深1831.0m，主要目的层为前古近系基岩潜山风化壳储集体及裂缝带储集体，储层岩性以风化壳花岗岩为主，地层坚硬而且裂缝极其发育。根据测、录井资料显示本井基岩潜山裂缝发育，连通性好，测试产能资料代表性好，决定进行1层DST裸眼测试。采用"坐套测裸"工艺，244.5mm套管下至潜山顶部。总结邻井作业经验，精心组织、精细准备、精准实施，优化取资料项目，优化测试制度，精准控制油嘴尺寸等方面形成优化方案进行实施，最终成功取得了目的层储层评价资料，进一步证实整个松南低凸起区前古近系基岩潜山构造圈闭的油气成藏能力，为该区下步勘探开发提供了有力的依据。

9.4.1 产能测试概况

Y8-3-A井测试井井身结构如图9.29所示，管柱分隔器下部至13⅜in，管鞋为2⅞in油管，管鞋至引鞋为2⅞in打油孔管。完井方式为裸眼完井，测试裸眼井段为2793.7~2936.0m，测试层层位为前古近。结合井身结构、完井方式和井下工况限制，将光纤下落到下图中2900.0m处。

在测试过程中，探井实施两开一关的施工措施：初开井主要目的是清井取样；初关井主要目的是储层压力恢复；二开井主要目的是为温度剖面解释提供测试依据，施工及测试概况见表9.2。

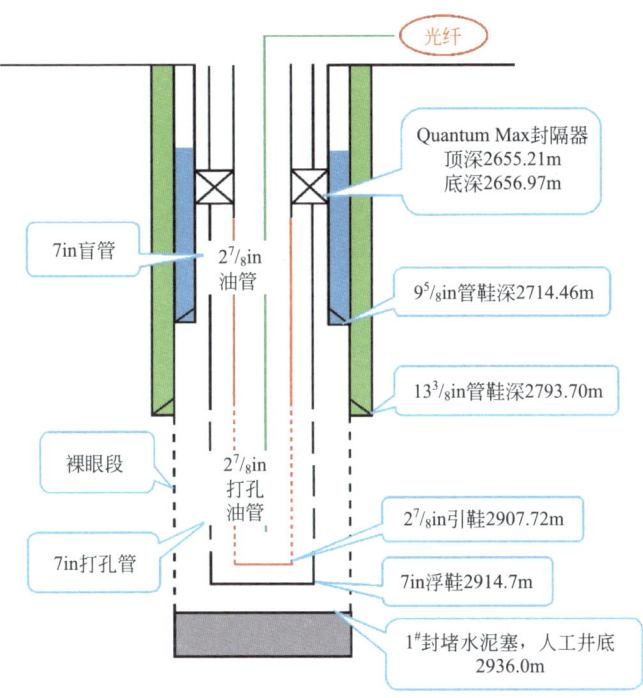

图 9.29 测试井井身结构

表 9.2 施工概况

测试程序	拟用油嘴	时间(h)	产量(m³/d)	目 的
初开井	中	10	261750	快速清井、求产
	小	7	607684	清井、求产
	大	7	768223	求产、地面取样
	更大	20	1294171	求产、井下取样
初关井	—	25~35	—	测储层压力恢复资料
二开井	地面关井	10	—	钢丝通井、测液面
	大	2	—	清井
	地面关井	4	—	温度恢复、下钢丝
	小	2	261505	温度剖面测试
	中	2	432002	温度剖面测试
	大	2	653814	温度剖面测试
	地面关井	2	—	温度剖面测试

9.4.2 测试资料评价

9.4.2.1 产能评价

测试采用二开一关的测试制度，初开井过程中四个压力制度基本都达到稳定，可以用于计算该层气藏产能见表9.3。

表9.3 不同测试制度下稳定流动时的流量与井底压力统计表

测试程序	压力(MPa)		温度(℃)		流量		
	井底	井口	井底	井口	油	气(m^3/d)	水
初开井	29.270	23.233	79.0	19.8	微量	261750	微量
	29.283	22.808	82.1	20.4	微量	507684	微量
	29.384	21.854	84.2	23.8	微量	768223	微量
	29.385	17.108	84.8	28.4	微量	1294171	微量

依据矫正后的地层压力用二项式法计算无阻流量为 $2116×10^4 m^3$。

9.4.2.2 初关井井下压力恢复资料评价

（1）Horner法解释。用Horner法解释初关井井下压力恢复资料，外推求得压力：29.759MPa（测点处）。

（2）资料拟合法解释。用现代试井解释方法（拟合法）解释初关井压力恢复资料，根据矫正压力的双对数和导数曲线特征，选用恒定井储+直井+无限大边界的双孔模型解释，解释结果通过双对数曲线和半对数曲线拟合检验（图9.30~图9.32），表明解释结果是合理的。解释主要输入参数及解释结果如下：

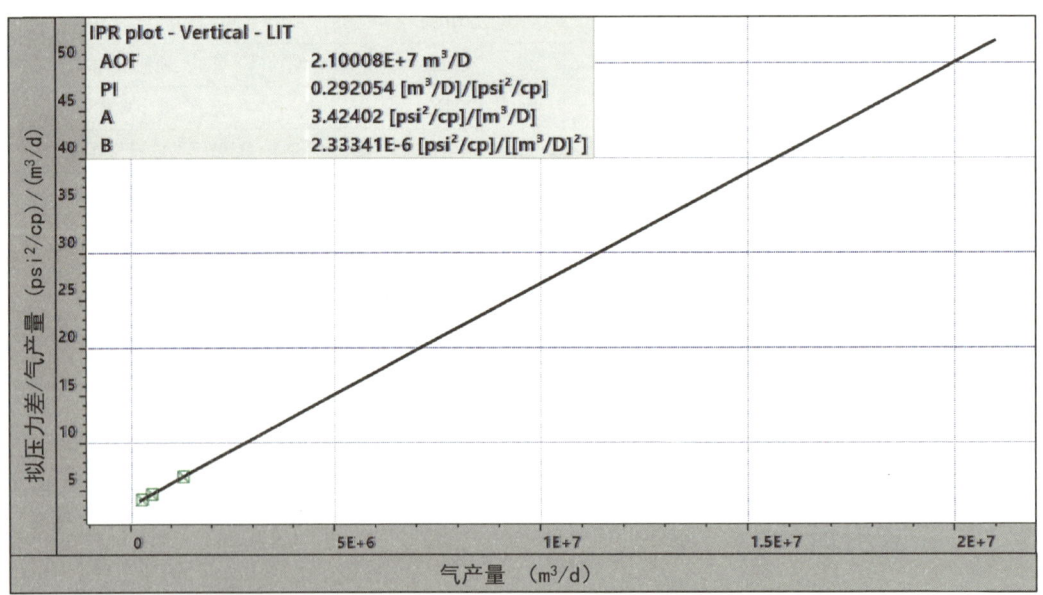

图9.30 Y8-3-A井产能曲线图

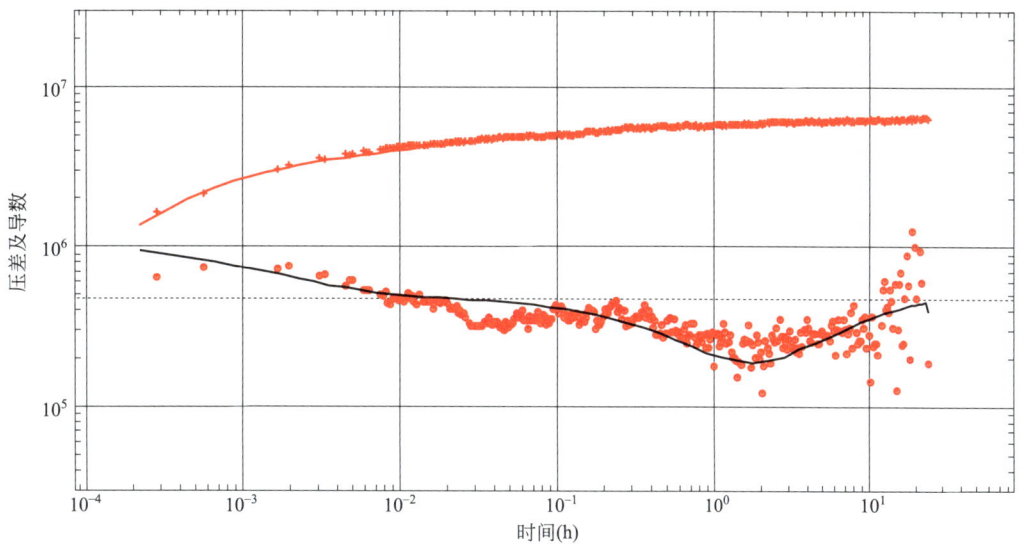

图 9.31　Y8-3-A 井 DST1 初关井井下压力资料解释双对数曲线图（矫正后）

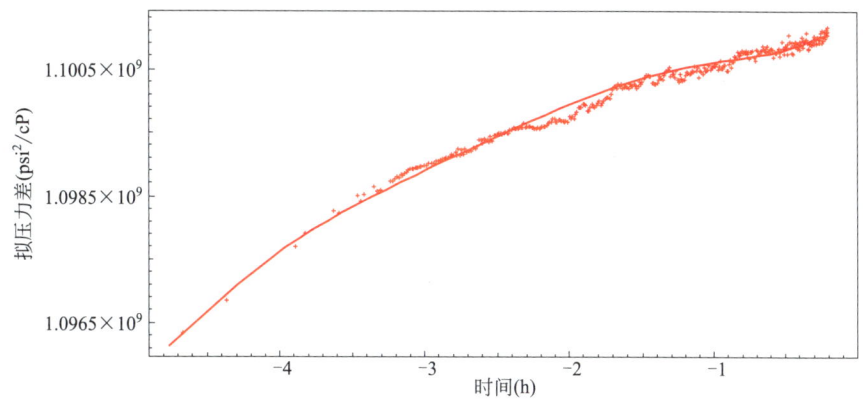

图 9.32　Y8-3-A 井 DST1 初关井井下压力资料解释半对数曲线图（矫正后）

① 解释输入参数，见表 9.4。

表 9.4　资料拟合法解释输入参数

参数	数值	参数	数值
垂厚 h	85.20m	孔隙度 ϕ	9.30%
井半径 r_w	0.156m	含气饱和度 S_g	82.60%
储层温度 T	84.83℃	气相对密度 γ_g	0.594
CO_2 含量	0.34%	储层原始压力 p^*	29.759MPa

② 主要解释成果。

$K = 160$mD（有效渗透率）

$S = -1.2$（机械表皮系数）

$\omega = 0.14$（储容比）

$C = 0.9$m^3/MPa（井筒储存系数）

测试井主要产气。受井筒温度下降影响，关井 9min 后压力达到最大值，然后开始下降。压力恢复阶段压力下降导致双对数曲线中压力导数曲线异常，压力恢复资料差，无法直接进行试井解释。故假设井筒在储层段温度不变，对压力计数据逐点校正，校正后压力曲线符合压力恢复规律。由于压力恢复曲线受井筒温度下降影响，需校正后才能解释，解释结果存在一定不确定性，且压力恢复时间较短，获取资料有限。利用压力恢复数据，可以实现对该井地层条件的初步认识。

9.4.2.3 测试数据分析及处理

1. 测试数据分析

对 Y8-3-A 井分布式温度监测数据进行分析，发现三个测试制度曲线均出现 DTS 数据波动较大情况，对拟合分析带来较大难度（图9.33~图9.35）。

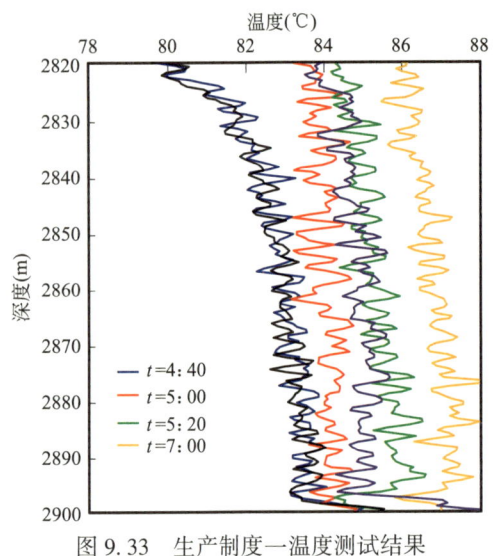 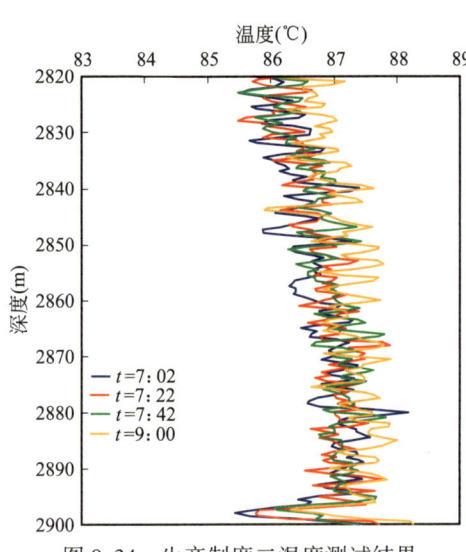

图9.33　生产制度一温度测试结果　　图9.34　生产制度二温度测试结果

2. 测试数据处理

采用全局概率法将所有可用数据进行比较分析。进一步通过平滑滤波对数据进行预处理，获得了不同时刻正常趋势的数据（图9.36）。

3. 数据拟合解释分析

根据该井每种测试制度，选择三个时刻进行拟合分析：测试时间 $1/4(T_1)$，测试时间 $1/2(T_2)$，测试时间 $3/4(T_3)$。

根据测试曲线特征和测井解释结果，将其划分为三段（图9.37），即第一段：2886.31m 以上；第二段：2886.31~2896.25m；第三段：2896.25m 以下。

9.4.2.4 解释结果及分析

利用多层合采气井分布式光纤温度监测解释软件，对三个测试制度产出剖面进行了解释，并得到可靠的产气剖面解释结果，其拟合效果和产出剖面图如图9.38~图9.40所示。

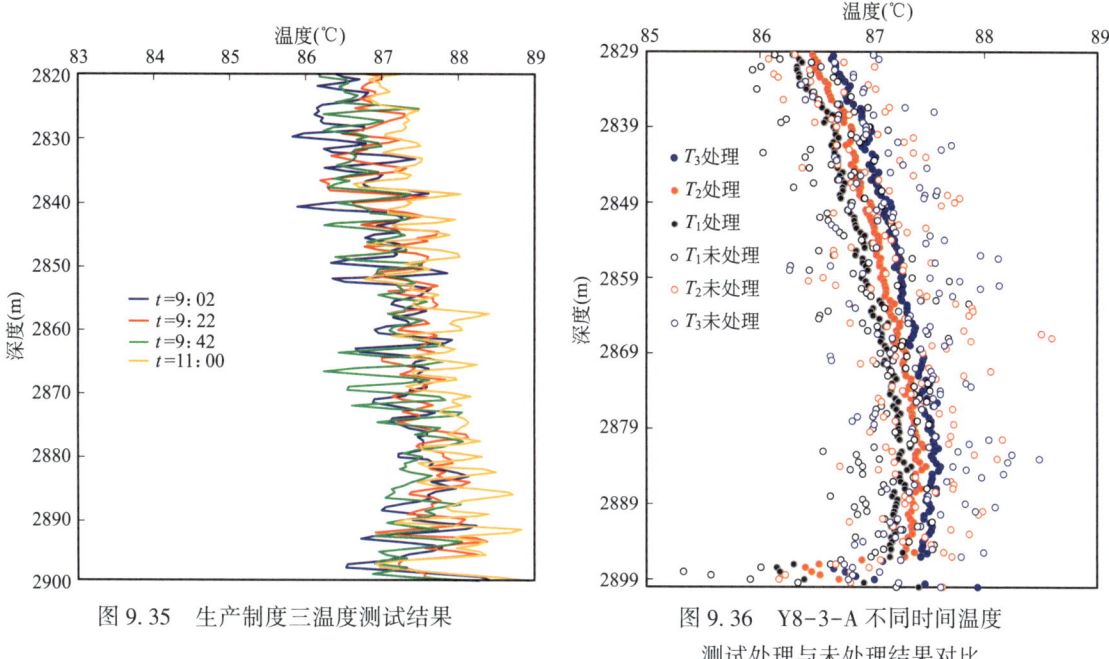

图9.35 生产制度三温度测试结果

图9.36 Y8-3-A不同时间温度测试处理与未处理结果对比

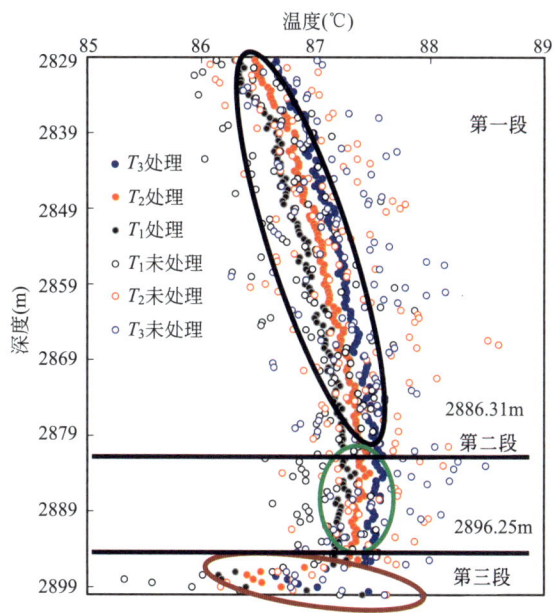

图9.37 Y8-3-A井分布式温度监测解释分段图（工作制度二）

1. 测试制度一

通过对温度数据预处理，结合温度变化率变化特征将产出层段分为10段，对各层产量及渗透率等参数调整获得其较好的拟合效果，获得该测试制度的产出剖面（图9.38）及各层产出情况（表9.5）。

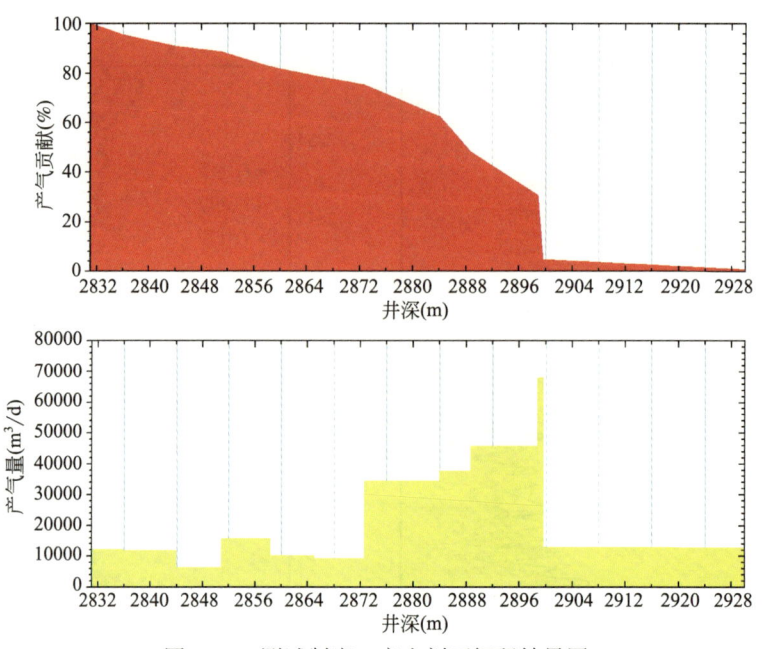

图 9.38 测试制度一产出剖面解释结果图

表 9.5 测试制度一产出剖面解释结果表

序号	井段（m）	产量（m^3/d）
1	2831~2835.94	12403.21
2	2835.94~2843.93	11700
3	2843.93~2850.96	6167
4	2850.96~2858.37	15633
5	2858.37~2865.03	9970
6	2865.03~2872.63	9080
7	2872.63~2884.03	34180
8	2884.03~2888.79	37550
9	2888.79~2898.86	45567
10	2898.86~2899.62	68240
11	2899.62 以下	12009.31
总产量	—	262500

2. 测试制度二

通过对温度数据预处理，结合温度变化率变化特征将产出层段分为 10 段，对各层产量及渗透率等参数调整获得其较好的拟合效果，获得该测试制度的产出剖面（图 9.39）及各层产出情况（表 9.6）。

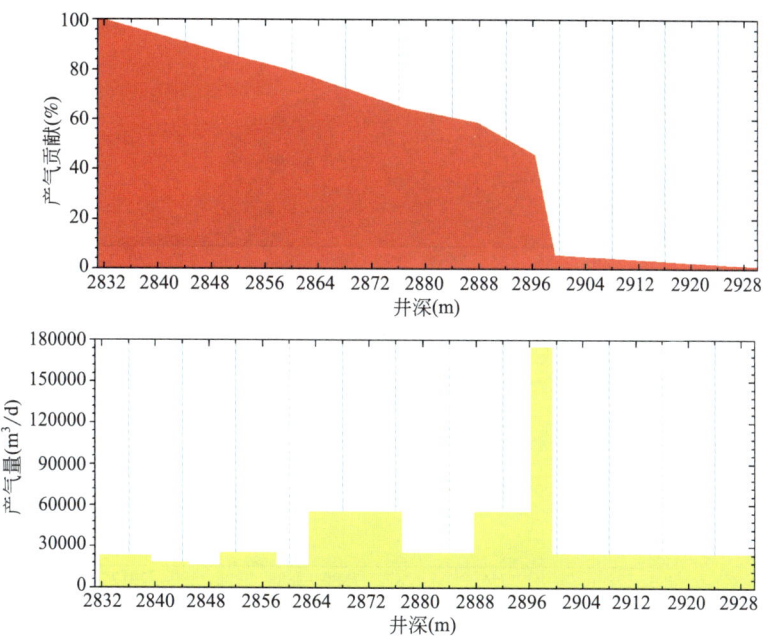

图 9.39 测试制度二产出剖面解释结果图

表 9.6 测试制度二产出剖面解释结果表

序号	井段（m）	产量（m³/d）
1	2831.62~2838.45	20150
2	20150.00~2844.16	18600
3	2844.16~2850.11	20250
4	2850.11~2857.31	21390
5	2857.31~2863.27	18050
6	2863.27~2876.84	55000
7	2876.84~2887.04	23990
8	2887.04~2896.20	66000
9	2896.20~2899.50	163000
10	2899.50 以下	25920
总产量	—	432350

3. 测试制度三

通过对温度数据预处理，结合温度变化率变化特征将产出层段分为 10 段，对各层产量及渗透率等参数调整获得其较好的拟合效果，获得该测试制度的产出剖面（图 9.40）及各层产出情况（表 9.7）。

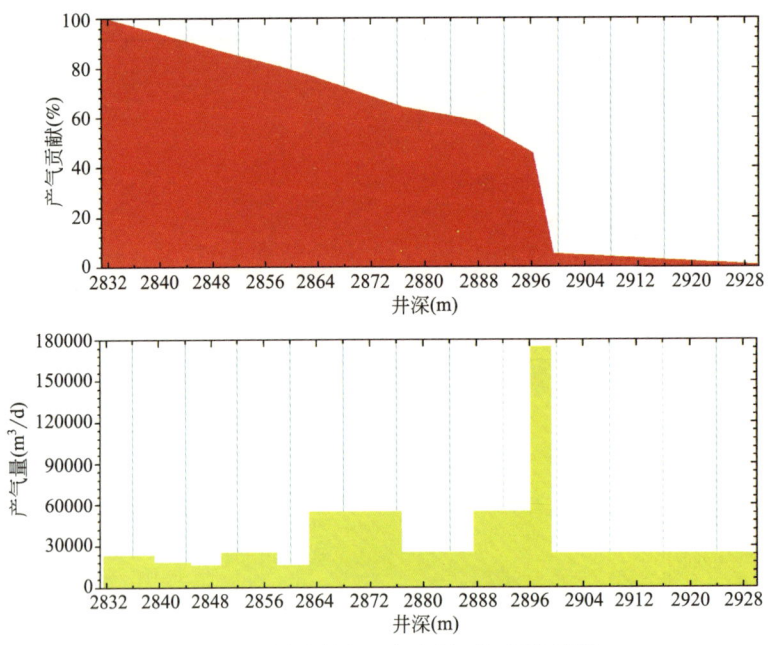

图 9.40 测试制度三产出剖面解释结果图

表 9.7 测试制度三产出剖面解释结果表

序号	井段(m)	产量(m³/d)
1	2831.57~2837.65	21000
2	2837.65~2844.31	19000
3	2844.31~2851.15	18000
4	2851.15~2857.42	20000
5	2857.42~2863.88	15000
6	2863.88~2877	26000
7	2877~2888.03	37000
8	2888.03~2896.2	43000
9	2896.2~2899.05	380000
10	2899.05 以下	75700
总产量	—	654700

第10章 结束语

近年来，中国海油在南海的永乐、惠州、涠洲等地区均已钻遇中生界潜山油气藏，揭示了海域深层潜山储层的巨大潜力，但各区域潜山储层具有岩性复杂多变、储集空间类型多样、非均质性极强等特点，相比于碎屑岩储层具有更大的随机性和不确定性。本书基于南海Y区深水潜山储层特征，重点针对潜山储层录井、测井、测试作业方案及储层岩性、有效性、孔渗参数及流体识别等评价内容开展攻关，初步建立了南海深水潜山勘探作业技术体系，取得的主要成果如下：

（1）研究建立了深水潜山勘探地质录井、测井及测试作业方案。

独特的深海作业环境与复杂的地质条件决定了深水潜山勘探地质作业的复杂性，分别建立了录井、测井及优快测试方案。录井作业方面：为实现对钻井风险的智能评估，建议采用智能录井系统 geo NEXT、压力监测 Pre Vue、早期井涌监测系统 EKD、Flowback 监测等录井技术组合实现风险自动预警；针对潜山复杂岩性识别难度大的问题，使用元素录井、X 全岩衍射录井、现场薄片录井进行综合分析判断；针对潜山有效储层空间评价难的问题，使用元素录井、X 全岩衍射录井、现场薄片录井、钻井工程录井技术组合进行综合分析判断；在潜山储层复杂流体性质判断上，将气测录井、地化录井、三维定量荧光录井以及工程参数录井技术组合，以解决潜山流体性质识别问题。测井作业方面：推荐测量伽马/自然伽马能谱、井径、自然电位、声波、中子、密度、电阻率等测井项目，具有价格低、易获取、信息全面等优势，是认识和评价潜山储层的主力资料。测井作业中，高端测井项目方面：电成像测井在裂缝评价的过程中具有直观的优势，从其图像中提取缝洞信息已经成为解释人员进行缝洞型储层定量评价的关键步骤，建议测量；核磁共振测井在识别储集空间类型和评价裂缝有效性等方面应用广泛，推荐测量；元素测井常应用于火成岩储层的岩性识别中，推荐在岩性复杂的火成岩、变质岩储层测量；远探测声波虽然在探测深度方面填补了测井与地震之间的空白，但缺乏裂缝定量评价手段，建议选择性测量；三维声波目前处于理论研究阶段，少见有实际应用案例，不推荐测量；声成像虽然井眼覆盖率高于电成像，但声成像对断层及层理识别不敏感，且测量结果受仪器运行状态偏差及井眼不圆等影响，建议优先考虑电成像测井；电缆地层测试技术是潜山储层流体识别的重要手段，具有不可代替的作用，推荐根据具体情况，选择性测量；井壁取心资料是识别潜山储层裂缝的第一手资料，在标定常规测井、成像测井，研究其测井响应特征时，具有不可代替的作用，推荐能取则取。优快测试作业方面：通过对传统的气井测试取资料技术的充分剖析，从测前资料分析、创新取样技术组合、测试产量序列调整以及测试工艺创新等方面进行革新，形成了深水气井"高速清井、低速取样、调产缓变、关井恢复"的"一开一关"优快取资料方案。

（2）研究建立了深水潜山岩性录井识别及垂向分带方法。

一是建立了潜山岩性录井识别方法。对于有钻井取心、井壁取心和岩屑颗粒粗大的井段：可以直接进行观察分析，并结合现场薄片鉴定结果完成岩性定名，必要时对岩屑进行元素录井和 X 衍射分析，进行更精准的岩性定名。对于没有钻井取心和井壁取心，并且岩屑颗粒细小的井段：直接对岩屑进行观察或现场薄片鉴定很难准确命名岩石类型，此时建议先进行元素录井和 X 衍射矿物含量分析，根据录井岩性判别图版，初步进行岩性宏观分类，将（碎裂）中性侵入岩、（碎裂）正长花岗岩、（碎裂）正长花岗岩、风化岩划分出来；其次根据 X 衍射矿物含量所获得的石英、碱性长石、斜长石含量，根据 QAP 图解确定基本岩石类型（原岩类型）；最后根据岩屑和薄片观察结果，校验基本岩石类型，并根据结晶程度、结构构造及改造情况，分析其是否为脉岩、是否遭受动力变质或风化改造，从而最终完成定名。

二是形成了潜山垂向分带方案。根据南海深水潜山钻探实际地质情况，考虑到风化壳不同部位的风化机理、所形成的孔隙类型及录井参数识别精度的差异，建立了花岗岩风化壳 5 个带的完整分类方案，自上而下为土壤带→砂化带→风化裂缝带→裂缝破碎带→基岩带。

（3）研究建立了深水潜山有效储层钻录测井快速识别技术。

一是建立了基于机械比能比值法、垂向功与切向功交会法快速识别深水潜山有效储层的方法。对于风化裂缝带，无论垂向功与切向功交会法是否显示为储层，只要机械比能比值法指示为储层，则解释结果可靠；对于裂缝破碎带和基岩带，只有机械比能和交会法均指示为储层时，其解释结果才可靠；机械比能比值与测井孔隙度存在较好的负相关性。

二是综合使用常规测井、电成像测井和阵列声波测井等信息，形成了一套多因子、多级次裂缝有效性评价方法，并给出有效性评价结果。常规测井分辨率有限，难以对微小裂缝进行识别，仅对裂缝发育段有响应，且无法提供裂缝的几何产状信息。电成像测井测井资料分辨率高，成果对裂缝的描述直观清晰，可以对裂缝的产状、类别、有效性、裂缝参数及分布格局进行定量细致的表述，但径向探测范围浅，受扩径和侵入的影响较大。双侧向测井可以定性识别裂缝产状，基于双侧向不同幅度差可以定量计算裂缝的宽度、裂缝孔隙度。阵列声波测井径向探测范围深，能反映裂缝的径向延伸情况，但有效性评价受地层含气的影响。

三是基于常规测井和成像测井资料探索裂缝—孔隙型储层的物性参数计算问题，初步建立了适用于南海深水潜山裂缝—孔隙型储层的总孔隙度、裂缝孔隙度、渗透率以及含水饱和度计算模型。

（4）研究建立了深水潜山储层流体性质识别方法。

在常规录井解释的基础上，利用工程参数、录井数据，通过单井连续地表含气量、地下单位体积岩石含气率计算，结合潜山储层风化壳分带、储层录井快速识别相关成果，探索基于钻录井参数的流体相识别标志和含油气丰度判别标准，最终建立区域性解释图版。

（5）研究建立了深水潜山裸眼测试工艺技术。

一是形成了深水潜山裸眼悬空固井及裸眼测试工艺技术。通过模拟水泥浆与钻井液的界面混合情况，选用低密度高强度水泥浆，在降低水泥浆密度的同时保证水泥石强度达到相关要求，保证水泥浆界面的胶结质量，为坐套测裸创造了实施条件；结合已有深水测试作业技术与经验，通过调整水合物防治措施，制订严格的应急解脱决策系统及节点管控预案，改进模块化地面测试流程，采用新型一开一关测试程序以及压控式井下取样技术等关键工艺措施,安全高效地取得了测试作业的成功。

二是建立了基于分布式光纤测温反演产出剖面的方法。根据能量守恒、热力学定律以及焦耳汤姆逊热效应等建立低渗气藏产出渗流压力—温度场耦合理论模型,计算揭示了多层合采气井产出剖面温度响应特征,利用分布式光纤测得潜山产出段不同生产制度下的温度变化剖面,反演出各个层段的产量贡献,形成了产出剖面测量新方法。

此外,本书仍存在一些问题及今后攻关方向:

(1) 本书暂未建立南海深水潜山储层基于测井孔隙度大小的储层分类评价标准。由于南海深水潜山储层测试资料较少,且潜山储层与碎屑岩储层差异明显,故没有收集到足够的相关资料用以建立标准。待南海潜山储层测试资料充分后,在统一的测井孔隙度和储层类别划分标准下,以钻录井工程参数的储层识别为基础,再进行基于钻录井工程参数的潜山储层进一步评价。

(2) 本书成果主要基于南海深水 Y 区潜山储层,研究得出的结论具有一定的局限性。目前本区只有一口井有测试资料,本区其他井的解释结论也主要依据测井解释结果。后续随着 Y 区潜山储层测试结果和样本点的增加,及南海深水勘探脚步的不断前进,关于南海深水潜山储层的研究资料会不断扩充,我们会加入更多的样本研究,相关结论可能会有调整及更改。

参 考 文 献

《勘探监督手册》修订版编委会，2002. 勘探监督手册 地质分册（修订版）. 北京：中国海洋石油有限公司.

陈宏达，于福华，1995. 渤海西部曹妃甸1—6花岗岩潜山油藏的发现. 中国海上油气（地质），(2)：111.

陈曼云，金巍，郑常青，2009. 变质岩鉴定手册. 北京：地质出版社.

崔猛，李佳军，纪国栋，等，2014. 基于机械比能理论的复合钻井参数优选方法. 石油钻探技术，42（1）：66-70.

邓少贵，仝兆岐，范宜仁，等，2006. 各向异性倾斜地层双侧向测井响应数值模拟. 石油学报，27（3）：61-64.

邓少贵，王晓畅，范宜仁，2006. 裂缝性碳酸盐岩裂缝的双侧向测井响应特征及解释方法. 地球科学，(6)：846-850.

邓运华，2015. 渤海大中型潜山油气田形成机理与勘探实践. 石油学报，(3)：253-261.

窦立荣，魏小东，王景春，等，2015. 乍得Bongor盆地花岗质基岩潜山储层特征. 石油学报，36（8）：897-904.

樊志强，杨国平，丁熙，等，2015. 子洲气田山致密砂岩气藏单井流体识别方法及应用. 天然气地球科学，(6)：1113-1119.

方杰，王兴元，韩品龙，等，2018. 黄骅坳陷寒武系—中新元古界潜山内幕成藏条件及勘探前景. 中国石油勘探，23（6）：46-58.

甘军，吴迪，张迎朝，等，2019. 琼东南盆地现今地层温度分布特征及油气地质意义. 高校地质学报，(6)：952-960.

高坤，陶果，王兵，2005. 利用斯通利波计算地层渗透率的方法及应用. 测井技术，29（6）：507-510.

高先志，陈振岩，邹志文，等，2007. 辽河西部凹陷兴隆台高潜山内幕油气藏形成条件和成藏特征. 中国石油大学学报（自然科学版），(6)：6-9.

高长海，查明，赵贤正，等，2017. 渤海湾盆地冀中坳陷深层古潜山油气成藏模式及其主控因素. 天然气工业，37（4）：52-59.

龚再升，2010. 继续勘探中国近海盆地花岗岩储层油气藏. 中国海上油气，22（4）：213-220.

管文胜，韩剑发，刘永福，等，2020. 塔里木盆地北部YM32下古生界潜山油气藏油气运移. 地球科学，45（4）：1315-1326.

管耀，冯进，刘君毅，等，2020. 低对比度砂岩油层岩石组分核磁与常规测井联合反演方法. 中国海上油气，32（4）：71-77.

郭建华，覃汉生，赵力民，等，1993. 轮南潜山构造油气藏与油气富集条件. 江汉石油学院学报，15（1）：14-20.

郭建华，1993. 塔里木盆地轮南地区奥陶系潜山古岩溶及其所控制的储层非均质性. 沉积学报，11（1）：56-64.

郭建华，郭原草，王连山，2009. 冀中坳陷廊固凹陷河西务构造带潜山储集层特征. 石油勘探与开发，36（6）：701-708.

郭良川，刘传虎，尹朝洪，等，2002. 潜山油气藏勘探技术. 勘探地球物理进展，(1)：19-25.

韩剑发，苏洲，刘永福，等，2018. 塔里木盆地牙哈断块潜山带控储控藏机理与油气勘探潜力. 石油学报，39（10）：1081-1091.

侯方辉，李三忠，张训华，等，2012. 济阳坳陷桩海地区古潜山气藏控制规律及有利区预测. 断块油气田，19（2）：167-171.

侯克均，吴见萌，葛祥，等，2020. 基于二维核磁共振弛豫谱的雷四段孔隙度计算方法. 波谱学杂志，37（2）：162-171.

胡志伟，徐长贵，杨波，等，2017. 渤海海域蓬莱9—1油田花岗岩潜山储层成因机制及石油地质意义. 石油学报，38（3）：274-285.

黄合庭，税蕾蕾，陈金定，等，2019. 琼东南盆地陵水13-2气藏凝析油生物标志物检测及油气源对比. 长江大学学报（自然科学版），（8）：8-12，4.

黄卫东，隋泽栋，陈向辉，等，2019. 火成岩储集层机械比能物性评价技术研究. 录井工程，30（4）：79-83.

贾海松，2019. BZ气田变质岩潜山储层特征研究. 石油地质与工程，33（5）：1-4.

蒋有录，路允乾，赵贤正，等，2020. 渤海湾盆地冀中坳陷潜山油气成藏模式及充注能力定量评价. 地球科学，45（1）：226-237.

金燕，张旭，2002. 测井裂缝参数估算与储层裂缝评价方法研究. 天然气工业，22（S1）：64-67.

柯式镇，冯启宁，2003. 裂缝地层双侧向测井响应物理模拟研究. 测井技术，27（5）：353-355.

李德生，1985. 倾斜断块—潜山油气藏：拉张型断陷盆地内新的油气圈闭类型. 石油与天然气地质，（4）：386-394.

李德华，2019. 潜山油气运移条件分析与研究：以辽河西部西斜坡为例. 化工管理，（11）：208-209.

李建平，周心怀，王国芝，等，2014. 蓬莱9—1潜山岩性组成及其对储层发育的控制. 地球科学（中国地质大学学报），39（10）：1521-1530.

李建平，周心怀，王清斌，等，2014. 表生喀斯特作用对蓬莱花岗岩潜山油田风化壳储层发育的控制作用. 成都理工大学学报（自然科学版），41（5）：556-566.

李军，张超谟，唐小梅，等，2004. 核磁共振资料在碳酸盐岩储层评价中的应用. 江汉石油学院学报，26（1）：48-50.

李善军，肖承文，汪涵明，等，1996. 裂缝双侧向测井响应的数学模型及裂缝孔隙度的定量解释. 地球物理学报，39（6）：845-852.

李善军，汪涵明，肖承文，等，1997. 碳酸盐岩地层中裂缝孔隙度的定量解释. 测井技术，21（3）：205-214.

李祖遥，胡文亮，夏瑜，等，2015. 利用气测录井资料识别油气层类型方法研究. 海洋石油，35（1）：78-85.

刘之的，戴诗华，王洪亮，等，2008. 火成岩裂缝有效性测井评价. 西南石油大学学报（自然科学版），（2）：66-68，190.

龙礼文，李双文，赵敏，等，2013. 黄骅坳陷孔南地区碎屑岩潜山油气成藏条件及勘探方向. 新疆石油地质，34（6）：645-648.

毛建仁，叶海敏，厉子龙，等，2013. 华南中生代岩浆活动研究：现状和前景. 地质学报，87（S1）：137-138.

毛建仁，厉子龙，叶海敏，2014. 华南中生代构造—岩浆活动研究：现状与前景. 中国科学：地球科学，（12）：2593-2617.

牛涛，2019. Reservoir Classification and Evaluation Method of the Granite Buried Hill in the A Oil Field. Advances in Geosciences，（9）：279-288.

芮仲清，1996. 美国墨西哥湾沿岸地区油气田的发现：世界油气发现史话之五. 地质科技动态，（5）：24-28.

司马立强, 张凤生, 赵冉, 等, 2012. 塔河油田碳酸盐岩真假储层测井识别方法研究. 西南石油大学学报（自然科学版）,（6）: 73-78.

宋明水, 王惠勇, 张云银, 2019. 济阳坳陷潜山"挤—拉—滑"成山机制及油气藏类型划分. 油气地质与采收率, 26（4）: 1-8.

苏立萍, 罗平, 胡社荣, 2003. 苏桥潜山带奥陶系碳酸盐岩储集层研究. 石油勘探与开发,（6）: 54-57.

谭廷栋, 1983. 裂缝性地层侧向测井解释新方程. 地球物理学报,（6）: 588-596.

汤加富, 高天山, 李怀坤, 2004. 中国东部中新生代构造格局和岩浆岩带的形成与演化. 地质调查与研究,（2）: 65-74.

田立新, 刘杰, 张向涛, 等, 2020. 珠江口盆地惠州26—6大中型泛潜山油气田勘探发现及成藏模式. 中国海上油气,（4）: 1-11.

田世峰, 高长海, 查明, 2012. 渤海湾盆地冀中坳陷潜山内幕油气成藏特征. 石油实验地质, 34（3）: 272-276.

田园圆, 季春辉, 许艳, 2009. 潜山油气藏形成条件与勘探技术. 特种油气藏, 16（2）: 14-20, 103.

童亨茂, 2006. 成像测井资料在构造裂缝预测和评价中的应用. 天然气工业, 26（9）: 58-61, 166.

汪涵明, 张庚骥, 1994. 倾斜地层的双侧向测井响应. 测井技术, 18（6）: 408-412.

王斌, 曾昌民, 付小涛, 等, 2019. 塔里木盆地罗斯—玛东地区碳酸盐岩潜山储层特征及油气藏模式. 海相油气地质, 24（3）: 65-72.

王春阳, 2019. 徐家围子地区酸性火山岩储层流体识别方法研究. 国外测井技术, 40（5）: 25-27, 2.

王德英, 王清斌, 刘晓健, 等, 2019. 渤海湾盆地海域片麻岩潜山风化壳型储层特征及发育模式. 岩石学报, 35（4）: 1181-1193.

王建瑞, 刘趁花, 郭永军, 等, 2012. 冀中坳陷霸县凹陷文安斜坡潜山油气成藏模式与勘探发现. 海相油气地质,（1）: 35-40.

王明臣, 官大勇, 刘朋波, 等, 2016. 渤海蓬莱9—1油藏花岗岩储层特征与成储化条件分析. 地质科技情报, 35（6）: 83-89.

王霄, 2015. 蓬莱9—构造花岗岩古潜山油气成藏条件与成藏模式. 成都: 成都理工大学.

王昕, 周心怀, 徐国胜, 等, 2015. 渤海海域蓬莱9—1花岗岩潜山大型油气田储层发育特征与主控因素. 石油与天然气地质, 36（2）: 262-270.

王新龙, 罗安银, 周国瑞, 等, 2009. 低渗非均质潜山碳酸盐岩储层测井精细评价. 石油钻采工艺, 31（S2）: 51-54.

吴伟涛, 高先志, 刘兴周, 等, 2013. 辽河坳陷变质岩潜山油气藏类型与成藏模式. 西安石油大学学报（自然科学版）, 28（1）: 37-40, 46, 5, 4.

伍劲, 高先志, 周伟, 等, 2018. 柴达木盆地东坪地区基岩风化壳与油气成藏. 新疆石油地质,（6）: 666-672.

谢才富, 朱金初, 丁式江, 等, 2006. 海南尖峰岭花岗岩体的形成时代、成因及其与抱伦金矿的关系. 岩石学报,（10）: 2493-2508.

谢恭俭, 1981. 酒泉盆地西部鸭儿峡变质基岩油藏的形成条件. 石油学报,（3）: 23-30.

徐樟有, 张继春, 2001. 任丘潜山油藏剩余油的再聚集模式及分布预测. 石油勘探与开发,（3）: 70-72, 12-13, 3.

徐长贵, 杜晓峰, 刘晓健, 等, 2020. 渤海海域太古界深埋变质岩潜山优质储集层形成机制与油气勘探意义. 石油与天然气地质,（2）: 235-247, 294.

薛永安, 项华, 李思田, 2006. 锦州25—1S大型混合花岗岩潜山油藏发现的启示. 石油天然气学报（江汉石油学院学报）,（3）: 29-31, 443.

阎德齐, 1980. 一个产自志留系变质岩潜山的裂隙油藏. 石油勘探与开发, (3): 31-39.
杨池银, 2004. 千米桥潜山凝析气藏流体非均质性控制因素. 天然气工业, 24 (11): 34-37, 13-14.
叶涛, 蒋有录, 刘华, 等, 2012. 辽河坳陷东、西部凹陷潜山油气富集差异性对比. 新疆石油地质, 33 (6): 676-679.
余朝华, 杜业波, 肖坤叶, 等, 2019. 乍得Bongor盆地基岩潜山储层特征与影响因素研究. 岩石学报, 35 (4): 1279-1290.
张国伟, 郭安林, 王岳军, 等, 2013. 中国华南大陆构造与问题. 中国科学: 地球科学, (10): 1553-1582.
张景廉, 石兰亭, 卫平生, 2009. 黄骅坳陷深部地壳构造及流体特征与潜山油气藏勘探远景. 岩性油气藏, 21 (2): 1-6.
张年春, 崔海峰, 滕团余, 等, 2010. 塔里木盆地英买力—牙哈地区碳酸盐岩潜山油气藏特征研究. 天然气地球科学, 21 (5): 762-771.
张青林, 任建业, 2007. 非碳酸盐岩型潜山油气成藏特征: 以济阳坳陷中生界为例. 地质找矿论丛, (3): 218-223.
张友生, 魏斌, 杨慧珠, 2002. 双侧向测井仪器响应的数值分析. 地球物理学进展, 17 (4): 671-676.
张岳桥, 董树文, 赵越, 等, 2007. 华北侏罗纪大地构造: 综评与新认识. 地质学报, (11): 1462-1480.
赵凯, 蒋有录, 胡洪瑾, 等, 2018. 济阳坳陷潜山油气分布规律及富集样式. 断块油气田, 25 (2): 137-140.
朱伟林, 米立军, 高阳东, 等, 2009. 中国近海近几年油气勘探特点及今后勘探方向. 中国海上油气, 21 (1): 1-8.
邹良志, 刘清华, 2011. 核磁共振测井渗透率模型分析. 国外测井技术, 31 (3): 27-31.